Heinz Jordan / Michael Weis

Asynchronmaschinen

Sriptum für
Elektrotechniker und Maschinenbauer
ab 4. Semester

Mit 183 Abbildungen

Springer Fachmedien Wiesbaden GmbH

1969

Ursprünglich erschienen bei Friedr. Vieweg+Sohn GmbH · Braunschweig 1969.
ISBN 978-3-663-19872-7 ISBN 978-3-663-20211-0 (eBook)
DOI 10.1007/978-3-663-20211-0

Best.-Nr. 3302

Vorwort

Die im 5. und 6. Semester an der Technischen Universität Hannover gehaltenen Vorlesungen über elektrische Maschinen befassen sich zu einem großen Teil mit der zwar baulich einfachsten, jedoch am schwersten zu verstehenden Maschine, dem Drehstromasynchronmotor. Er stellt geradezu ein Musterbeispiel für die Erziehung zu einer Denkweise der Ingenieure dar. Wer das Wesen der Drehstromasynchronmaschine verstanden hat, dem ist es ein leichtes, auch ihre Varianten zu verstehen: den Drehregler, den asynchronen Frequenzumformer, die elektrische Welle, die Einphasenmotoren usw.

Zur sachgerechten Formulierung der mit dieser Maschinenart verknüpften technischen Aufgaben bedarf es nur relativ weniger mathematischer Kenntnisse, dafür aber einer erheblichen Vertrautheit mit den physikalischen Grundgesetzen, vor allem mit dem Induktions- und dem Durchflutungsgesetz, also mit den raum-zeitlichen Vorgängen im elektromagnetischen Feld. Die elegante Formulierung dieser Gesetze läßt dabei die Schwierigkeit ihrer Handhabung auch in sehr einfachen Fällen von vornherein gar nicht vermuten.

Verständlicherweise kann man ohne elementare Vorkenntnisse von rotierenden elektrischen Maschinen, ihrem konstruktiven Aufbau und ihrer Wirkungsweise eine solche Vorlesung nicht mit Vorteil hören. So muß man z. B. von den einführenden Vorlesungen vor dem Vorexamen her wissen, daß man das Strom- und Drehmomentverhalten von elektrischen Maschinen so vorausberechnen kann, als wenn die Leiter des Läufers auf der Läuferoberfläche im Luftspalt liegen und vom Feld "geschnitten" werden, daß die an der Welle abgegebene mechanische Leistung mit einer entsprechenden elektrischen Leistung bezahlt werden muß usw. Nur darf man nicht glauben, daß man auf eine solche "primitive" Weise auch Aufschluß über die Kräfte auf eben diese Leiter erhält. Aber all das langt bei weitem nicht, man muß natürlich auch wissen, wie ein Asynchronmotor aussieht, wie seine wichtigsten Bauteile heißen und wie sich sein Netzstrom und sein Drehmoment in Abhängigkeit von der Drehzahl ändern, wie seine technisch interessierenden Belastungskennlinien (Leistungsfaktor, Wirkungsgrad und Schlupf) aussehen. Für die Vermittlung solcher Art von im Grunde doch recht oberflächlichen Kenntnissen benötigt man keine Vorlesungen auf einer technischen Hochschule. Dazu genügen ganz elementare Bücher. Vorlesungen sollen vielmehr eine konsequente Verknüpfung des Geschehens zeigen und unmerklich auch ein wenig die technischen Forderungen und Fragestellungen einfließen lassen, in die sich dann ja ein der Physik fremdes Element, die Wirtschaftlichkeit einschmuggelt.

Der Wunsch der Verfasser, diese Vorlesungen als S k r i p t e n und nicht als wohlgesetztes Lehrbuch erscheinen zu lassen, hat zwei Wurzeln· Einerseits sollte man bemüht sein, das Stundenplangefüge der Studienreform mit etwas "Inhalt" zu erfüllen. Das geht andererseits aber nur, wenn dem Studierenden die Möglichkeit gegeben wird, die schriftlichen Informationen zu einem angemessenen Preis zu erstehen.

Darüber hinaus erschien es uns besser, die doch recht schwierigen Dinge in einer mehr saloppen und gleichzeitig persönlichen Form zu bringen, die vor allem erkennen läßt, daß es sich hierbei um etwas Lebendiges handelt, das vom lebenden Menschen ohne Perfektion der Darstellung gebracht werden sollte. Eine saloppe Sprache kann einzelne Tatbestände, so wie etwa ein Dialekt, durchaus kurz und präzise ausdrücken. Kein Prüffeldmonteur redet von der "Winkelgeschwindigkeit des Läufers" in Radian/s, sondern von der "Drehzahl". Er spricht auch nicht von einem "Wicklungsstrang", sondern von einer "Phase", und doch weiß jeder, daß es sich dabei eben nicht um einen Zeitphasenunterschied handelt, sondern um einen bestimmten Teil einer Wicklung. Die "wissenschaftliche Strenge" liegt vielmehr in der sauberen Definition der vorkommenden Größen und in der Betonung der jeweils zugrunde liegenden Voraussetzungen, die leider meist in den Lehrbüchern nicht erwähnt werden.

Vor einer irrtümlichen Auffassung sei nachdrücklich gewarnt. Weder die "Berechnung" noch den "Bau" (die Konstruktion) von Turbogeneratoren oder auch nur von Kleinstmotoren kann man aus Vorlesungen oder Büchern erlernen. Dies ist nämlich nicht mit einigen "Rezepten" getan; denn die "Berechnung" besteht ja nicht nur in der Ermittlung des "Kreisdiagramms".

"Lernen" kann man im Grunde nur das, was unbedingt zu beachten ist und das, was nicht sein darf. Der "Bau von elektrischen Maschinen" ist eben eine Kunst und verlangt nicht nur einige Semester Vorlesungen und Rechen- oder Laborübungen.

Die Verfasser sind dem Verlag sehr dankbar, daß er ihren eigentlich unbescheidenen Wünschen nachgekommen ist. Es sei nicht verschwiegen, daß es sich hierbei um ein Kind mit vielen "Vätern" handelt. Sie sind dem Amte allerdings bekannt. Es sind nämlich alle Mitarbeiter (und -innen) des Instituts für Elektrische Maschinen der TU Hannover.

Hannover 1968 Heinz Jordan Michael Weis

Inhaltsverzeichnis

Nachweis der Abbildungen

AEG-Werkbilder:	1.6, 9.5, 9.10
Bödefeld, Th., Sequenz, TH.:	"Elektrische Maschinen" Springer-Verlag 1962: 4.8, 4.9. 4.17
Garbe-Lahmeyer Handbuch 1966: 3.3	
Nürnberg, W.:	"Die Asynchronmaschine", Springer-Verlag 1952: 3.1, 5.26
Siemens-Werkbild 1.1	

1. Konstruktiver Aufbau

Vor Ihnen steht ein Drehstromasynchronmotor. Es ist ein kleiner Motor von 1 kW Leistungsabgabe an der Welle. "Klein" bezieht sich dabei auf die Leistung oder, genauer gesagt, auf sein Drehmoment. Das letztere bestimmt nämlich die Abmessungen. Es gibt noch viel kleinere Drehstrommotoren von nur wenigen Watt Leistung und natürlich auch noch viel größere von vielen 1000 kW. Seine Einzelteile erkennen Sie aus der "Explosionszeichnung" (Abb. 1.1). Wer soll die alle und darüber hinaus die

Abb. 1.1

a Lagerdeckel
b Lagerschild AS
c Ständerwicklung
d Käfigläufer (Kurzschlußring)
e Ständergehäuse
f Lagerschild BS
g Außenlüfter
h Lüfterhaube (Stahl bzw. Guß)
i Klemmenbrett
k Klemmenkasten, Oberteil
l Klemmenkasten, Deckel
m Fuß
n Kühlfahnen
o Welle
p Rillenkugellager

entsprechenden Normen behalten? Ich kann es jedenfalls nicht; und wer das wirklich kann, der weiß vermutlich nur wenig über das funktionelle Verhalten dieser Maschine. Möglicherweise wird er noch nicht einmal wissen, wann für einen Elektroantrieb gerade ein solcher Drehstromasynchronmotor und nicht ein Synchron- oder Gleichstrommotor zu verwenden ist. In dieser Hinsicht kann man allerdings keinen so großen Fehler begehen; denn etwa 90 % aller Antriebsmotoren sind eben solche Drehstromasynchronmotoren oder wie wir in der Folge etwas kürzer sagen wollen, Drehstrommotoren. Es ist daher verständlich, daß die Kenntnis der wichtigsten Eigenschaften dieser so weit verbreiteten Motoren zum Bildungsbestand eines jeden Elektroingenieurs gehören sollte.

Sieht man von Einzelheiten ab, so ist der Drehstrommotor eigentlich ein relativ einfaches Gebilde. Auch die Differentialgleichungen, die sein elektromagnetisches Verhalten beschreiben, lassen sich letzten Endes auf eine einfache Form bringen. Nur der Weg von diesem einfachen Aufbau zu diesen einfachen Gleichungen führt über die elektromagnetischen Felder und ist sehr mühevoll, weil man es immer gleichzeitig mit räumlichen und zeitlichen Vorgängen zu tun hat. Das ist aber nicht alles; denn der Ingenieur muß in jedem Augenblick auch an die wirtschaftliche und technische Fragestellung denken.

Die unerläßlichen physikalischen Grundgesetze nützen ihm nur dann, wenn er gleichzeitig imstande ist, einfache Gedankenmodelle zu ersinnen, die eine durchsichtige Lösung gestatten und die ihn damit eigentlich erst handlungsfähig machen.

Schluß mit den philosophischen Betrachtungen und gleich zum:

1. Aufbau der Asynchronmaschinen

Die Asynchronmaschine besteht aus einem stillstehenden Teil, dem Ständer und dem rotierenden Läufer. Sie sind durch einen kleinen Luftspalt (Bruchteile eines mm) voneinander getrennt. Als aktive Teile bezeichnet man das Ständer- und Läuferblechpaket sowie die Ständer- und Läuferwicklung, die in gleichmäßig am Umfang verteilten Nuten untergebracht sind. Einen solchen Blechschnitt für einen Kleinmotor zeigt die Abb. 1.2.

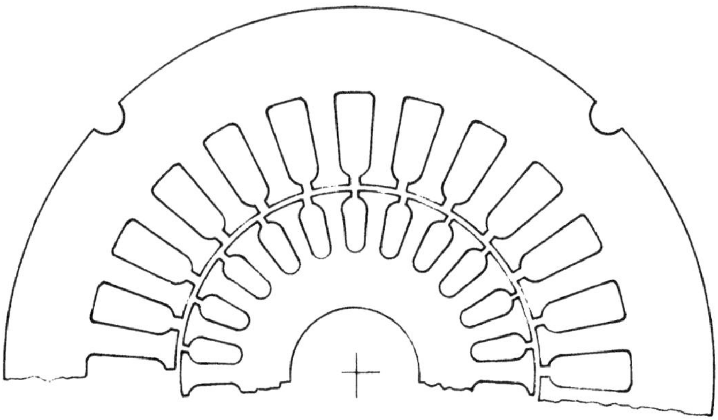

Abb. 1.2

Die Dynamoblechtafeln haben natürlich nur begrenzte Abmessungen. Infolgedessen müssen die Blechpakete großer Motoren aus einzelnen Segmenten (Abb. 1.3) aufgebaut werden, wobei man die unvermeidlichen Stoßfugen überlappt schichtet. Dabei darf die "Teilung" der Segmente mit Rücksicht auf sog. Lagerströme nicht beliebig und etwa nur nach konstruktiven Gesichtspunkten erfolgen. Wir werden später darauf noch eingehen.

Das ganze Blechpaket wird nach dem Schichten zusammengepreßt und durch geeignete Maßnahmen unter einer gewissen Vorspannung gehalten.

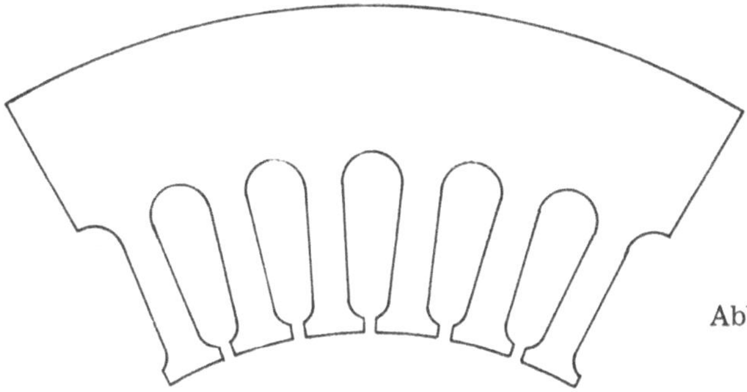

Abb. 1.3

In die Ständernuten wird die Drehstromwicklung eingelegt. Im Läufer befindet sich entweder ebenfalls eine Drehstromwicklung, deren Enden an Schleifringe (isoliert auf der Welle sitzend) geführt werden, um dort zugänglich zu sein, oder die Läuferwicklung besteht aus einer Anzahl von Stäben, die an den beiden Endseiten durch sog. Kurzschlußringe miteinander verbunden sind. Man spricht von Schleifring- oder Käfigläufern. Die nächsten Abb. 1.4 und 1.5 zeigen einen solchen Schleifringläufer bzw. Käfigläufer. Moderne Käfigwicklungen werden heute bis zu Leistungen von etwa 250 kW aus Aluminiumpreßguß (oder Schleuderguß) hergestellt.

Abb. 1.4

Abb. 1.5

Das Ständerblechpaket wird bei kleinen und mittleren Maschinen in ein Gußgehäuse eingepreßt, das zur besseren Wärmeabfuhr mit Kühlrippen versehen ist. Sie erkennen aus Abb. 1.1 weiterhin die beiden Lagerschilde, in welchen der mit Wälzlagern versehene Läufer gelagert ist. Zur Belüftung dient in diesem Fall ein Lüfterrad, das durch die Lüfterhaube abgedeckt wird. Große Maschinen (Abb. 1.6) haben heute geschweißte Gehäuse und

Abb. 1.6

auch keine Schildlager, sondern Stehlager (Gleitlager). Man unterscheidet eine Reihe von Bauformen (DIN 42950) - wichtig sind B 3 mit 2 Lagerschilden (Abb. 1.7) und D 5 mit 2 Stehlagern ohne Lagerschilde (Abb. 1.8) - und Schutzarten (DIN 40050) (Abb. 1,9 und Abb. 1.10) gegen das Eindringen

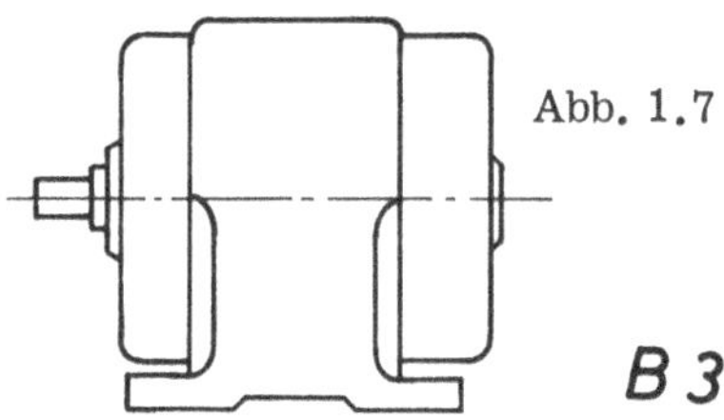

Abb. 1.7

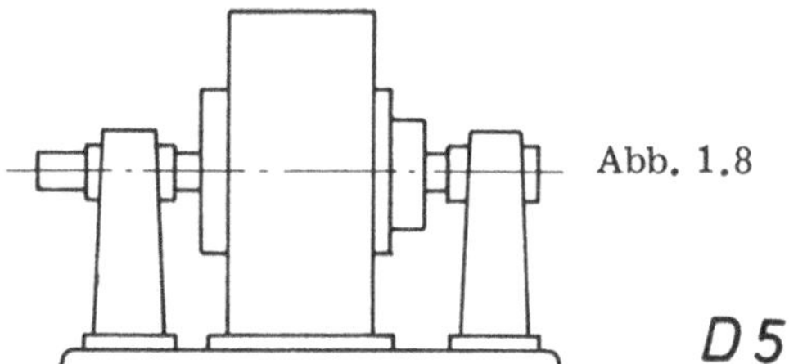

Abb. 1.8

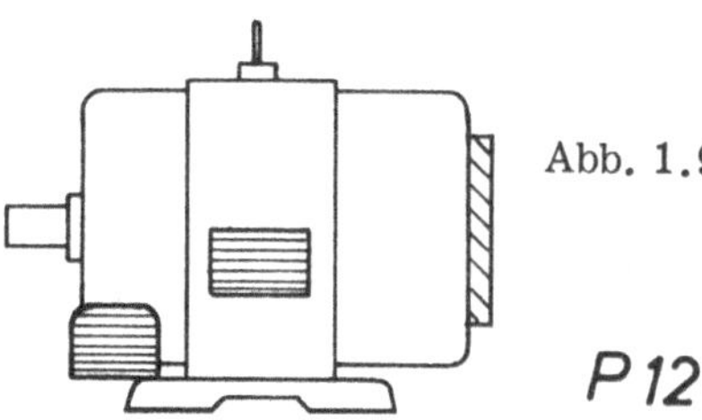

Abb. 1.9

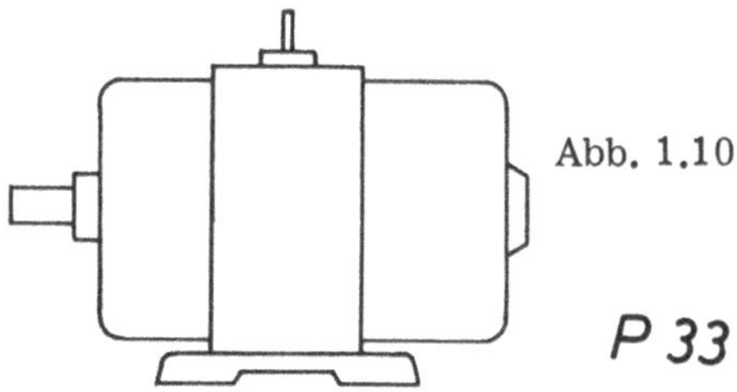

Abb. 1.10

von Fremdkörpern bzw. Wasser. Die Enden der Ständerwicklung werden an das Klemmbrett geführt. Jede elektrische Maschine besitzt ein Leistungsschild, aus dem ihre wichtigsten Betriebsdaten (Nennleistung, Nennspannung, Nennstrom, Netzfrequenz, Leistungsfaktor, Nenndrehzahl), ihre Schaltung, Type, Herstellerfirma und Fabrikationsnummer hervorgehen (Abb. 1.11). Anderenfalls hätte man Schwierigkeiten bei einer Reparatur der Maschine. Da man den Wirkungsgrad aus Strom, Spannung, cos φ und Leistungsaufnahme berechnen kann, braucht man ihn natürlich nicht im Leistungsschild zu "stempeln".

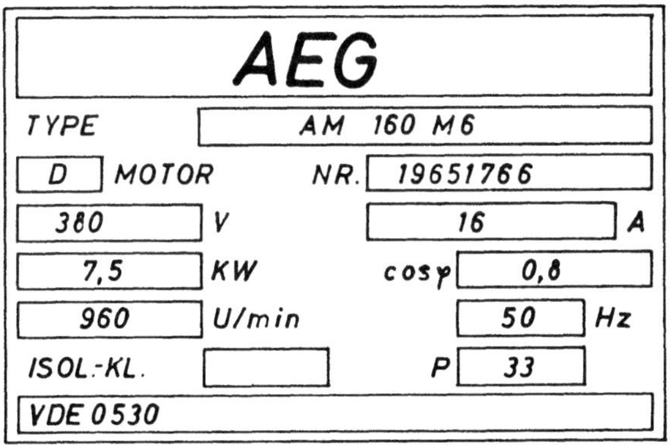

Abb. 1.11

Es ist:

$$\eta \% = 100 \frac{P_n}{\sqrt{3}\, U_n I_n \cos \varphi_n} \quad (1.1)$$

Der Index n bezieht sich auf die Nenndaten, für die die Maschine gebaut ist. Unter P_n ist bei einem Motor die an der Welle abgegebene Leistung zu verstehen. U_n ist die sog. Leiterspannung (oder verkettete Spannung) zwischen zwei Netzzuleitungen.

Soviel zum konstruktiven Aufbau. Sie sehen, daß er relativ einfach ist.

Bevor wir uns mit den Wicklungen, ihrer Anordnung und ihrer Ausführungsform näher befassen, müssen wir uns Gedanken darüber machen, wie das im Luftspalt befindliche magnetische Feld räumlich und zeitlich verteilt sein muß, um eine optimale Ausnutzung der Maschine zu erreichen.

2. Luftspaltfelder

Ein jeder, der mit elektrischen Maschinen zu tun hat, ist früher oder später gezwungen, sich mit ihren Wicklungen zu beschäftigen. Es ist allen erfahrenen Elektromaschinenbauern bekannt, daß die Beschäftigung mit den Wicklungen als unangenehm und schwierig empfunden wird. Der Grund dürfte darin zu suchen sein, daß im allgemeinen gleichzeitig sowohl an die technische Ausführung als auch an die mit ihnen verknüpften elektromagnetischen Felder gedacht wird. Man denkt an den Aufbau der Wicklungen aus einzelnen, unter Umständen verschieden ausgeführten Spulen, die in komplizierter Weise zusammengeschaltet werden müssen. Wir wollen diesen Schwierigkeiten dadurch aus dem Weg gehen, daß wir zunächst gar nicht an die technische Ausführung denken, sondern uns nur mit ihrer axialen Durchflutungsverteilung befassen, die das elektromagnetische Feld im Luftspalt und damit das physikalische Verhalten der Maschine bestimmt. Hat man diese Zusammenhänge erst einmal richtig erkannt, dann macht der schaltungstechnische Aufbau der Wicklung, der auf ihre werkstattmäßige Herstellung Rücksicht nimmt, keine sonderlichen Schwierigkeiten . Man muß nämlich nur wissen, daß die Hauptaufgabe der Wicklungen darin besteht, möglichst räumlich sinusförmig verteilte Luftspaltfelder zu erzeugen. Das ist gar nicht selbstverständlich und erst viel später bei der Behandlung der Oberfelder zu verstehen. Wir nehmen diese Behauptung zunächst einmal als Tatsache hin.

Erfahrungsgemäß bereitet der Übergang von den stromdurchflossenen Leitern in den Nuten auf das magnetische Feld im Luftspalt einige Schwierigkeiten. Betrachten wir zunächst einmal eine Nut mit z stromdurchflossenen Leitern (Abb. 2. 1a). Die Gesamtdurchflutung ϑ der Nut ist dann:

$$\vartheta = z \cdot i \quad , \tag{2.1}$$

wenn i der Strom in einem Leiter bedeutet.

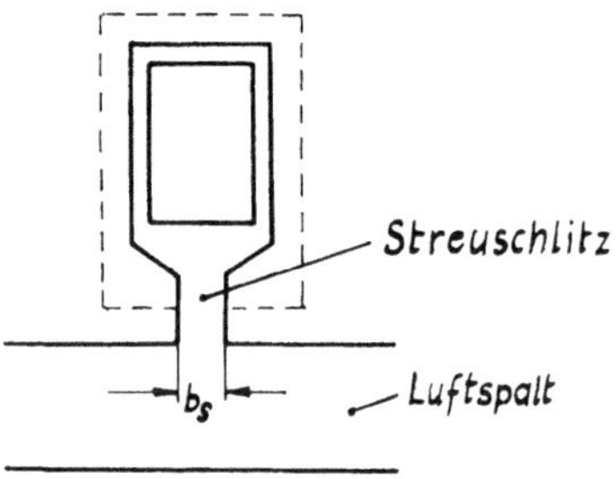

Abb. 2. 1a

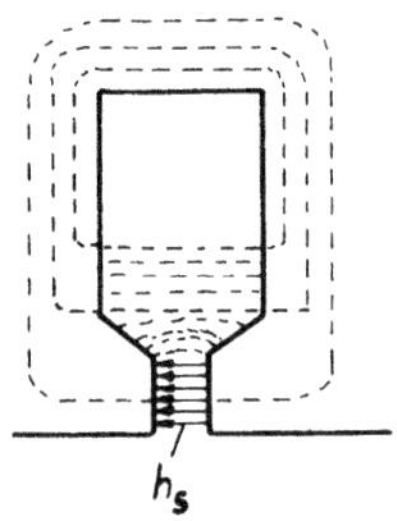

Abb. 2. 1b

Diese Durchflutung erzeugt in der Nut ein i. w. tangential gerichtetes magnetisches Feld (Abb. 2. 1b), dessen Größe an jeder Stelle ohne große Schwierigkeit mit Hilfe des Durchflutungsgesetzes berechnet werden kann. Nehmen wir im Eisen eine unendlich große Permeabilität an, so erhalten wir für die magnetische Feldstärke h_s im Streuschlitz:

$$h_s b_s = \vartheta = z \cdot i$$

oder

$$h_s = \frac{\vartheta}{b_s} \, . \qquad (2.2)$$

Diese Feldstärke ist es aber, die vom Luftspalt aus als Wirkung der Durchflutung ϑ bemerkt wird.

Somit stellt das Feld im Streuschlitz eine der Randbedingungen für das Feld im Luftspalt dar.
Die Feldberechnung bereitet bei Berücksichtigung der komplizierten Blechpaketkontur - also einschließlich der Nutung - sehr große Schwierigkeiten. Unter der idealisierenden Annahme eines homogenen Feldverlaufes im Bereich des Nutstreuschlitzes läßt sich aber das Feld im Luftspalt von dem in der Nut trennen. Dazu ist es zweckmäßig, den Begriff des Strombelages einzuführen. Der Strombelag hat die Dimension Ampere / cm, also dieselbe Dimension wie die magnetische Feldstärke. Es ist daher zu vermuten, daß zwischen dem Strombelag und der magnetischen Feldstärke eine Beziehung besteht. Diesen Zusammenhang findet man leicht durch die folgende Überlegung:

Wir denken uns die Nut mit Eisen ausgefüllt, nehmen aber an, daß sich auf der Breite des Streuschlitzes ein Strombelag a befindet (Abb. 2. 2).

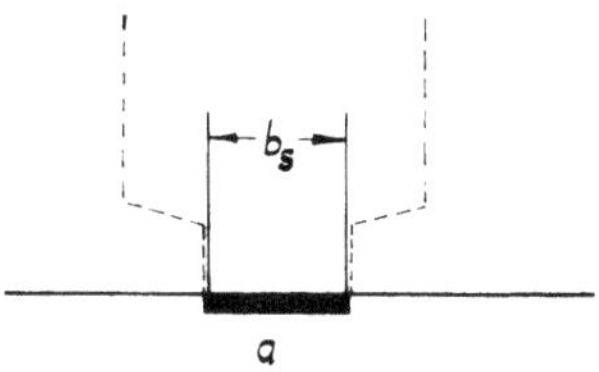

Abb. 2. 2

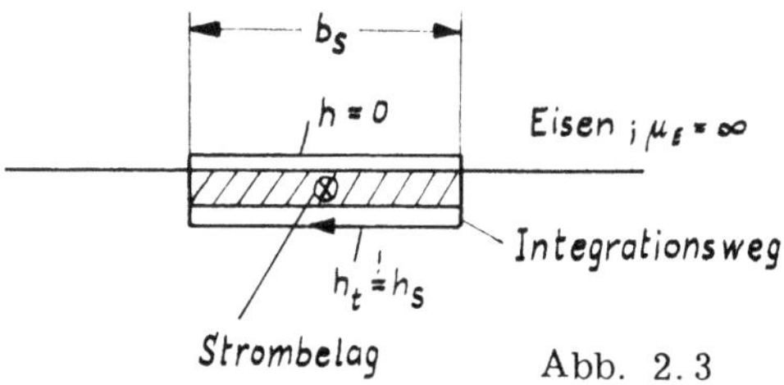

Abb. 2. 3

Der Strombelag a muß nun gerade so groß sein, daß seiner Wirkung längs der Streuschlitzbreite b_s gerade die der magnetischen Feldstärke h_s entspricht. Wir wenden das Durchflutungsgesetz entsprechend Abb. 2. 3 an.

Die umfaßte Durchflutung auf dem eingezeichneten Weg ist a . b_s, also Strombelag × Schlitzbreite. Die von diesem Strombelag a längs der Breite b_s erzeugte Tangentialfeldstärke h_t ergibt sich dann aus dem Durchflutungsgesetz:

$$\oint h_t \, ds = h_t b_s = \vartheta \, . \qquad (2.3)$$

Die Durchflutung dividiert durch die Streuschlitzbreite b_s muß gleich der ursprünglichen Feldstärke h_s im Streuschlitz sein:

$$h_t = h_s = \frac{\vartheta}{b_s} = \frac{a \cdot b_s}{b_s} = a \,. \tag{2.4}$$

Der im Luftspalt angenommene "fiktive" Strombelag a ist also gerade gleich der magnetischen Feldstärke h_s im Streuspalt der Nut:

$$a = h_s = \frac{\vartheta}{b_s} = \frac{z \cdot i}{b_s} \,. \tag{2.5}$$

Dieses Ergebnis läßt sich auch so deuten: Der fiktive Strombelag a ist gleich der gesamten Nutdurchflutung ϑ dividiert durch die Streuschlitzbreite b_s.

Aufgrund der eben durchgeführten Überlegungen ist es nun tatsächlich möglich, das Luftspaltfeld von dem Nutenfeld zu trennen! Bei der Berechnung des Luftspaltfeldes brauchen wir dann vorerst die Nuten überhaupt nicht mehr zu beachten. Die Wirkung der Nutdurchflutung auf das Luftspaltfeld wird ausreichend genau durch den Strombelag a über der Nutschlitzbreite b_s wiedergegeben. Die Begrenzungsflächen von Ständer und Läufer können als glatt angenommen werden, was einem konstanten Luftspalt bzw. konstanten magnetischen Luftspaltleitwert entspricht. Wir haben uns damit gleichzeitig auch von der komplizierten Maschinenkontur befreit.

Das nächste Ziel ist es nun, den Zusammenhang zwischen dem Strombelag a und dem Luftspaltfeld herzustellen.

Sie wissen aus der einführenden Vorlesung vor dem Vorexamen, daß die Ständerwicklung stets aus einzelnen Spulen aufgebaut ist und daß der Abstand der beiden entgegengesetzt durchfluteten Spulenseiten etwa einer Polteilung entspricht. Deshalb empfiehlt es sich, auch bei der Berechnung des Luftspaltfeldes von zwei Strombelägen auszugehen, die sich im Abstand einer Polteilung befinden. Bei einer zweipoligen Maschine liegen dann die Strombeläge diametral gegenüber (Abb. 2.4).

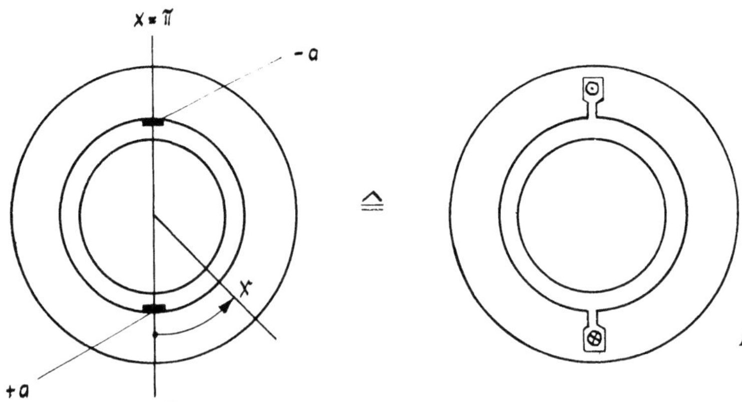

Abb. 2.4

Zur mathematischen Beschreibung führen wir die Koordinate x im Bogenmaß ein, deren Ursprung (x = 0) in der Mitte eines der beiden Strombeläge liegt. Zur besseren Übersicht wird der Bohrungsumfang noch in die Ebene abgewickelt. Man erhält dann die folgende Strombelagsverteilung (Abb. 2.5).

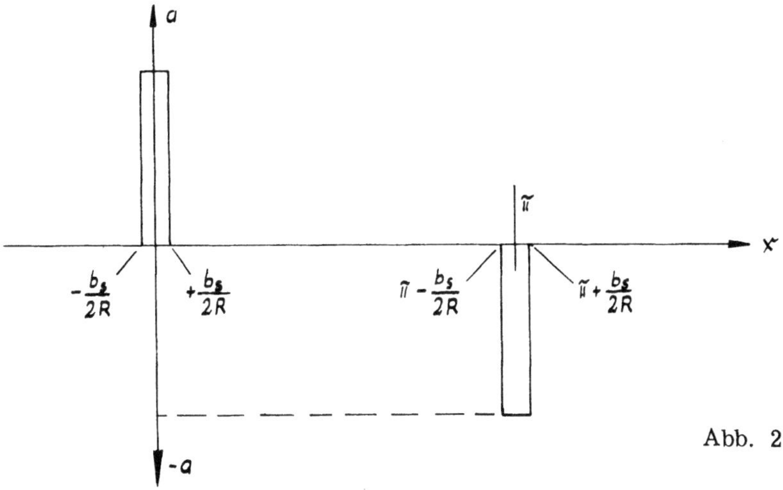

Abb. 2.5

Die mathematische Formulierung für die Strombelagsfunktion lautet:

$$a(x) = \begin{cases} +\frac{\vartheta}{b_s} & \text{für } -\frac{b_s}{2R} \leq x \leq +\frac{b_s}{2R} \\ -\frac{\vartheta}{b_s} & \text{für } +\pi-\frac{b_s}{2R} \leq x \leq +\pi+\frac{b_s}{2R} \\ 0 & \text{für alle anderen } x \end{cases} \tag{2.6}$$

Der zeitliche Verlauf des eingespeisten Stroms bzw. der Durchflutung ϑ kann zunächst beliebig sein. R ist gleich dem Bohrungsradius. Alle geometrischen Längen müssen auf Bogenmaß umgerechnet werden. Der Streuschlitzbreite b_s entspricht beispielsweise der Winkel:

$$\alpha_s = \frac{b_s}{2\pi R} \cdot 2\pi = \frac{b_s}{R} \quad . \tag{2.7}$$

Alle Längen sind also durch den Bohrungsradius zu dividieren.

Nun ist es recht unangenehm, mit einer solchen unstetigen Funktion zu arbeiten. Man wird daher versuchen, diesen Funktionsverlauf durch stetige Funktionen zu ersetzen. Das gelingt, wie Sie aus der Mathematik wissen, mit Hilfe der Fourieranalyse. Diese Fourieranalyse wenden wir gleich in der komplexen Form an. Der komplexe Fourierkoeffizient ergibt sich dabei aus der Beziehung:

$$\begin{aligned} a_\nu &= \frac{1}{2\pi}\int_0^{2\pi} a(x)\cdot e^{+j\nu x}\,dx \\ &= \frac{1}{2\pi}\left\{\int_{-b_s/2R}^{b_s/2R} \frac{\vartheta}{b_s}\, e^{j\nu x}\,dx + \int_{\pi - b_s/2R}^{\pi + b_s/2R} \left(-\frac{\vartheta}{b_s}\right) e^{j\nu x}\,dx\right\} \\ &= \frac{\vartheta}{2\pi R}\;\frac{\sin\frac{\nu b_s}{2R}}{\frac{\nu b_s}{2R}}\left[1 - e^{j\nu\pi}\right]. \end{aligned} \tag{2.8}$$

Der Ausdruck in der eckigen Klammer gibt uns Aufschluß über die auftretenden Ordnungszahlen ν . Unter der Ordnungszahl versteht man die Anzahl der Wellen am Bohrungsumfang. Offensichtlich können nur Strombelagswellen mit ungeraden Ordnungszahlen auftreten; im Falle gerader ν verschwindet die eckige Klammer. Es ist also:

$$\nu = 2g + 1 \quad ; \quad g = 0, \pm 1, \pm 2, \dots \quad . \tag{2.9}$$

Die eckige Klammer nimmt für diese Ordnungszahlen den Wert 2 an. Normalerweise ist die Nutschlitzbreite nun klein gegenüber dem Bohrungsradius R, so daß man unbedenklich den Faktor:

$$\frac{\sin\frac{\nu b_s}{2R}}{\frac{\nu b_s}{2R}} = 1$$

setzen kann.

Die Fourierkoeffizienten werden dann alle gleich und haben die Form:

$$a_\nu = \frac{\vartheta}{\pi R} \quad . \tag{2.10}$$

Der Strombelag kann dann als unendliche Reihe angeschrieben werden:

$$a(\nu) = \frac{\vartheta}{\pi R}\sum_{\nu = 2g+1} e^{-j\nu x} \quad . \tag{2.11}$$

Über deren Konvergenzbedingungen brauchen wir uns als angehende Ingenieure keine Gedanken zu machen. Auch der Mathematiker denkt ja i. a. bei der Fourieranalyse eines Rechteckfeldes nicht gleich an das sog. GIBBsche Phänomen. Die Behauptung: Alles ist stetig, alles konvergiert und ist unendlich oft differenzierbar ist nicht so unsinnig, wie sie auf den ersten Blick erscheinen mag. Tatsächlich hat es nämlich gar keinen Sinn, die Ordnungszahl ν über alle Grenzen wachsen zu lassen, weil man dann die physikalischen Voraussetzungen schließlich einmal überschreitet.

Wir wollen nun den Zusammenhang zwischen diesem Strombelag und dem Luftspaltfeld herstellen. Bei der Ableitung dieser Beziehung wollen wir uns auf die Radialkomponente des Luftspaltfeldes beschränken. Diese Vereinfachung ist zulässig, solange die Wellenlänge der Felder groß im Verhältnis zum Luftspalt ist. Die im folgenden abgeleiteten Beziehungen gelten also nicht für Wellen mit beliebig hohen Ordnungszahlen, die i. a. auch gar nicht interessieren. Wir betrachten ein Bogenelement Rdx des Umfangs und wenden das Durchflutungsgesetz auf den gestrichelten Integrationsweg an, wobei wir im Eisen $\mu_r = \infty$ annehmen (Abb. 2. 6). Dann

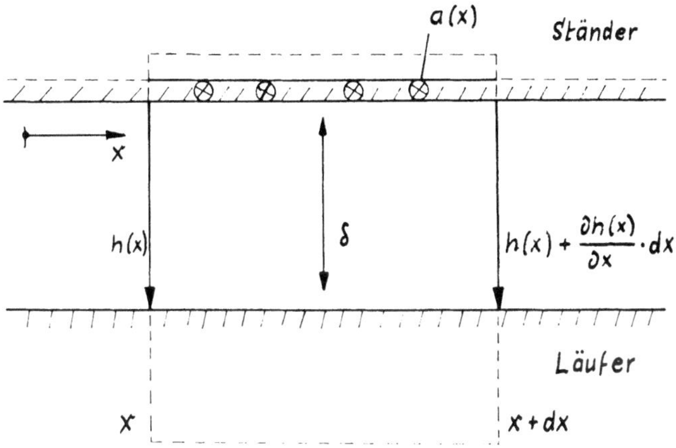

Abb. 2. 6

wird: $$\frac{\partial h}{\partial x} dx \cdot \delta = a R dx$$

oder: $$\frac{\partial h}{\partial x} = a \frac{R}{\delta} , \qquad (2.12)$$

wobei wir weiter voraussetzen, daß sich die Normalkomponente der magnetischen Feldstärke h(x) in radialer Richtung wegen $\delta \ll$ R nicht nennenswert ändert.

Die Änderung der Normalkomponente der magnetischen Feldstärke ist dem Strombelag a proportional. Daraus folgt die Normal- oder Radialkomponente der magnetischen Feldstärke im Luftspalt zu:

$$h(x) = \frac{R}{\delta} \int_0^x a(x)\,dx + h(0). \tag{2.13}$$

Die Integrationskonstante h(0) ist dabei so zu bestimmen, daß das Integral:

$$\int_0^{2\pi} h(x) R\,dx = \Phi_{unipolar} = 0 \tag{2.14}$$

wird, da ein sog. Unipolarfluß nicht auftreten kann. Derartige Unipolarflüsse, die durch die Welle aus dem Läuferblechpaket ein- bzw. austreten, werden mit Rücksicht auf Ströme, die die Lager der Maschine zerstören können, u. a. U. vermieden. Setzen wir die harmonischen Strombelagskomponenten in die Gl. (2.13) ein, so bekommen wir mit $\Phi_{unipolar} = 0$:

$$h(x) = j \frac{\vartheta}{\pi \delta} \sum_{\nu} \frac{1}{\nu} e^{-j\nu x}. \tag{2.15}$$

Wenn man mit der Induktionskonstanten multipliziert, dann erhält man die einzelnen Induktionswellen (genauer gesagt, die Radialkomponenten der magnetischen Induktion im Luftspalt) in der Form:

$$b_\nu(x) = \mu_0 h_\nu(x) = j \mu_0 \frac{\vartheta}{\pi \delta} \frac{1}{\nu} e^{-j\nu x}. \tag{2.16}$$

Wir sehen, daß durch die Integration die Oberfelder - das sind die Feldwellen, deren Ordnungszahlen nicht gleich der Polpaarzahl p der Maschine sind - kleiner werden, da ihre Amplituden nunmehr dem Kehrwert der Ordnungszahl ν proportional sind. Die Feldkurve ist also wesentlich weniger oberwellenhaltig als die Strombelagskurve.

Bisher haben wir erst die Felder, die durch zwei entgegengesetzte Durchflutungen erzeugt werden, berechnet. Im folgenden wird sich zeigen, daß damit aber bereits die größte Arbeit auch schon getan ist; denn Felder, welche durch eine kompliziertere Durchflutungsverteilung hervorgerufen werden, lassen sich daraus sehr einfach durch Summationsprozesse gewinnen. Dabei kommt uns nun die Schreibweise in der Exponentialform sehr entgegen.

Wollen wir eine Maschine am Drehstromnetz mit der Kreisfrequenz $\omega = 2\pi f$ (f = Netzfrequenz) betreiben, so müssen mindestens drei solcher Durchflutungspaare vorhanden sein. Diese werden symmetrisch am Umfang verteilt (Abb. 2, 7).

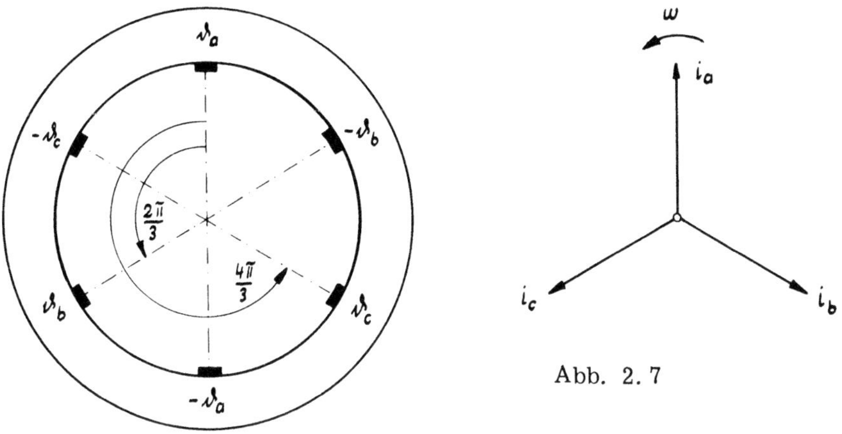

Abb. 2. 7

Die eingespeisten zeitlich harmonisch verlaufenden Ströme unterscheiden sich in ihrer Zeit-Phasenlage um jeweils 120° bzw. $2\pi/3$. Wir müssen also für die drei Durchflutungen schreiben:

$$\vartheta_a = \Theta e^{j\omega t} \quad , \quad \vartheta_b = \Theta e^{j(\omega t - \frac{2\pi}{3})} \quad , \quad \vartheta_c = \Theta e^{j(\omega t - \frac{4\pi}{3})} \quad . \tag{2.17}$$

Die Durchflutungen sind auch räumlich um jeweils $2\pi/3$ versetzt. Wenn wir den Koordinatenursprung $x = 0$ mit der Durchflutungsstelle $+\vartheta_a$ zusammenfallen lassen, gilt unter Berücksichtigung der räumlichen und zeitlichen Verschiebung für die Strombelagswellen:

$$a_{a\nu} = \frac{\vartheta_a(t)}{\pi R} e^{-j\nu x} = \frac{\Theta e^{j\omega t}}{\pi R} e^{-j\nu x} = \frac{\Theta}{\pi R} e^{j(\omega t - \nu x)}$$

$$a_{b\nu} = \frac{\vartheta_b(t)}{\pi R} e^{-j\nu(x - \frac{2\pi}{3})} = \frac{\Theta e^{j(\omega t - \frac{2\pi}{3})}}{\pi R} \cdot e^{-j\nu(x - \frac{2\pi}{3})}$$

$$= \frac{\Theta}{\pi R} e^{j(\omega t - \nu x)} \cdot e^{+j(\nu - 1)\frac{2\pi}{3}} \tag{2.18}$$

$$a_{c\nu} = \frac{\vartheta_c(t)}{\pi R} e^{-j\nu(x - \frac{4\pi}{3})} = \frac{\Theta e^{j(\omega t - \frac{4\pi}{3})}}{\pi R} \cdot e^{-j\nu(x - \frac{4\pi}{3})}$$

$$= \frac{\Theta}{\pi R} e^{j(\omega t - \frac{4\pi}{3})} \cdot e^{+j(\nu - 1)\frac{4\pi}{3}} \quad .$$

Die resultierende Strombelagswelle erhalten wir daraus durch Summation:

$$a_\nu = a_{a\nu} + a_{b\nu} + a_{c\nu} = \frac{\Theta}{\pi R} e^{j(\omega t - \nu x)} \left\{ 1 + e^{j(\nu - 1)\frac{2\pi}{3}} + e^{j(\nu - 1)\frac{4\pi}{3}} \right\} . \tag{2.19}$$

Dabei stellt die geschweifte Klammer eine geometrische Reihe von drei Gliedern mit dem Quotienten $e^{j\,2\pi/3\cdot(\nu-1)}$ dar. Ihre Summe ist:

$$\left\{1+e^{j(\nu-1)\frac{2\pi}{3}}+e^{j(\nu-1)\frac{4\pi}{3}}\right\}=\frac{e^{j\frac{2\pi}{3}(\nu-1)3}-1}{e^{j\frac{2\pi}{3}(\nu-1)}-1}=$$

$$=\begin{cases}0 & \text{für } \nu-1 \neq 3g \\ 3 & \text{für } \nu-1=3g\end{cases} \qquad g=0,\pm1,\pm2,\ldots \quad . \tag{2.20}$$

Der Zähler des letzten Bruches verschwindet für jedes ganzzahlige ν . Der Bruch kann nur dann von Null verschieden sein, wenn gleichzeitig ν - 1 ein Vielfaches von 3 ist, so daß auch der Nenner verschwindet. In diesem Falle sind alle Summanden in der geschweiften Klammer gleich + 1; ihre Summe ist + 3.

Die räumlich symmetrisch verteilten Durchflutungen, die von einem symmetrischen Drehstromsystem gespeist werden, erregen also im Luftspalt ein System von umlaufenden Strombelagswellen, deren Ordnungszahlen ungerade (s. Gl. (2. 9)) und nicht durch drei (s. Gl. (2. 20)) teilbar sind. Mathematisch läßt sich das so ausdrücken:

$$\begin{aligned}&\nu=6g+1 \quad ; \qquad g=0,\pm1,\pm2,\ldots \\ &\text{also} \quad \nu=\ldots,-5,1,7,\ldots \quad .\end{aligned} \tag{2.21}$$

Die der Gl. (2. 21) entsprechenden Ordnungszahlen bezeichnet man auch als Drehstromordnungszahlen.

Der resultierende Strombelag setzt sich also aus unendlich vielen umlaufenden Drehwellen mit konstanter Amplitude zusammen:

$$a(x,t)=\frac{3\Theta}{\pi R}\sum_{\nu=6g+1} e^{j(\omega t-\nu x)} \quad . \tag{2.22}$$

Daß es sich hier auch tatsächlich um umlaufende Wellen handelt, können wir leicht einsehen, wenn wir beispielsweise untersuchen, wo sich jeweils das Maximum einer beliebigen Strombelagswelle befindet. Dazu betrachten wir den Realteil von Gl. (2. 22); es wird dann für die ν -te Welle:

$$a_\nu = A_\nu \cos(\nu x-\omega t) . \tag{2.23}$$

Die Lage des Maximums ist offensichtlich dadurch gekennzeichnet, daß:

$$\omega t - \nu x = 0$$

ist.

Differenziert man nach der Zeit, so wird:

$$\omega - \nu \frac{dx}{dt} = 0 .$$

Die Winkelgeschwindigkeit des ν -ten Feldes ist also:

$$\omega_\nu = \frac{dx}{dt} = \frac{\omega}{\nu} . \qquad (2.24)$$

Die Drehrichtung der einzelnen Wellen ist durch das Vorzeichen von ν gegeben. Ein positiver ν -Wert bedeutet Umlauf der betr. Welle in Richtung wachsender x, ein negativer ν -Wert bedeutet Umlauf in Richtung negativer x-Werte. Die Umlaufgeschwindigkeit der Wellen ist proportional dem Kehrwert der Ordnungszahl.

Wohl zu unterscheiden von diesem magnetisch wirksamen Strombelag $a(x,t)$ ist der für die Berechnung wichtige thermisch wirksame Strombelag A, der gleich der Summe der Absolutwerte der Nutdurchflutungen ohne Rücksicht auf die Phasenlage dividiert durch den Bohrungsumfang $2\pi R$ ist.

Wir haben gesehen, daß das Feld im Luftspalt gleich dem unbestimmten Integral des Strombelages ist. Für den vorliegenden Fall lautet also das Feld:

$$b_\nu (x,t) = j\,3 \frac{\mu_0}{\delta} \frac{\Theta}{\pi R} \sum_\nu \frac{1}{\nu} e^{j(\omega t - \nu x)} . \qquad (2.25)$$

Wie schon eingangs erwähnt, ist es die - elektromagnetische - Aufgabe der Wicklung, ein möglichst sinusförmiges Luftspaltfeld zu erzeugen oder, anders ausgedrückt, die Amplituden der Oberfelder sollen möglichst klein sein im Verhältnis zur Grundwelle, die durch $\nu = 1$ gekennzeichnet ist.

In dem vorliegenden Fall sind die Amplituden dem Kehrwert der Ordnungszahl proportional. So beträgt die Amplitude der 5. Oberwelle immerhin 1/5 bzw. 20 %, die der 7. Oberwelle 1/7, also 14 % der Grundwelle. Eine Verbesserung der Feldkurve wird durch Verwendung einer größeren Anzahl von Durchflutungen gewonnen.

Die Durchflutungen eines Stranges waren bislang nur an zwei Stellen konzentriert. Wir wollen nun einem jeden Strang 2q Durchflutungen bzw. Nuten zuordnen, also die Durchflutung eines Stranges auf mehre Stellen verteilen. Das ist schon allein aus fertigungstechnischen Gründen erforderlich (sonst werden die einzelnen Spulen einfach zu dick und damit zu schwer zu wickeln), aber auch durch thermische Gründe bedingt (die Wärmeabfuhr wird zu schlecht, wenn die Spulen zu konzentriert sind). Für q = 2 würden wir dann z. B. 12 Durchflutungen erhalten (Abb. 2. 8).

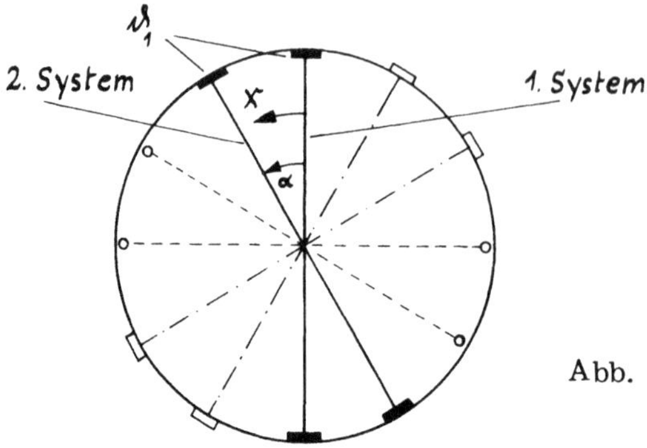

Abb. 2. 8

Zwei benachbarte Durchflutungen werden dann jeweils von dem gleichen Strom durchflossen. Benachbarte Nuten bzw. Durchflutungsstellen, die vom gleichen Strom durchflossen werden, bezeichnet man als Zone. In dem vorliegenden Fall erhalten wir zwei Systeme mit je 6 verschiedenen Durchflutungen. Diese beiden Systeme sind um den Winkel α gegeneinander verdreht. Der Winkel α läßt sich durch die Gesamtzahl N der Durchflutungsstellen (Nuten) ausdrücken; in dem vorliegenden Fall (q = 2) ist:

$$\alpha = \frac{2\pi}{12} = \frac{2\pi}{6q} = \frac{2\pi}{N} \quad . \tag{2.26}$$

Die Felder (vgl. Gl. (2. 25)), die jedes dieser beiden Systeme erzeugt, sind uns bereits bekannt. Es ist jetzt bei der Bestimmung der resultierenden Feldwellen nur auf die Verdrehung der Systeme zu achten. In dem vorliegenden Fall von 2 um α versetzten Systemen setzten sich die resultierenden Feldwellen jeweils aus zwei um α gegeneinander verschobenen Feldwellen zusammen:

$$\begin{aligned} b_{\nu\,res} &= j3\,\frac{\mu_0}{\delta}\,\frac{\theta}{\pi}\,\frac{1}{\nu}\,\Big(\underbrace{e^{j[\omega t-\nu x]}}_{1.\,System} + \underbrace{e^{j[\omega t-\nu(x-\alpha)]}}_{2.\,System}\Big) \\ &= j3\,\frac{\mu_0}{\delta}\,\frac{\theta}{\pi}\,\frac{1}{\nu}\,e^{j(\omega t-\nu x)}\left(1+e^{j\nu\alpha}\right) . \end{aligned} \tag{2.27}$$

Bei q versetzten Systemen müssen dann zur Ermittlung einer resultierenden Feldwelle q einzelne Feldwellen addiert werden:

$$b_{\nu\,res} = j3\,\frac{\mu_0}{\delta}\,\frac{\theta}{\pi}\,\frac{1}{\nu}\,e^{j(\omega t-\nu x)}\left(1+e^{j\nu\alpha}+e^{j2\nu\alpha}+\dots+e^{j(q-1)\nu\alpha}\right). \tag{2.28}$$

Die Auswertung der in der eckigen Klammer stehenden geometrischen Reihe führt auf den Ausdruck:

$$\left(1+\cdots\right)=q\,\frac{\sin\nu\frac{\alpha}{2}q}{q\sin\nu\frac{\alpha}{2}}\,e^{j\cdots}=q\,\frac{\sin\nu\frac{\pi}{6}}{q\sin\nu\frac{\pi}{6q}}\,e^{j(q-1)\frac{\alpha}{2}}\;.$$

Es ist üblich:

$$\xi_{z\nu}=\frac{\sin\nu\frac{\pi}{6}}{q\sin\nu\frac{\pi}{6q}} \tag{2.29}$$

als Zonenfaktor zu bezeichnen. Die ν -te Feldwelle hat dann die Form:

$$b_\nu=j\,3\,\frac{\mu_0}{\delta}\,\frac{\Theta}{\pi}\,q\,\frac{1}{\nu}\,\xi_{z\nu}\,e^{j[\omega t-\nu(x-(q-1)\frac{\alpha}{2})]}\;. \tag{2.30}$$

Die resultierende Induktionswelle der Ordnungszahl ν ist also bei gleicher Gesamtdurchflutung um den Faktor $\xi_{z\nu}$ kleiner als die Feldwelle +) der in der Zonenmitte konzentrierten Durchflutung ϑ. Den Winkel $(q-1)\frac{\alpha}{2}$ können wir aus der Gleichung eliminieren, wenn wir den Ursprung unseres Koordinatensystems um eben diesen Winkel verschieben:

$$x'=x-(q-1)\frac{\alpha}{2}\;. \tag{2.31}$$

Dann liegt der Ursprung des neuen Koordinatensystems x' in der Mitte der Zone. Außerdem soll in die Feldamplitude die Nutenzahl N eingeführt werden. Es ist:

$$N=2\cdot 3\cdot q\;, \tag{2.32}$$

wobei eben q die Anzahl der Nuten pro Pol und Wicklungsstrang ist. ++) q dient ganz allgemein als Kennzeichen einer Wicklung. Ist q = 2, so spricht man von einer 2-Loch-, bei q = 3 von einer 3-Lochwicklung usw.

Die ν -te Feldwelle lautet in dem neuen Koordinatensystem x':

$$b_\nu=j\,\frac{\mu_0}{\delta}\,\frac{\Theta N}{2\pi}\,\frac{1}{\nu}\,\xi_{z\nu}\,e^{j(\omega t-\nu x')}\;. \tag{2.33}$$

+) a, h und b sind alles "Felder" bzw. Feldgrößen. Aus dem Zusammenhang geht jeweils klar hervor, welches "Feld" in einem speziellen Fall gemeint ist.

++) Der Elektromaschinenbauer bezeichnet die Wicklungsstränge etwas ungeniert als die einzelnen "Phasen".

Der Zonenfaktor $\xi_{z\nu}$ ist für q > 1 stets kleiner als 1. Für die Grundwelle liegt er je nach den Werten für q zwischen 1 (q = 1) und O, 955 ($q \to \infty$). Er weicht also für die Grundwelle nur sehr wenig von 1 ab, dafür werden aber die Amplituden einiger Oberfelder sehr stark vermindert. In wirtschaftlicher Hinsicht bedeutet das, daß man für q > 1 mit dem gleichen Kupferaufwand kleinere Induktionswellen erhält; insbesondere also eine um einige Prozent kleinere Grundfeldamplitude, was einer kleineren Ausnutzung des Wicklungskupfers entspricht. Man nimmt das jedoch in Kauf, um die Oberfeldwirkungen (Verschlechterung der Drehmomentkurve, Zusatzverluste, magnetisch verursachter Lärm) zu vermindern. Sie erkennen das am besten an dem folgenden Zahlenbeispiel:

$$q = 3: \quad \xi_1 = 0{,}96 \quad \xi_5 = -0{,}217 \quad \xi_7 = 0{,}177 \quad \xi_{11} = -0{,}177$$

$$\xi_{13} = 0{,}217 \quad \xi_{17} = -0{,}96 \quad \xi_{19} = +0{,}96 .$$

Aus diesem Beispiel erkennen Sie, daß es Oberfelder gibt, deren Zonenfaktor betragsmäßig gleich dem der Grundwelle ist. Diese Felder sind dadurch gekennzeichnet, daß in der Gleichung für die Ordnungszahlen g ein Vielfaches der Nutenzahl pro Pol und Strang wird:

$$\begin{aligned} \nu &= 6g'q + 1 \\ &= g'N + 1 \end{aligned} \qquad g' = \pm 1, \pm 2, \ldots \qquad (2.34)$$

Diese Felder werden als Nutharmonische der Wicklungsverteilung bezeichnet. Sie werden von der Aufteilung der Durchflutung auf mehrere Nuten nicht so stark betroffen wie die übrigen Oberfelder. Da ihre Amplitude dem Kehrwert der Ordnungszahl ν proportional ist, wird ihre Amplitude natürlich mit wachsender Nutenzahl kleiner, aber eben nicht in dem Maße wie bei den übrigen Oberfeldern.

Eine weitere Vergrößerung der Durchflutungsstellen eines Stranges läßt sich durch die folgende einfache Maßnahme erreichen: Man teilt die Durchflutungen der einzelnen Nuten in zwei gleiche Schichten mit der Durchflutung $\vartheta/2$ und verschiebt diese Schichten gegeneinander um ein Ganzzahliges der Nutteilung (Abb. 2. 9):

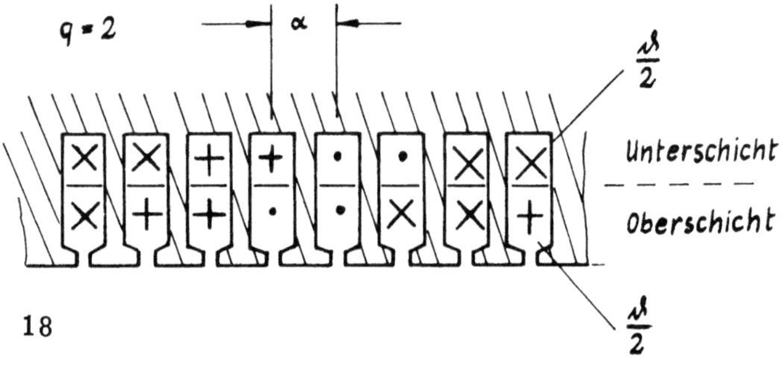

Abb. 2. 9

Die Schichten sind in diesem Fall um eine Nutteilung bzw. den Winkel $\alpha = 2\pi/N$ verschoben. Beträgt ganz allgemein dieser Versatz Δ Nutteilungen, so lautet die resultierende Feldwelle:

$$\begin{aligned} b_\nu &= b_{\nu\,\text{Oberschicht}} + b_{\nu\,\text{Unterschicht}} \\ &= j\,\frac{\mu_0}{\delta}\,\frac{\Theta N}{2\pi}\cdot\frac{1}{2}\cdot\frac{1}{\nu}\,\xi_{z\nu}\, e^{j(\omega t-\nu x')}\left[1+e^{j\nu\Delta\alpha}\right] \\ &= j\,\frac{\mu_0}{\delta}\,\frac{\Theta N}{2\pi}\,\frac{1}{\nu}\,\xi_{z\nu}\,\cos\nu\Delta\frac{\pi}{N}\cdot e^{j[\omega t-\nu(x'-\Delta\frac{\pi}{N})]} \quad . \end{aligned} \tag{2.35}$$

Der Faktor:

$$\xi_{s\nu} = \cos\nu\Delta\frac{\pi}{N} \tag{2.36}$$

wird als Sehnungsfaktor der ν-ten Feldwelle bezeichnet. Das Produkt aus Sehnungsfaktor und Zonenfaktor bezeichnet man als Wicklungsfaktor:

$$\xi_\nu = \xi_{s\nu}\cdot\xi_{z\nu} . \tag{2.37}$$

Der störende Phasenwinkel $\nu\Delta\pi/N$ im Exponenten von Gl. (2.35) läßt sich dadurch wegbringen, daß man wiederum den Ursprung des Koordinatensystems verschiebt:

$$x'' = x' - \Delta\frac{\pi}{N} .$$

(Der Einfachheit halber schreiben wir dann weiterhin wieder x anstelle von x''. Der Ursprung dieses Koordinatensystems liegt dann im Schwerpunkt der Leiterverteilung eines Stranges. Die ν-te Feldwelle lautet dann:

$$b_\nu = j\,\frac{\mu_0}{\delta}\,\frac{N\Theta}{2\pi}\,\frac{1}{\nu}\,\xi_\nu\, e^{j[\omega t-\nu x]} \quad . \tag{2.38}$$

Wir haben uns bisher nur mit einer zweipoligen Anordnung befaßt. Bei mehrpoligen Anordnungen wiederholt sich alles entsprechend der Polpaarzahl p. Die Ordnungszahlen der Felder werden p-mal so groß:

$$\nu = p\,(6g+1) \tag{2.39}$$

Die Nutenzahl wird nunmehr:

$$N = p\cdot 6q \tag{2.40}$$

An der Feldamplitude ändert sich formal nichts. Wir sind damit in der Lage, die Felder für beliebige symmetrische Durchflutungsanordnungen zu berechnen.

Durch diese analytische Betrachtungsweise ist aber leider der Blick für das gesamte Luftspaltfeld verlorengegangen. Ich möchte deshalb darauf noch einmal kurz eingehen. Dazu wollen wir eine Anordnung von 3 räumlich symmetrisch verteilten Strombelägen bzw. Durchflutungen betrachten (Abb. 2.10).

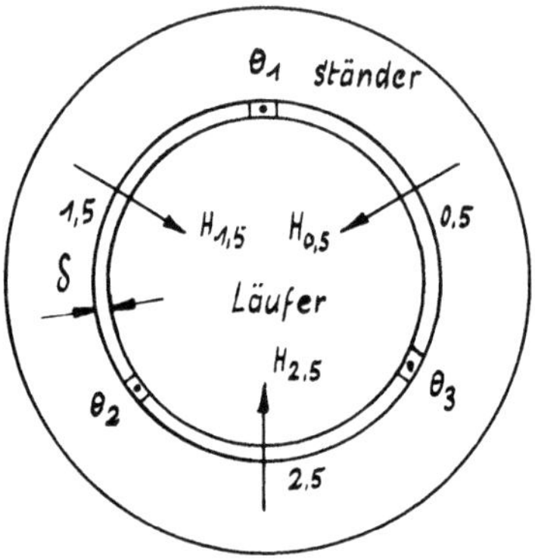

Abb. 2.10

Die 3 Durchflutungen werden durch die Zahlen 1, 2 und 3 im Gegenuhrzeigersinn gekennzeichnet. Die Intervalle zwischen je 2 Leitern werden mit den Mittelwerten der sie berandenden Durchflutungen bezeichnet. Beispielsweise hat das Intervall zwischen den Leitern 1 und 2 die Bezeichnung 1,5. Das Intervall zwischen den Durchflutungen 2 und 3 sei mit 2,5, das Intervall zwischen den Durchflutungen 3 und 1 sei mit O,5 ($\frac{1}{2}(3+4)-3=0{,}5$) bezeichnet.

Den Zusammenhang zwischen der Normalkomponente der magnetischen Feldstärke H im Luftspalt und der Durchflutung liefert wieder das Durchflutungsgesetz. Wir wenden es auf die 3 Durchflutungen an und vernachlässigen die magnetische Spannung im Eisen. Dann wird:

$$\begin{aligned}
-H_{0,5}\cdot\delta + H_{1,5}\cdot\delta &= \Theta_1 = \Theta e^{j\omega t}\\
-H_{1,5}\cdot\delta + H_{2,5}\cdot\delta &= \Theta_2 = \Theta e^{j(\omega t - 2\pi/3)}\\
-H_{2,5}\cdot\delta + H_{0,5}\cdot\delta &= \Theta_3 = \Theta e^{j(\omega t - 4\pi/3)}\,.
\end{aligned} \tag{2.41}$$

Da sich die 3. Gleichung als Differenz der beiden vorhergehenden Gleichungen herausstellt, kann man die drei gesuchten Feldstärken aus diesem Gleichungssystem nicht berechnen. Es fehlt eine weitere physikalische Bedingung bezüglich der magnetischen Feldstärke. Um zu dieser zu gelangen, stellen wir die rechte Seite in Form eines Zeitzeigerdiagrammes (Abb. 2.11) dar:

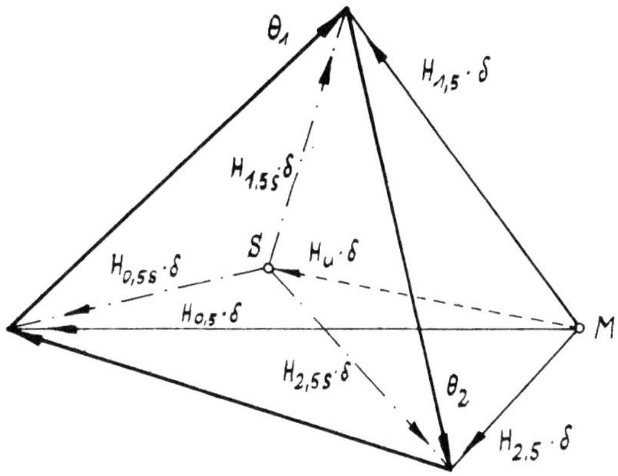

Abb. 2.11

Die Durchflutungen bilden ein gleichseitiges Dreieck. Ist M ein beliebiger Punkt der Ebene, so erfüllen die 3 Zeiger von M zu den Endpunkten des Dreiecks die obigen Gleichungen für die Produkte $H \cdot \delta$. Wegen der Konstanz des Luftspaltes sind diese Werte von H ein unmittelbares Maß für das Luftspaltfeld. Die obige Unbestimmtheit ist durch die beliebige Lage des Punktes M ausgedrückt. Trägt man von M aus den Vektor $H_u \cdot \delta$ ab, so gelangt man zu einem Punkt S. Wir können die H-Werte ausdrücken als die Summe zweier Vektoren H_S und H_u:

$$
\begin{aligned}
H_{0,5} &= H_{0,5\,s} + H_u \\
H_{1,5} &= H_{1,5\,s} + H_u \qquad\qquad (2.42)\\
H_{2,5} &= H_{2,5\,s} + H_u \; .
\end{aligned}
$$

Addiert man diese 3 Gleichungen, so ist die Summe der linken Seiten $3 \cdot H_u$, da die Summe der zum Schwerpunkt S weisenden Feldstärken ΣH_S den Wert Null hat. Die Vektoren H_S bilden ein symmetrisches System. Hingegen sind die H_u-Werte in allen 3 Intervallen gleich groß und gleichphasig. Sie erzeugen damit einen Wechselfluß, der in Analogie zur unipolaren Gleichstrommaschine als Unipolarfluß bezeichnet wird. Ein derartiger Unipolarfluß ist ausgesprochen schädlich. Er erzeugt nämlich kein Drehmoment, dagegen verursacht er aber erhöhte Verluste infolge örtlicher Induktionserhöhungen und darüber hinaus, wie schon erwähnt, noch Lagerschäden. Solche Wellenflüsse können z. B. durch Ströme erzeugt werden, die die Welle umkreisen (Abb. 2.12).

Wir müssen also, wie früher schon erwähnt, an die Wicklung die zusätzliche Forderung stellen, daß keine die Welle umkreisenden Durchflutungen entstehen dürfen. Dieser Bedingung ist leicht dadurch zu entsprechen, daß man alle Stromzuführungen zu allen Luftspaltdurchflutungen um 120° elektrisch gegeneinander verdreht ausführt. Es wird dann $H_u = 0$ und der Punkt

Durch Projektion der Diagrammzeiger kann man zu einem beliebigen Zeitpunkt den Feldverlauf bekommen.

M fällt mit dem Schwerpunkt S des Durchflutungsdreiecks zusammen. Damit sind dann die Feldstärken in den 3 Intervallen eindeutig bestimmt und aus dem Durchflutungsdreieck ablesbar. Wir sind damit in der Lage, aus bekannten Durchflutungen die räumliche Verteilung der magnetischen Feldstärke H bzw. der magnetischen Induktion B in jedem Augenblick anzugeben. Das ist in der folgenden Abb. 2. 13 für verschiedene Zeitpunkte gezeigt.

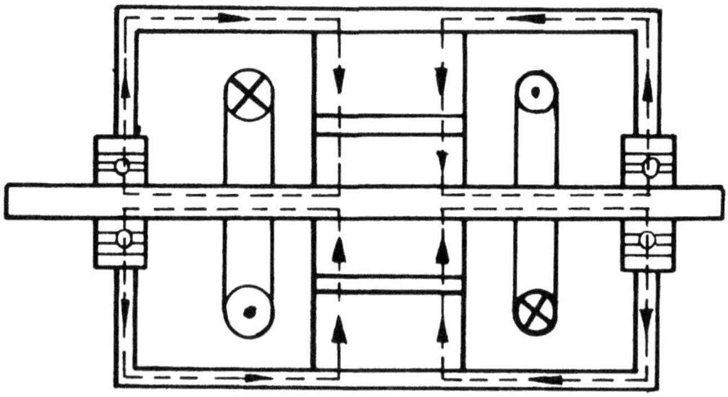

Abb. 2. 12

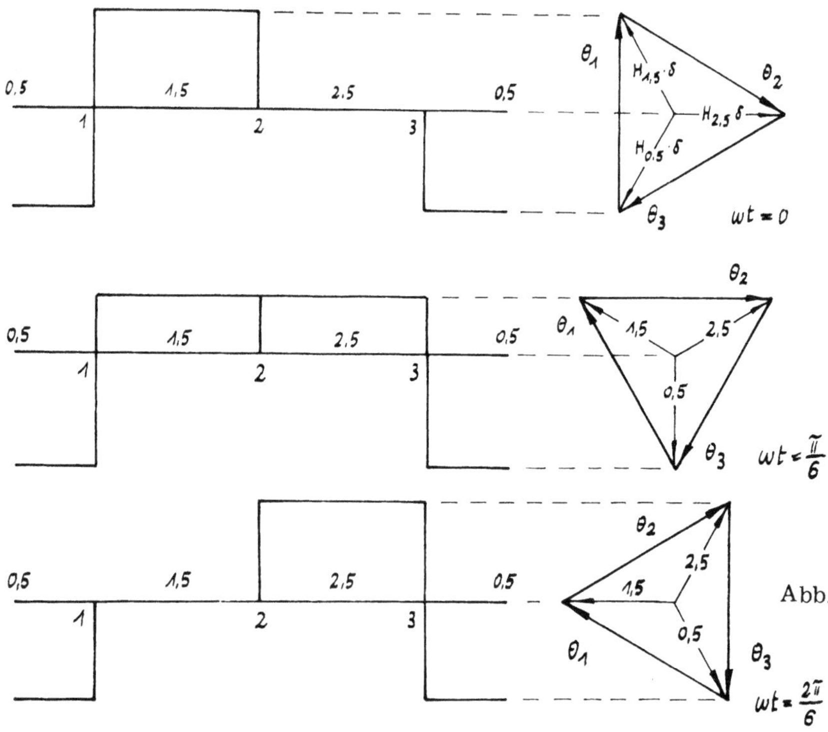

Abb. 2. 13

Man erkennt, daß das Feld noch sehr stark von der Sinusform abweicht. Es ändert dauernd seine Form, schreitet aber doch im Sinne wachsender Koordinaten fort. Wir haben bei der Zerlegung des Feldes in Einzelwellen gesehen, daß alle Feldwellen eine unterschiedliche, von ihrer Ordnungszahl abhängige Umlaufgeschwindigkeit haben, nämlich:

$$\omega_\nu = \frac{\omega}{\nu} \; . \tag{2.34}$$

Die Geschwindigkeit ist gerade so groß, daß die Felder in einer Periode der Netzspannung gerade ihre Wellenlänge zurücklegen. Durch diese unterschiedliche Geschwindigkeit ist die sich dauernd ändernde Form des Gesamtfeldes bedingt.

Um die resultierende Feldkurve zu verbessern, liegt es, wie früher schon erwähnt, nahe, die Anzahl der Durchflutungen zu vergrößern. Wir haben gesehen, daß man bei Drehstromspeisung normalerweise nicht 3, sondern mindestens 6 Durchflutungsstellen am Umfang anordnet; wobei die um eine Polteilung entfernten Durchflutungen jeweils gegensinnig vom gleichen Strom durchflossen werden. Bezeichnet man der Reihe nach die Durchflutungsstellen mit 1, 2, 3 ... 6 und die Feldstärken in den Bereichen zwi-

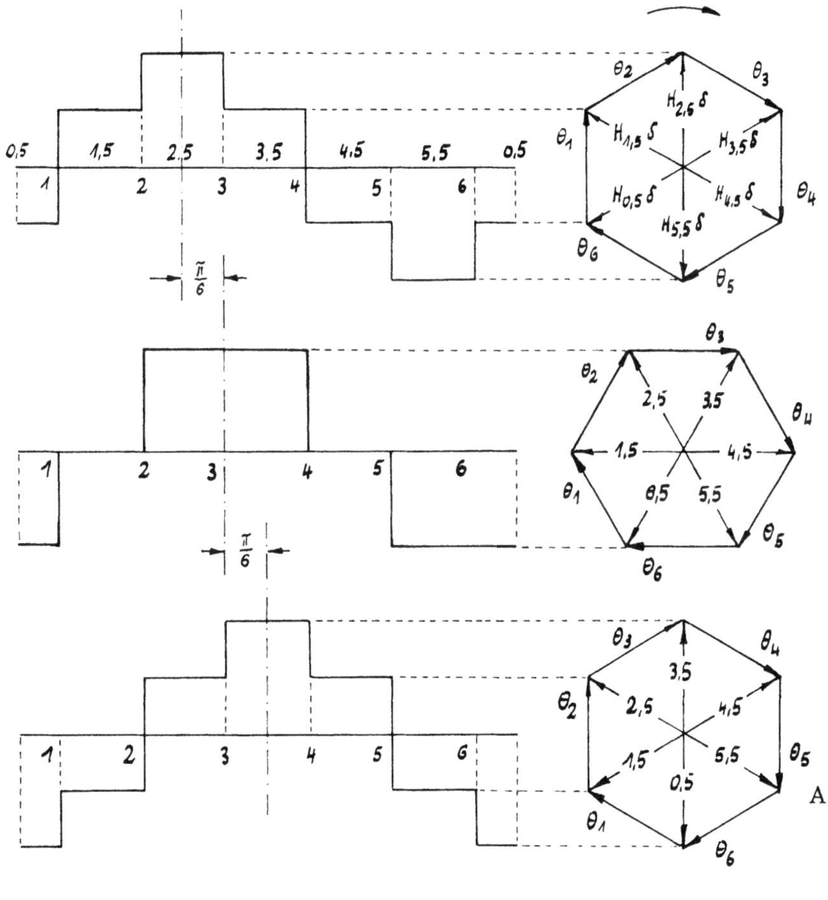

Abb. 2.14

schen diesen Durchflutungen mit $H_{1,5}$, $H_{2,5}$ usw., so erhält man die folgenden Zeitzeigerdiagramme, die nach ihrem Erfinder Görgespolygone genannt werden (Abb. 2.14).

Als Görgespolygon erhält man in diesem Fall ein regelmäßiges Sechseck. Man erkennt, daß nunmehr die Feldform schon wesentlich besser geworden ist und nur noch relativ wenig von der angestrebten Sinusform abweicht.

Gleichzeitig nähert sich das Görgespolygon mehr der Kreisform, die der idealen räumlich sinusförmigen Feldverteilung entspricht. Die Feldverteilung ist zu verschiedenen Zeitpunkten dargestellt. Nach einer Drehung um $\pi/3$ entsteht wieder dieselbe Feldverteilung, jedoch um $\pi/3$ verschoben. Die Symmetrieachse des Gesamtfeldes läuft mit der Geschwindigkeit des Grundfeldes um.

In Abb. 2.15 ist das Görgespolygon für eine Wicklung mit q = 2 Durchflutungsstellen je Pol und Strang aufgezeichnet. Jeweils zwei nebeneinander liegende Durchflutungsstellen haben dieselbe Durchflutung.

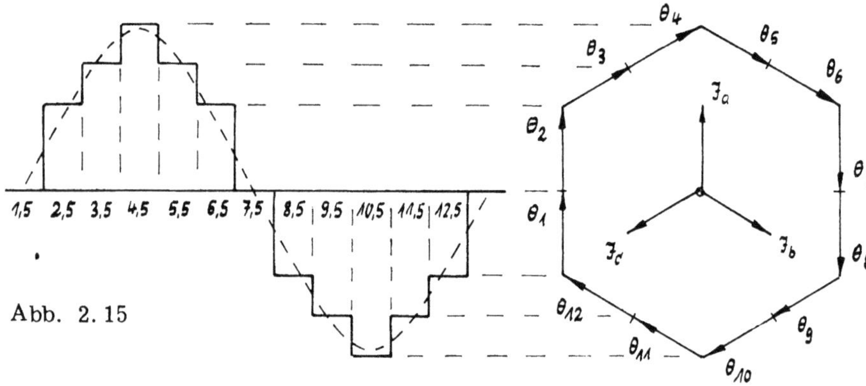

Abb. 2.15

Das Feld weicht nunmehr nur noch wenig von der erwünschten Sinusform ab.

Ein weiteres Mittel zur Verbesserung der Feldverteilung ist, wie wir gesehen haben, die Sehnung der Wicklung. Dadurch wird die resultierende Durchflutung an einzelnen Stellen durch gegeneinander um 120° phasenverschobene Einzeldurchflutungen gebildet. Das wollen wir uns noch einmal im Görgespolygon ansehen. Wir betrachten wieder den Fall q = 2 und nehmen an, daß die beiden Durchflutungsschichten um eine Nutteilung gegeneinander verschoben sind (Abb. 2.16).

In diesem Fall entstehen abwechselnd Durchflutungsstellen, die nur von dem Strom eines Stranges durchflossen und Durchflutungsstellen, die von den Strömen zweier Stränge durchflossen werden. Das äußere Sechseck entspricht dem Fall der ungesehnten Wicklung. Bei Sehnung um eine Nutteilung haben die magnetisch wirksamen Durchflutungen die folgende Größe:

An einer Stelle mit phasengleicher Durchflutung ist:

$$\vartheta_{res} = \frac{1}{2}\vartheta + \frac{1}{2}\vartheta = \vartheta .$$

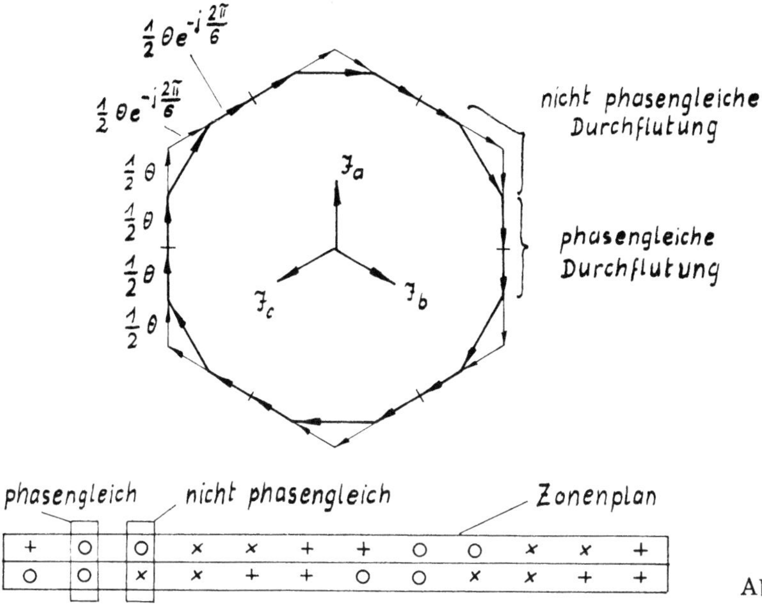

Abb. 2. 16

Verteilung der Durchflutungen am Umfang

An der benachbarten Stelle mit unterschiedlichen Strangströmen wird dagegen:

$$\vartheta_{res} = \frac{1}{2}\vartheta + \frac{1}{2}\vartheta e^{-j\,2\pi/6} = \vartheta \overbrace{\cos 2\pi/12}^{\sqrt{3}/2} \cdot e^{-j\,2\pi/12} \qquad \text{u.s.w.}$$

Die Phasenverschiebung der aufeinander folgenden Durchflutungen entspricht einer Leiteranordnung mit 6 Strängen. Aus dem regelmäßigen Sechseck entsteht ein Zwölfeck. Die Durchflutungen haben jedoch abwechselnd den Betrag 1 und $\sqrt{3}/2$. Es entsteht also kein regelmäßiges Zwölfeck wie bei einer echten 6-strängigen Wicklung.

Die in den Bildern gezeigten Feldsprünge an den Durchflutungsstellen werden durch die sog. Nutharmonischen wiedergegeben. Bei der analytischen Behandlung der Luftspaltfelder haben wir gesehen, daß ihr Wicklungsfaktor gleich dem der Grundwelle ist.

Wir können unsere Erkenntnisse über den Entwurf von Wicklungen wie folgt zusammenfassen:
Wir haben festgestellt, daß bei den untersuchten dreisträngigen Durchflutungsanordnungen neben dem Grundfeld Oberfelder mit den Ordnungszahlen $\nu = p\,(6g + 1)$ auftreten. Die einzelnen Durchflutungen sind stets so anzuordnen, daß das Görgespolygon nach einem Umlauf geschlossen und zentrisch symmetrisch ist. Eine große Anzahl von Durchflutungsstellen

ist günstig zur Verminderung der Oberfeldanteile. Teilt man die Durchflutung in zwei Hälften auf und versetzt sie ungefähr um eine halbe Zonenbreite (q/2), so wird eine Feldverteilung erreicht, der eine Verdoppelung der Zonenzahl sehr nahe kommt.

Wicklungen, bei denen q keine ganze Zahl ist, (sog. Bruchlochwicklungen, wie man sie generall bei Synchronmaschinen verwendet) werden bei mittleren und großen Drehstromasynchronmotoren mit Rücksicht auf die Rüttelkräfte und den magnetischen Lärm vermieden. Im folgenden wird nun die technische Ausführung der Wicklung behandelt.

3. Wicklungen

Die Drehstromwicklungen der modernen Maschinen werden in Nuten angeordnet. Diese sind stets gleichförmig längs der Luftspaltoberfläche verteilt. Die Aufgabe beim Entwurf einer Drehstromwicklung besteht nun darin, die Leiter in den einzelnen Nuten so anzuordnen, daß man die gewünschten drei Wicklungsstränge erhält. Die stromführenden Leiter müssen i. a. gegen die Blechpakete isoliert werden. Man unterscheidet die Nutisolation gegenüber den Blechpaketen von der Isolation der einzelnen Leiter gegeneinander, der sog. Leiterisolation. Dabei gibt es:

1. offene Nuten (Abb. 3.1).

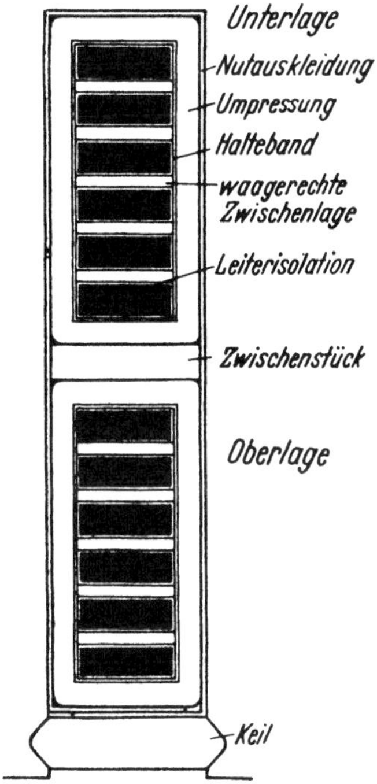

Abb. 3.1

Offene Nuten werden bei allen größeren Drehstrommaschinen, insbesondere bei hoher Spannung, verwendet. Ihr Vorteil besteht darin, daß die Spulen fertig isoliert eingelegt werden können. Man spricht von Formspulen. Durch die offenen Nuten tritt eine Konzentration der Feldlinien unter den Zahnköpfen auf (Abb. 3.2).

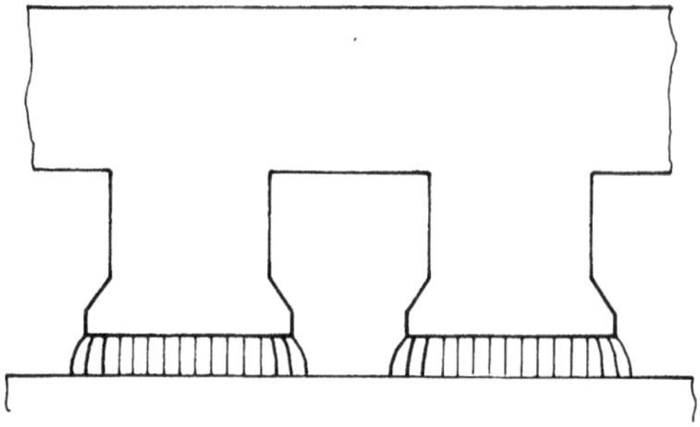

Abb. 3.2

Dadurch verkleinert sich die Übertrittsfläche, d. h. der magnetische Widerstand des Luftspaltes wird größer; damit erhöht sich dann der Magnetisierungsstrombedarf. Gleichzeitig erhöhen offene Nuten die durch die Schwankungen des magnetischen Leitwerts hervorgerufenen Oberflächen - und Zahnpulsationsverluste. Um diesen Nachteil bei kleinen und mittleren Maschinen zu vermeiden, rüstet man diese mit halbgeschlossenen Nuten aus (Abb. 3.3).

2. halbgeschlossene Nuten

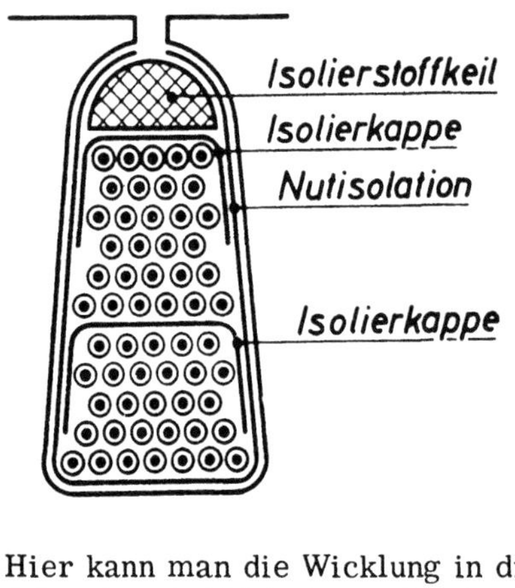

Abb. 3.3

Hier kann man die Wicklung in die durch eine Hülse isolierte Nut einträufeln oder einfädeln bzw. durchziehen. Sie gestatten ferner das Einschieben von fertig isolierten Halbformspulen, die dann am anderen Ende mühsam zusammengeschaltet werden müssen. Derartige Halbformspulen lohnen sich daher nur bei großen langsam laufenden Drehstromasynchronmotoren, die naturgemäß immer kleine Lochzahlen q (Nutenzahl je Pol und Strang) aufweisen.

Neuerdings werden mit Rücksicht auf die Eisenverluste auch vollkommen geschlossene Nuten verwendet (Abb 3.4).

3. geschlossene Nuten

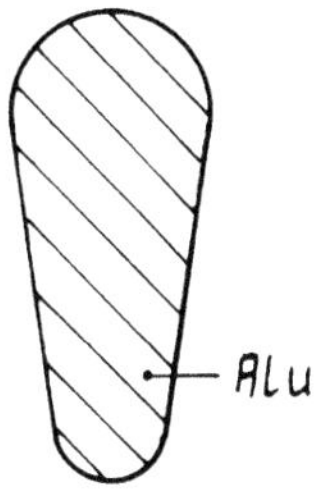

Abb. 3.4

Bei der Berechnung der Asynchronmaschinen stellt sich heraus, daß es schwierig ist, ihre Streuungsverhältnisse zu ermitteln.

Wir wollen uns im folgenden nur mit den gewickelten Drehstromwicklungen beschäftigen. Man unterscheidet Einschichtwicklungen und Zweischichtwicklungen. Beide werden aus einzelnen Spulen aufgebaut. Jede Spule besitzt zwei in den Nuten untergebrachte Spulenseiten und zwei Stirnverbindungen (Wickelköpfe) (Abb. 3.5). Besitzt die Spule nur eine Windung, so spricht man von einer Stabwicklung. Hat sie mehrere Windungen, so spricht man von einer Spulenwicklung. Im Fall der Einschichtwicklung füllt eine

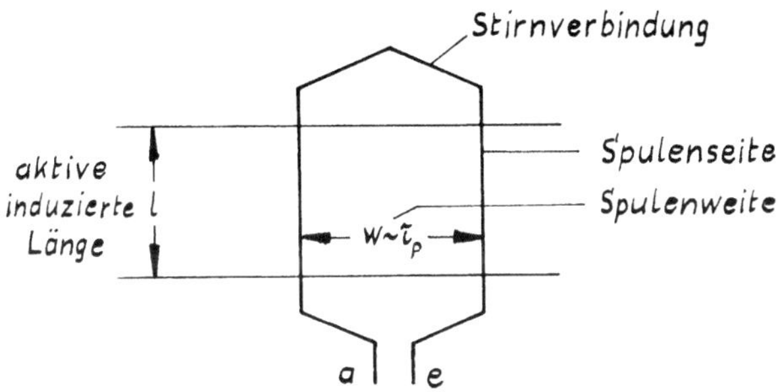

Abb. 3.5

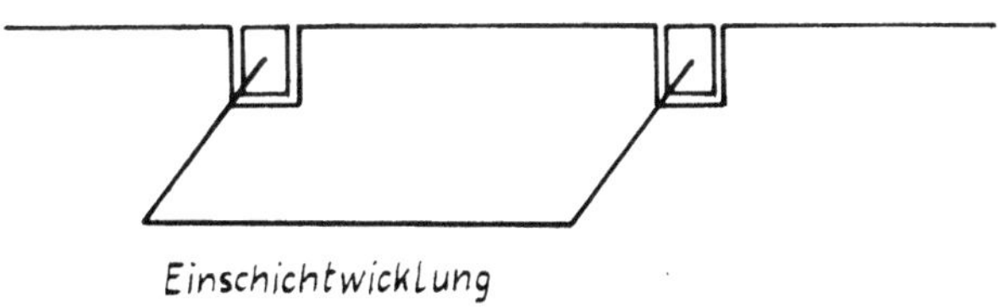

Abb. 3.6

Spulenseite die Nut jeweils voll aus (Abb. 3.6). Im Fall der Zweischichtwicklung belegt sie nur die halbe Nut. Die eine Spulenseite liegt in der Oberschicht, die andere Seite in der Unterschicht (Abb. 3.7).

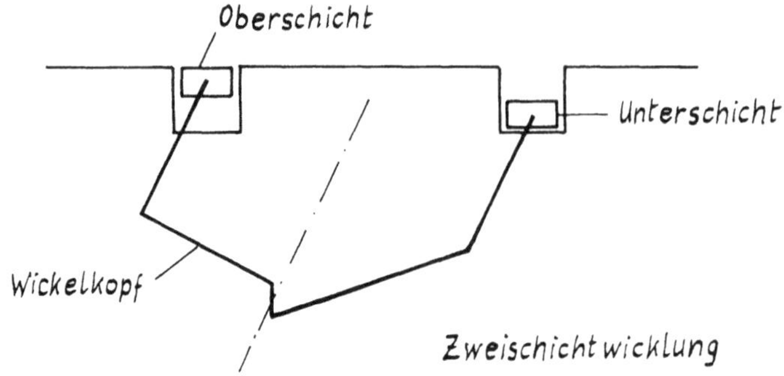

Abb. 3.7

Das entspricht der Aufteilung der Nutdurchflutung in zwei Hälften. Die beiden Spulenseiten liegen normalerweise um eine Polteilung τ_p auseinander, damit die in ihnen induzierten Spannungen sich algebraisch addieren. Man spricht dann von einer Durchmesserwicklung. Der Sinn dieser Bezeichnung wird sofort klar, wenn man an eine 2-polige Maschine denkt. Die beiden Spulenseiten liegen dann nämlich diametral gegenüber. Wählt man die Spulenweite kleiner als die Polteilung τ_p - das ist ja der Sinn der Zweischichtwicklung - , so entspricht das einer gegenseitigen Verschiebung der beiden Durchflutungshälften. Man erhält dann eine "gesehnte" oder, wie man auch sagt "schrittverkürzte" Wicklung.

Wir betrachten zunächst die Einschichtwicklung. Für eine dreisträngige Wicklung benötigt man im Fall einer zweipoligen Maschine mindestens drei um 120° versetzte Spulen und damit mindestens N = 6 Nuten. Die Spulenanfänge sind um 120° gegeneinander verschoben (Abb. 3.8). Aus der Ab-

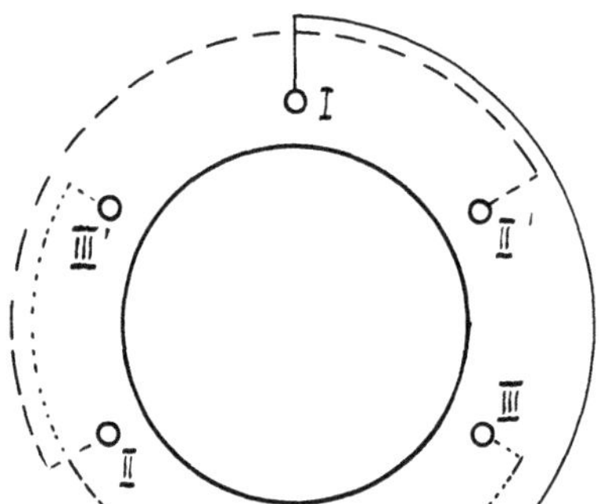

Abb. 3.8

wicklung des Bohrungsumfanges in die Ebene ergibt sich der Zonenplan (Abb. 3.9) mit 2 x 3 verschiedenen Nuten bzw. Stromzonen.

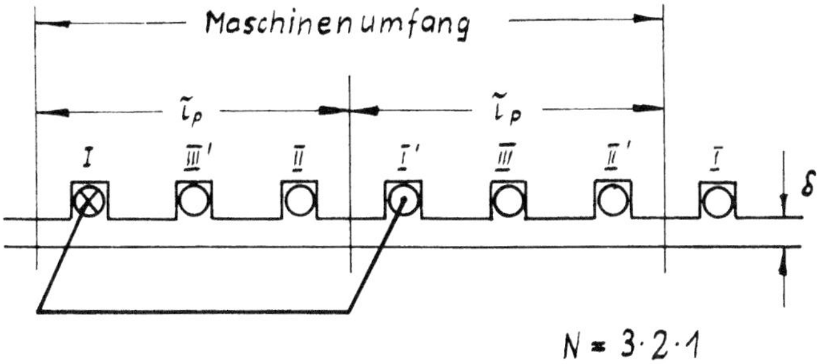

Abb. 3.9

Wir haben gesehen, daß es günstig für die Feldverteilung ist, wenn die Durchflutung auf mehrere Nuten verteilt wird. Auch in thermischer Hinsicht ergeben sich daraus Vorteile. Man kann sich vorstellen, daß sich bei Konzentration der Leiter einer Spulenseite auf nur eine Nut thermisch ungünstige Verhältnisse ergeben. Die ganze - in den Leitern entstehende - Verlustwärme muß ja nahezu über die Wandung einer Nut abgeführt werden. Darüber hinaus würde die Herstellung der dicken Wickelköpfe von größeren Maschinen erhebliche fertigungstechnische Schwierigkeiten bereiten. Man führt daher die Wicklungsstränge i. a. aus mehreren Teilspulen je Strang aus. Für q = 2 enthält dann jede Zone 2 Nuten und die Nutenzahl verdoppelt sich.

Der Zonenplan, den wir schon bei der Berechnung der Luftspaltfelder kennengelernt haben, stellt die Verteilung der axialen Durchflutungen dar. Die Stirnverbindungen müssen nun so ausgeführt werden, daß sich die vom Zonenplan geforderte Durchflutungsverteilung realisieren läßt. Der Zonenplan, d. h. also die Abwicklung der Nutdurchflutungen in die Ebene, ergibt sich direkt aus der Forderung nach einem möglichst sinusförmigen Luftspaltfeld. Die Ausführung der Stirnverbindungen richtet sich dagegen nach elektrischen, herstellungstechnischen und wirtschaftlichen Erfordernissen. Lange Schaltverbindungen kosten viel Kupfer und damit viel Geld. Unsymmetrisch längs des Umfangs angeordnete Schaltverbindungen können im Läufer beispielsweise zu Auswuchtschwierigkeiten führen. Umzingelt eine Schaltverbindung die Maschinenwelle, so tritt ein Wellenfluß auf, der zu Lagerschwierigkeiten (Lagerströmen) führt. Aus Fertigungsgründen wird man natürlich danach streben, die Wicklung aus möglichst gleichgeformten Spulen aufzubauen.

Das Aussehen einer Wicklung kann durch die Verwendung verschiedener Formen für die Stirnverbindungen erheblich geändert werden. Das sind aber nur verschiedene Möglichkeiten, die einzelnen Leiter zu schalten, ohne daß man dadurch ihre elektromagnetische Wirkung beeinflußt, die ja nur von der axialen Durchflutungsverteilung abhängt.

Wiederholt sich die Wicklungsanordnung nicht einmal, sondern p-mal am Umfang, so spricht man von einer mehrpoligen Maschine mit p Polpaaren. 360 räumlichen Graden entsprechen dann p . 360 elektrisch wirksame Grade. Die Spulen je eines Stranges der p Polpaare lassen sich in Reihe, parallel oder gegebenenfalls auch reihenparallel schalten. Bei gegebenem Strom je Spule erhält man bei Reihenschaltung die größte Maschinenspannung und bei Parallelschaltung den größten Maschinenstrom. Die Leistung einer Maschine wird davon aber nicht berührt. Es kommt ja nur auf das Produkt von U und I an. Man kann Spulen nur dann parallel schalten, wenn die in ihnen induzierten Spannungen gleich groß und gleichphasig sind. Im anderen Fall würden sog. Ausgleichströme auftreten, die u. a. eine zusätzliche Erwärmung hervorrufen.

Es ist üblich, die 6 Enden der 3 Wicklungsstränge in Stern oder Dreieck zu schalten (Abb. 3. 10). Größere Maschinen und insbesondere Hochspan-

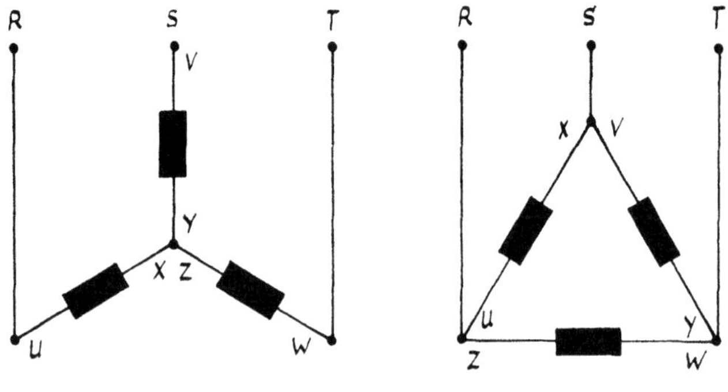

Abb. 3. 10

nungsmaschinen werden normalerweise in Stern geschaltet; bei kleineren und mittleren Maschinen wird mit Rücksicht auf die Anlaufverhältnisse die Ständerwicklung im Betrieb für Dreieckschaltung vorgesehen (Y / Δ -Anlauf).

Bei der Einschichtwicklung können die Spulenseiten zu Durchmesserspulen oder konzentrischen Spulen zusammengeschaltet werden (Abb. 3. 11). Die

Abb. 3. 11

mittlere Spulenweite beträgt in beiden Fällen 180° elektrisch. Die Feldverteilung im Luftspalt ist in beiden Fällen die gleiche, da die Verteilung der axialen Durchflutung bei beiden Anordnungen übereinstimmt.

Will man mit Rücksicht auf eine Verbesserung der Feldkurve gesehnte Spulen verwenden, so muß man die Wicklung als Zweischichtwicklung ausführen. Mit Rücksicht auf die Kupferersparnis wählt man die Spulenweite $W < \tau_p$. Der Zonenplan solcher Zweischichtwicklungen sieht in jeder Schicht genauso aus wie bei der Einschichtwicklung. Die Spulenseiten einer Zone sind in den beiden Schichten um ein Vielfaches Δ der Nutteilung gegeneinander versetzt.

Wir wollen uns nun noch einmal kurz den Luftspaltfeldwellen zuwenden. Das ν -te Oberfeld hat die Form:

$$b_\nu = j \frac{\mu_0}{\delta} \frac{N\Theta}{2\pi} \frac{1}{\nu} \xi_{z\nu} \cos\left(\nu\Delta \pi/N\right) e^{j(\omega t - \nu x)} \quad . \tag{3.1}$$

Der Ursprung des Koordinatensystems liegt im Schwerpunkt der Leiterverteilung eines Stranges. Häufig ist es günstiger, diese Feldwellen von einem Koordinatensystem aus zu beschreiben, dessen Ursprung in der Wicklungsachse eines Stranges liegt. Dazu verschieben wir den Koordinatenursprung um eine halbe Polteilung:

$$x' = x + \pi/2p \tag{3.2}$$

Wir erhalten dann:

$$b_\nu = j \frac{\mu_0}{\delta} \frac{N\Theta}{2\pi} \frac{1}{\nu} \xi_{z\nu} \cos\left(\nu\Delta \pi/N\right) e^{-j\frac{\nu}{p}\frac{\pi}{2}} e^{j[\omega t - \nu x]} \quad . \tag{3.3}$$

Da ν/p stets eine ungerade Zahl ist, gilt ferner:

$$e^{-j\frac{\nu}{p}\frac{\pi}{2}} = -j \sin\frac{\nu}{p}\frac{\pi}{2} + \cos\frac{\nu}{p}\frac{\pi}{2} = -j \sin\frac{\nu}{p}\cdot\frac{\pi}{2} \quad .$$

Gewöhnlich drückt man den Einfluß der Sehnung durch das Verhältnis der Spulenweite zur Polteilung aus. Beide Größen sollen als Vielfaches der Nutteilung angegeben werden (Abb. 3.12).

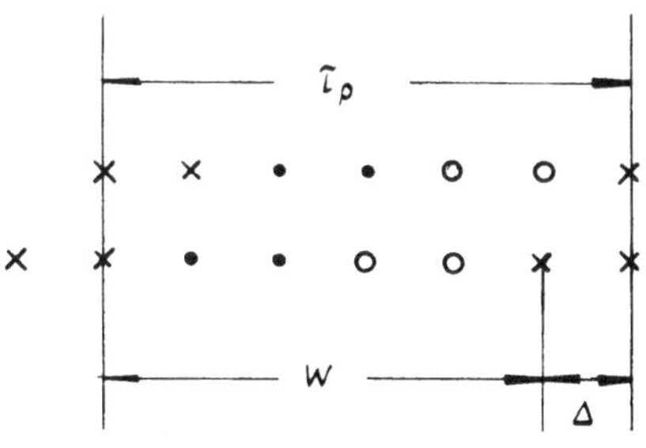

Abb. 3.12

Es ist: $\tau_p = 3q = W + \Delta$

oder: $\Delta = \tau_p - W.$

Für die gesamte Nutenzahl N können wir schreiben:

$$N = 2p \cdot 3q \; . \tag{3.4}$$

Es ist dann:

$$\cos\left(\nu \Delta \frac{\pi}{N}\right) = \cos\left[\nu\left\{\frac{\tau_p}{N} - \frac{W}{N}\right\}\pi\right] = \cos\left[\nu \frac{\tau_p}{N}\left\{1 - \frac{W}{\tau_p}\right\}\pi\right] =$$

$$= \cos\left[\nu \frac{3q}{2p \cdot 3q}\left\{1 - \frac{W}{\tau_p}\right\}\pi\right] = \cos\left[1 - \frac{W}{\tau_p}\right]\frac{\nu}{p} \cdot \frac{\pi}{2} =$$

$$= \underbrace{\cos\frac{\nu}{p}\frac{\pi}{2}}_{=0} \cdot \cos\frac{\nu}{p}\frac{W}{\tau_p}\frac{\pi}{2} + \sin\frac{\nu}{p}\frac{\pi}{2} \cdot \sin\frac{\nu}{p}\frac{W}{\tau_p}\frac{\pi}{2} \; .$$

Wir bezeichnen dann endgültig:

$$\xi_{s\nu} = \sin\frac{\nu}{p}\frac{W}{\tau_p}\frac{\pi}{2} \tag{3.5}$$

als Sehnungsfaktor. Setzt man cos $\nu \Delta \pi / N$ in die Gl. (3.3) für das Oberfeld ein, so wird:

$$b_\nu = \frac{\mu_0}{\delta}\frac{N\Theta}{2\pi}\frac{1}{\nu}\,\xi_{z\nu}\,\xi_{s\nu}\left(\sin\frac{\nu}{p}\frac{\pi}{2}\right)^2 e^{j(\omega t - \nu x)} \; . \tag{3.6}$$

Nun ist aber:

$$\left(\sin\frac{\nu}{p}\frac{\pi}{2}\right)^2 = 1 \; , \quad \text{da} \quad \frac{\nu}{p} = 6g + 1 \, .$$

Ferner wollen wir die eigentlichen Wicklungsgrößen in diese Gleichung einbauen. Dazu werden die folgenden Bezeichnungen eingeführt:

z_n = Zahl der Leiter je Nut

a = Zahl der parallelen Zweige.

Θ war die Durchflutung einer Nut, also ist mit $\mathfrak{I}_L = I_L e^{j\varphi}$ als Leiterstrom:

$$\Theta = z_n \mathfrak{I}_L \sqrt{2} = z_n I_L \sqrt{2}\, e^{j\varphi} \; . \tag{3.7}$$

Die Durchflutung einer Zone mit q Nuten ist:

$$q\Theta = q z_n \mathfrak{I}_L \sqrt{2} \; . \tag{3.8}$$

Die Summe der Durchflutungen eines Stranges ist dann:

$$2p \cdot q\Theta = 2p \cdot q z_n \mathfrak{I}_L \sqrt{2} \; . \tag{3.9}$$

Sind a Spulengruppen parallel geschaltet (Abb. 3.13), so ist der Zusammenhang zwischen dem Leiterstrom und dem Strangstrom:

$$\mathfrak{I}_L = \frac{\mathfrak{I}}{a} \; . \tag{3.10}$$

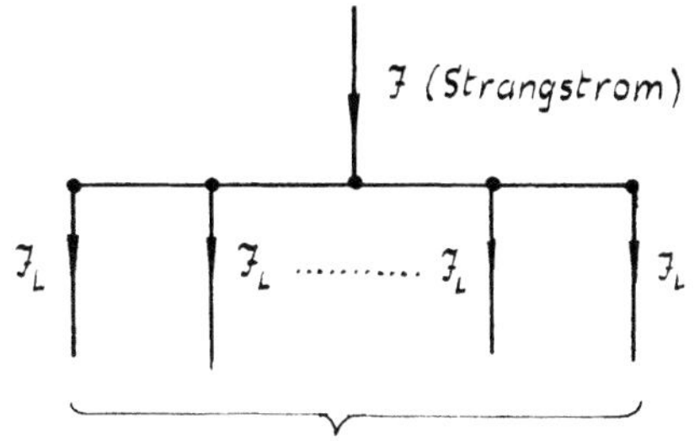

Abb. 3.13

Dann ist:

$$2p \cdot q\Theta = \frac{N}{3}\Theta = 2\,\frac{pqz_n}{a}\,\mathfrak{J}\sqrt{2}\ .$$

Wir bezeichnen:

$$w = \frac{pqz_n}{a} \tag{3.11}$$

als die Zahl der effektiven Windungen eines Stranges. Wir können nunmehr

$$N\Theta = 3 \cdot 2w\,\mathfrak{J}\sqrt{2}$$

in die Gleichung für die Feldwelle einsetzen und erhalten:

$$b_\nu = \frac{3}{\pi}\,\frac{\mu_0}{\delta}\,\frac{1}{\nu}\,\xi_{s\nu}\,\xi_{z\nu}\,w\,\mathfrak{J}\sqrt{2}\;e^{j(\omega t - \nu x)}\ . \tag{3.12}$$

Im folgenden werden wir unsere Betrachtungen auf das Grundfeld ($\nu = p$) beschränken, welches i. w. das Betriebsverhalten der Asynchronmaschine bestimmt. Die teilweise recht unangenehmen Wirkungen der Oberfelder werden wir später noch kennenlernen. Das Grund- oder Arbeitsfeld lautet in der reellen Schreibweise:

$$b_p = B_p \cos(px - \omega t - \varphi)\ , \tag{3.13}$$

wobei die Amplitude:

$$B_p = \frac{3}{\pi}\,\frac{\mu_0}{\delta}\,\frac{1}{p}\,\xi_{sp}\,\xi_{zp}\,w\,I\sqrt{2} \tag{3.14}$$

mit $\mathfrak{J} = Ie^{j\varphi}$ ist. An der Erzeugung dieses Drehfeldes sind alle drei Ständerstränge beteiligt. Im folgenden wollen wir zunächst das Strom- und Drehmomentverhalten des Drehstromasynchronmotors mit Schleifringläufer untersuchen.

4. Drehstromasynchronmotor mit Schleifringläufer

Für die Ableitung der Theorie benötigen wir nun noch einige wichtige Kenngrößen der Maschine, die von den Luftspaltfeldern abhängen.

4.1. Flußverkettungen und Induktivitäten

Diese Kenngrößen sind die sog. Selbst- und Hauptinduktivitäten der einzelnen Wicklungsstränge. Der Einfachheit halber wollen wir unsere Untersuchungen zunächst auf Maschinen mit dreisträngiger Ständerwicklung und dreisträngiger Läuferwicklung (Schleifringläufer) beschränken. Für eine solche Schleifringläufermaschine erhalten wir das folgende idealisierte zweipolige Ersatzschema (Abb. 4.1).

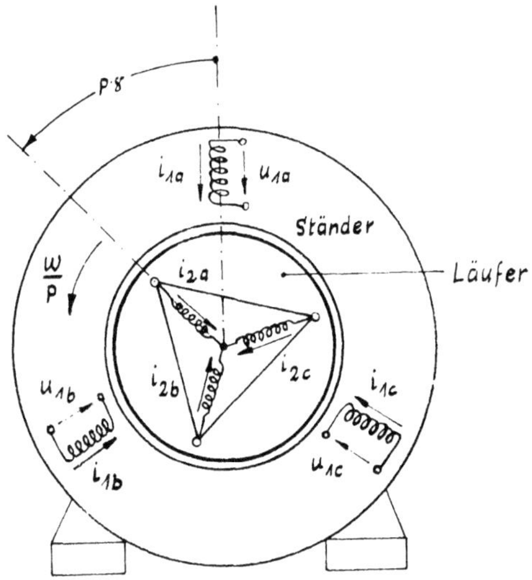

Abb. 4.1

Zur Berechnung der magnetischen Verkettungen, d. h. zur Berechnung der Selbst- und Gegeninduktivitäten der einzelnen Wicklungsstränge wollen wir noch einmal einen Blick auf den Luftspalt werfen und in folgenden Schritten vorgehen:

a) Ermittlung des Zusammenhangs zwischen dem Luftspaltfeld eines Stranges und dem resultierenden Drehfeld
b) Berechnung der magnetischen Verkettung der einzelnen Wicklungsstränge.

Dieser letzte Schritt führt uns unmittelbar zu der Definition der Selbst- und Gegeninduktivitäten. Später, nachdem die Spannungsgleichungen aufgestellt und ausgewertet sind, werden wir dann wieder den Zusammenhang mit dem resultierenden Drehfeld erkennen. Ich möchte noch einmal darauf hinweisen, daß sich die folgenden Untersuchungen nur auf die Felder mit der Grundpolpaarzahl $\nu = p$ beschränken.

Jeder einzelne Wicklungsstrang erzeugt im Luftspalt ein Wechselfeld von der Grundpolpaarzahl. Diese Felder stehen im Raum still, die Größe ist dem Augenblickswert des speisenden Stroms proportional. So lautet z. B. das vom Ständerstrang a erzeugte Feld:

$$b_a = B_{1W} \cos px_1 \cdot \cos(\omega t + \varphi). \tag{4.1a}$$

Das Feld ist räumlich sinusförmig verteilt und schwankt im Takte der Netzkreisfrequenz ω ; φ ist der Phasenwinkel des speisenden Stromes. Die Wicklungsachsen der übrigen beiden Ständerstränge sind gegenüber dem 1. Wicklungsstrang um $2\pi/3p$ bzw. $4\pi/3p$ verschoben. Die Strangströme lauten:

$$\begin{aligned} i_{1a} &= I_1 \sqrt{2} \cos(\omega t + \varphi), \\ i_{1b} &= I_1 \sqrt{2} \cos\left(\omega t + \varphi - \frac{2\pi}{3}\right), \\ i_{1c} &= I_1 \sqrt{2} \cos\left(\omega t + \varphi - \frac{4\pi}{3}\right), \end{aligned} \tag{4.2}$$

wenn die symmetrische Maschine an ein symmetrisches Drehstromnetz angeschlossen ist. Unter Beachtung der räumlichen Phasenverschiebung der Wicklungsachsen erhalten wir für die von den beiden übrigen Strängen erzeugten Wechselfelder:

$$b_b = B_{1W} \cos(px_1 - 2\pi/3) \cdot \cos(\omega t + \varphi - 2\pi/3), \tag{4.1b}$$

$$b_c = B_{1W} \cos(px_1 - 4\pi/3) \cdot \cos(\omega t + \varphi - 4\pi/3). \tag{4.1c}$$

Aufgrund des symmetrischen Aufbaus der Maschine sind die Amplituden aller drei Wechselfelder gleich groß. Die Summe dieser drei Felder muß nun gleich dem resultierenden Drehfeld sein, welches wir schon berechnet haben. Durch Vergleich beider Felder sind wir dann in der Lage, die Amplituden B_{1W} der Wechselfelder zu bestimmen. Mit Hilfe der Beziehung:

$$\cos\alpha = \frac{1}{2}\left(e^{j\alpha} + e^{-j\alpha}\right)$$

werden die Cosinus- durch Exponentialfunktionen ersetzt:

$$\begin{aligned} b_{res} = b_a + b_b + b_c = B_{1W} \Big\{ & \frac{1}{2}\left(e^{jpx} + e^{-jpx}\right) \frac{1}{2}\left(e^{j(\omega t+\varphi)} + e^{-j(\omega t+\varphi)}\right) + \\ & + \frac{1}{2}\left(e^{j(px - 2\pi/3)} + e^{-j(px - 2\pi/3)}\right) \frac{1}{2}\left(e^{j(\omega t+\varphi - 2\pi/3)} + e^{-j(\omega t+\varphi - 2\pi/3)}\right) + \\ & + \frac{1}{2}\left(e^{j(px - 4\pi/3)} + e^{-j(px - 4\pi/3)}\right) \frac{1}{2}\left(e^{j(\omega t+\varphi - 4\pi/3)} + e^{-j(\omega t+\varphi - 4\pi/3)}\right) \Big\}. \end{aligned}$$

Die elementare Auswertung liefert für das resultierende Drehfeld:

$$b_{res} = \frac{3}{2} B_{1W} \cos(px - \omega t - \varphi). \tag{4.3}$$

Die Amplitude des resultierenden Grundfeldes beträgt also das 3/2-fache der einzelnen Wechselfelder. Durch Vergleich mit der früheren Rechnung findet man:

$$B_{1w} = \frac{2}{3} B_{1p} = \frac{2}{\pi} \frac{\mu_0}{\delta} \frac{1}{p} \xi_{sp} \xi_{zp} \, w \, I_1 \sqrt{2} \, . \tag{4.4}$$

Würde man statt dessen den Wicklungsstrang b mit dem Strom i_c und den Wicklungsstrang c mit dem Strom i_b speisen, so würde sich das Vorzeichen von p in Gl. (4.3) ändern und das Drehfeld würde im Sinne abnehmender x umlaufen. Eine zyklische Vertauschung der Netzverbindungen mit den Wicklungssträngen hat dagegen keinen Einfluß auf den Drehsinn.

Wir wollen nun zu der Berechnung der Flußverkettungen übergehen. Um die gefundenen Ergebnisse möglichst vielseitig verwenden zu können, soll die Ableitung möglichst allgemein gehalten werden. Wir gehen von einem Wechselfeld aus:

$$b = B_w \cos px \cdot \cos(\omega t + \varphi) . \tag{4.5}$$

Das kann das Wechselfeld eines beliebigen Stranges sein. Im folgenden soll schrittweise der mit einem Wicklungsstrang verkettete Fluß berechnet werden. Die untersuchte Wicklung sei aus Zweischichtspulen mit gleicher Spulenweite W aufgebaut. Die Achse der Mitte der ersten Spule des betrachteten Stranges möge um den Winkel ε/p (in räumlichen Graden) von dem Koordinatenursprung entfernt sein (Abb. 4.2).

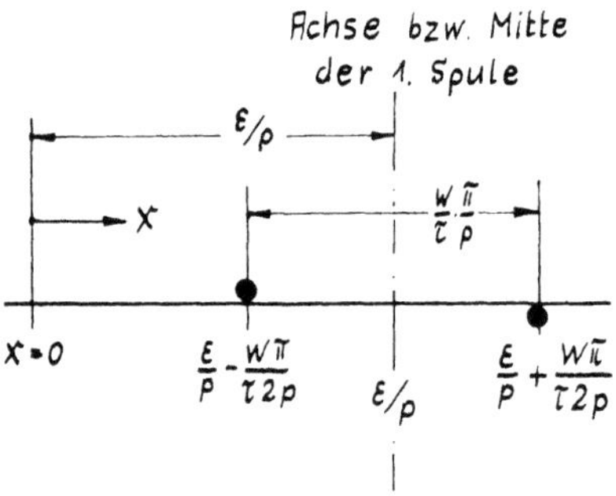

Abb. 4.2

Die Spulenweite W bezieht man zweckmäßig auf die Polteilung und gibt sie in Form eines Winkels an:

$$\tau \mathrel{\widehat{=}} \frac{\pi}{p} \quad \longrightarrow \quad \text{Spulenweite in } [Rd] = \frac{W}{\tau} \cdot \frac{\pi}{p} \, .$$

Die betrachtete Spule hat $z_N/2$ Windungen, da die Anzahl der Leiter pro Nut (in Reihe) gleich z_N ist (Zweischichtwicklung!).

Den mit der ersten Spule verketteten Fluß findet man einfach durch Integration:

$$\Phi_1 = \frac{z_n}{2} \int\limits_{\frac{\varepsilon}{p} - \frac{W}{\tau}\cdot\frac{\pi}{2p}}^{\frac{\varepsilon}{p} + \frac{W}{\tau}\cdot\frac{\pi}{2p}} B_W \cos px \cdot \cos(\omega t + \varphi)\, R\, l\, dx \; .$$

R ist der Bohrungsradius und l die aktive oder magnetisch wirksame Eisenlänge des Blechpaketes. Unter der aktiven Länge versteht man die den reinen Eisenabmessungen entsprechende axiale Länge, also die Länge ohne die Blechisolation und ohne die Kühlschlitze. Die Integration führt nach einigen anschließenden Umrechnungen auf:

$$\Phi_1 = \frac{Rl}{p}\, z_n\, \xi_s\, B_W \cos\varepsilon \cdot \cos(\omega t + \varphi) \; . \tag{4.6}$$

ξ_s ist dabei der früher definierte Sehnungsfaktor:

$$\xi_s = \sin \frac{W}{\tau}\cdot\frac{\pi}{2}$$

für das Grundfeld. Die Achse der zweiten folgenden Spule ist gegenüber der ersten Spule um eine Nutteilung verschoben. Dieser entspricht der Winkel $\alpha = 2\pi/N$ (Abb. 4.3). Es ist in der Rechnung dann ε/p durch

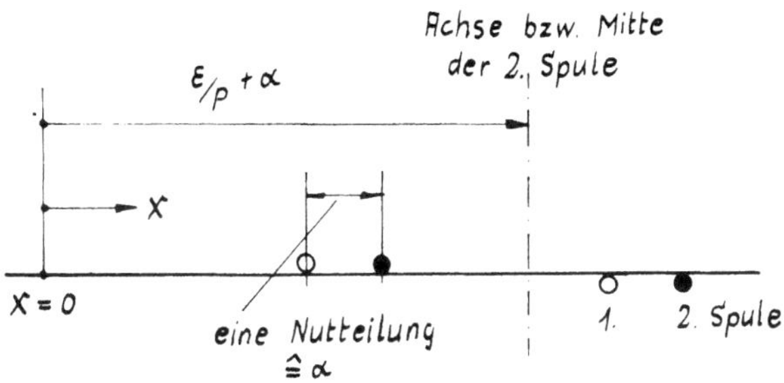

Abb. 4.3

$\varepsilon/p + \alpha$ zu ersetzen, und man erhält für den mit der zweiten Spule verketteten Fluß:

$$\Phi_2 = \frac{Rl}{p}\, z_n\, \xi_s\, B_W \cos(\varepsilon + p\alpha) \cdot \cos(\omega t + \varphi).$$

Bei einer q-Loch-Wicklung liegen q Spulen nebeneinander, jeweils um eine Nutteilung verschoben. Mit so einer, aus q Spulen bestehenden Spulengruppe, ist dann insgesamt der Fluß:

$$\Psi_{Gr.} = \Phi_1 + \Phi_2 + \Phi_3 + \cdots + \Phi_q$$

verkettet. Wir setzen ein und finden:

$$\Psi_{Gr.} = \frac{Rl}{p} z_n \xi_s B_W \cos(\omega t + \varphi) \{\cos \varepsilon + \cos(\varepsilon + p\alpha) +$$

$$+ \cos(\varepsilon + 2p\alpha) + \cdots + \cos(\varepsilon + (q-1)p\alpha)\} .$$

Für die geschweifte Klammer können wir schreiben:

$$\{\ldots\} = \mathrm{Re}\left[e^{j\varepsilon} + e^{j(\varepsilon + p\alpha)} + \cdots + e^{j(\varepsilon + (q-1)p\alpha)}\right] =$$

$$= \mathrm{Re}\left[e^{j\varepsilon}\left(1 + e^{jp\alpha} + \ldots + e^{j(q-1)p\alpha}\right)\right] .$$

Die in der runden Klammer stehende geometrische Summe war uns bei der Berechnung der Luftspaltfelder begegnet. Wir hatten damals gefunden:

$$(\ldots) = q \, \xi_z \, e^{j(q-1)p\,\alpha/2}$$ (Index p weggelassen).

ξ_z war der Zonenfaktor für die Grundwelle:

$$\xi_z = \frac{\sin p \cdot q \, \alpha/2}{q \sin p \, \alpha/2} = \frac{\sin \pi/6}{q \sin(\pi/6q)} .$$

(Der Index p ist der Einfachheit halber weggelassen worden).
Für die geschweifte Klammer ergibt sich dann:

$$\{\ldots\} = \mathrm{Re}\left[e^{j(\varepsilon + p(q-1)\alpha/2)} \cdot q \cdot \xi_z\right].$$

$(\varepsilon + (q - 1) \cdot p \cdot \alpha/2)$ ist der elektrische Winkel zwischen dem Koordinatenursprung und der Mitte der aus den q Einzelspulen gebildeten Spulengruppe. Wir setzen zur Abkürzung:

$$\beta = \varepsilon + p(q-1)\,\alpha/2 . \qquad (4.7)$$

Den mit der Spulengruppe verketteten Fluß erhalten wir dann in der Form:

$$\Psi_{ges.} = \frac{Rl}{p} z_n q \, \xi_z \xi_s B_W \cos \beta \cos(\omega t + \varphi) . \qquad (4.8)$$

Wir haben bei der Betrachtung der Wicklungen gesehen, daß bei einer Zweischichtwicklung jeder Strang aus 2p Wicklungsgruppen besteht. Eine vierpolige Maschine hat dann 4 solcher Wicklungsgruppen (Abb. 4.4).

Diese 4 Spulengruppen eines Stranges (der Einfachheit halber ist bei jeder Spulengruppe nur eine Spule eingezeichnet) können in verschiedener Weise zusammengeschaltet werden. Schaltet man alle Spulengruppen (in geeigneter Weise: die Spulen 2 und 4 müssen in entgegengesetztem Sinn wie 1 und

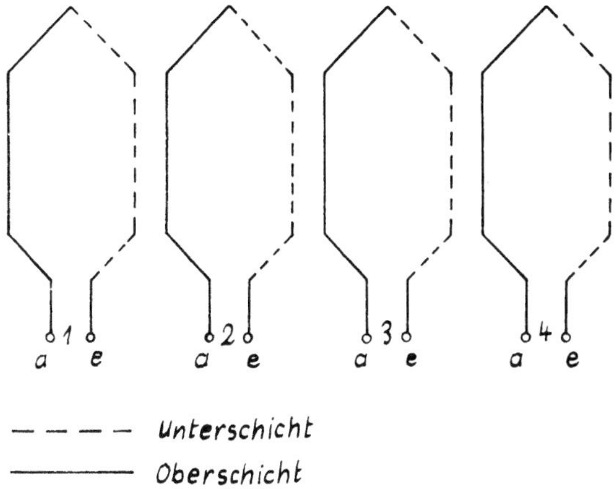

Abb. 4.4

3 durchlaufen werden) in Reihe, so ergibt sich die größte Spannung. Man kann aber auch eine Wicklung mit zwei parallelen Zweigen ausführen, etwa in der Form (Abb. 4.5).

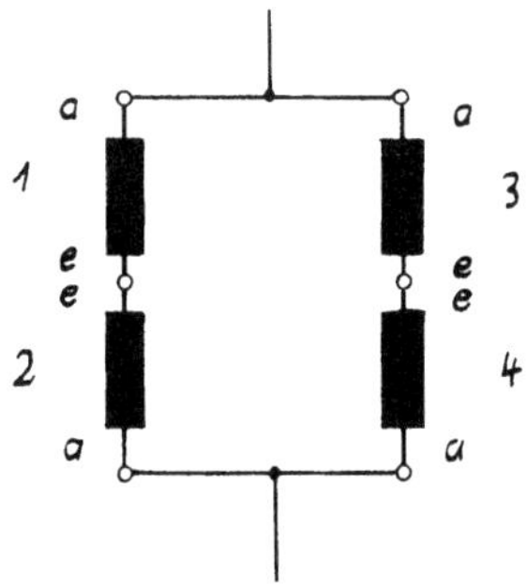

Schaltung der Spulengruppen zu einem Strang (2 parallele Zweige)

Abb. 4.5

Schaltet man alle 4 Spulengruppen parallel, so ergibt sich der Minimalwert der Strangspannung.

Bezeichnet man ganz allgemein die Anzahl der parallelen Zweige mit a, so ist der mit einem Strang verkettete Fluß:

$$\Psi_{str.} = \frac{2p}{a} \cdot \Psi_{ges}.$$

Wir führen wieder die Windungszahl eines Stranges ein und erhalten für den mit einem Strang verketteten Fluß:

$$\Psi_{str.} = 2\,\frac{Rl}{p}\,\xi_s\,\xi_z\,w\,B_w \cos\beta \cos(\omega t + \varphi). \qquad (4.9)$$

Es sei nun der konkrete Fall angenommen, daß der Ständerstrang a den Strom $i_{1a} = I_1 \cdot \sqrt{2} \cos(\omega t + \varphi)$ führen soll, dann hat das von ihm erzeugte Wechselfeld die Amplitude:

$$B_{1W} = \frac{2}{\pi}\,\frac{\mu_0}{\delta}\,\frac{1}{p}\,\overbrace{\xi_{s1}\,\xi_{z1}}^{\xi_1}\,w_1\,I_1\sqrt{2}. \qquad (4.10)$$

$\xi_1 = \xi_{s1} \cdot \xi_{z1}$ ist der Wicklungsfaktor für die Grundwelle.

Für die Ständergrößen wird der Index 1, für die Läufergrößen der Index 2 eingeführt.

Da der Koordinatenursprung in der Achse des Wicklungsstranges a liegt, ist für die Berechnung des mit ihm selbst verketteten Flusses ß = 0 zu setzen. Wir erhalten dann die der Selbstinduktivität entsprechende Flußverkettung zu:

$$\Psi_{str\,aa} = \Psi_{1aa} = \left[\frac{4}{\pi}\frac{\mu_0}{\delta}\frac{Rl}{p^2}\left(\xi_1 w_1\right)^2\right] I_1\sqrt{2}\cos\left(\omega t+\varphi_1\right).$$

Wir führen zur Abkürzung:

$$l_1 = \frac{4}{\pi}\frac{\mu_0}{\delta}\frac{Rl}{p^2}\left(\xi_1 w_1\right)^2 \tag{4.11}$$

als den Selbstinduktionskoeffizient eines Wicklungsstranges ein.

Für die Berechnung des mit den anderen beiden Ständerwicklungssträngen verketteten Flusses ist ß = $2\pi/3$ bzw. $4\pi/3$ zu setzen, wir erhalten mit den obigen Abkürzungen:

$$\Psi_{1ba} = l_1 \cos\beta\, I_1\sqrt{2}\cos\left(\omega t+\varphi_1\right)$$

$$= -\frac{1}{2}\, l_1 I_1\sqrt{2}\cos\left(\omega t+\varphi_1\right).$$

Die Gegeninduktivität zwischen zwei Ständerwicklungssträngen ist also $-1/2\, l_1$. Dasselbe Ergebnis ergibt sich bei der Berechnung des mit dem Ständerstrang c verketteten Flusses.

Es bleibt die Berechnung des mit der Läuferwicklung verketteten Flusses. Sobald sich der Läufer dreht, ändert sich die Verkettung dauernd, da sie von dem Winkel γ zwischen den Wicklungsachsen abhängt und sich dieser Winkel entsprechend der Drehung des Läufers dauernd ändert. Gemäß Abb. 4.6 wird der elektrische Winkel zwischen zwei willkürlich herausgegriffenen Wicklungssträngen mit $p\gamma$ bezeichnet. Die mechanische Läuferwinkelgeschwindigkeit ist dann:

$$\omega_{2m} = \frac{1}{p}\frac{d(p\gamma)}{dt} = \frac{d\gamma}{dt} \qquad . \tag{4.12}$$

Die Flußverkettung zwischen dem Ständerstrang a und dem Läuferstrang a ist dann:

$$\Psi_{21aa} = \frac{4}{\pi}\frac{\mu_0}{\delta}\frac{Rl}{p^2}\left(\xi_1 w_1\right)\left(\xi_2 w_2\right) I_1\sqrt{2}\cos p\gamma \cos\left(\omega t+\varphi_1\right).$$

Zur Abkürzung setzen wir:

$$l_{21} = \frac{4}{\pi}\mu_0\frac{RL}{p^2}\left(\xi_1 w_1\right)\left(\xi_2 w_2\right) \tag{4.13}$$

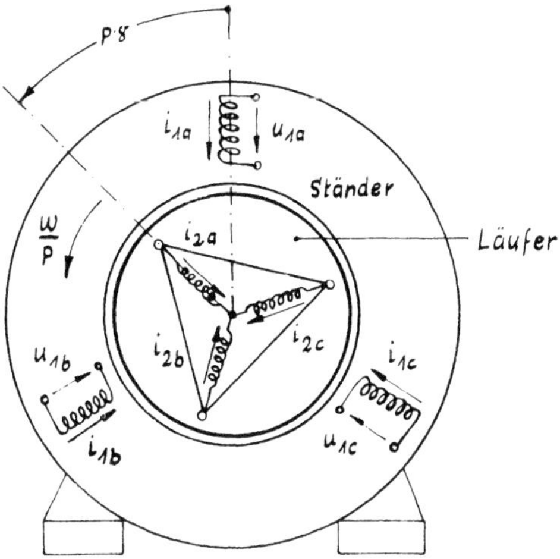

Abb. 4.6

als Höchstwert des gegenseitigen Induktionskoeffizienten zwischen Ständer und Läufer. Für die Flußverkettung ergibt sich dann:

$$\Psi_{21aa} = L_{21} \cos p\gamma \; I_1 \sqrt{2} \cos(\omega t + \varphi_1).$$

Den Selbstinduktionskoeffizienten eines Läuferstranges bzw. den Induktionskoeffizienten zwischen Läufer- und Ständerwicklung erhält man aus den vorstehenden Gleichungen, wenn man den Index 1 durch 2 bzw. umgekehrt ersetzt.

Damit sind wir in der Lage, die Spannungsgleichungen für den Schleifringläufermotor aufzustellen, wobei allerdings bei der Berechnung der Flußverkettungen streng auf die jeweiligen Winkel zwischen den Wicklungssträngen zu achten ist.

4.2. Spannungsgleichungen

Die Ständerwicklung wird mit den Spannungen u_{1a}, u_{1b}, u_{1c} gespeist, die Läuferwicklung sei kurzgeschlossen. Die Ströme ergeben sich aus dem Faradayschen Induktionsgesetz. Dieses fordert: Die Umlaufspannung ist gleich dem magnetischen Schwund, wobei die Umlaufspannung im Sinne der willkürlich positiv gewählten Zählrichtung des Stromes i gebildet werden muß und die positive Richtung der Feldlinien rechtswendig dem Strom zuzuordnen ist. Bei der Bildung der Umlaufspannung lautet dann das Induktionsgesetz bei Wahl eines Verbraucherzählpfeilsystems (VZS) (Abb. 4.7):

$$iR - u \quad = \quad -\sum \frac{d\Psi}{dt}$$

Umlaufspannung magnetischer Schwund

oder in der gewohnten Form:

$$u = iR + \sum \frac{d\Psi}{dt} \quad .$$

Bei der Aufstellung der Spannungsgleichungen muß der magnetische Schwund aller mit dem betreffenden Stromkreis verketteten Flüsse gebildet werden. Neben den berechneten Luftspaltflüssen treten noch sog. Streuflüsse auf.

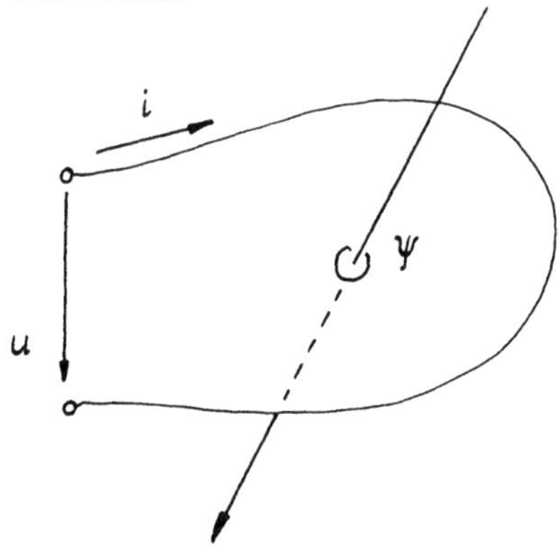

Abb. 4.7

Wir haben bisher u. a. vorausgesetzt, daß in der Maschine ein räumlich sinusförmig verteiltes Luftspaltfeld vorhanden ist. Tatsächlich wissen wir nun aber, daß das Luftspaltfeld mit Rücksicht auf die Konzentration der Durchflutungen auf die einzelnen Nuten treppenförmig ist. Es treten also neben dem Maschinengrundfeld sog. Oberfelder auf. Darüberhinaus enthält die Maschine zusätzlich Felder, von denen bislang noch nicht gesprochen wurde. Da es bekanntlich keine Isolation für magnetische Feldlinien gibt, sind nicht nur im Luftspalt, sondern auch im übrigen Luftraum der Maschine magnetische Felder zu erwarten. Sie nehmen zwar mit wachsender Entfernung von den erregenden Durchflutungen rasch ab, erreichen aber dennoch in den Nuten, in den Stirnverbindungen und deren Nähe nicht zu vernachlässigende Werte. Man bezeichnet diese Felder als Nutstreufelder (Abb. 4.8) und als Stirnstreufelder (Abb. 4.9).

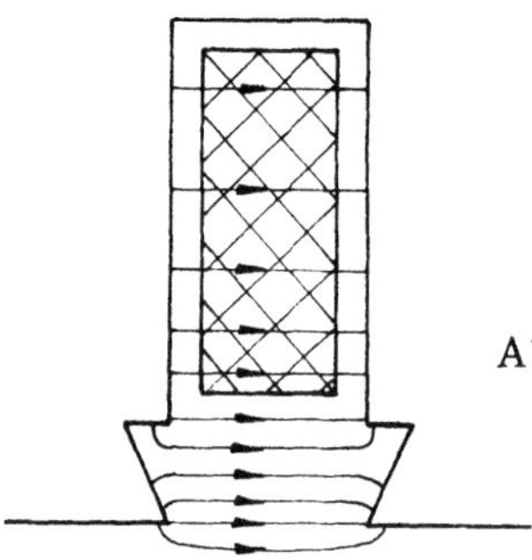

Abb. 4.8

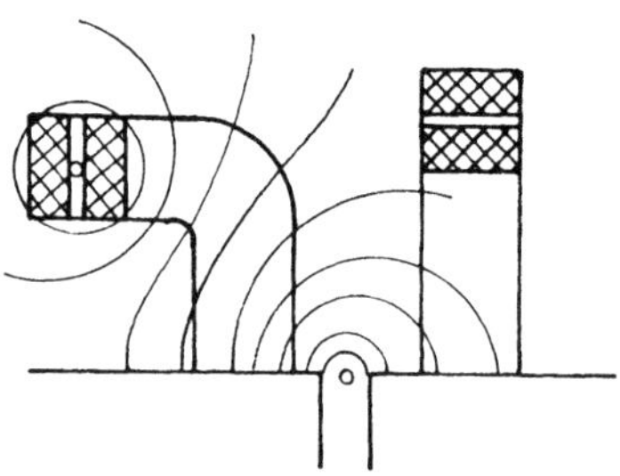

Abb. 4.9

In Analogie hierzu wird auch die Abweichung des treppenförmigen Luftspaltfeldes von seiner sinusförmigen Grundwelle als sog. Oberwellenstreufeld aufgefaßt. Die Änderung der magnetischen Energie dieser Streufelder erfordert eine Blindleistung und jedem Streufeld entspricht dann eine ganz bestimmte Streureaktanz X_σ bzw. Streuinduktivität l_σ, die mit W_m in der Beziehung $W_m = \frac{1}{2} l_\sigma i^2$ steht. Die Berechnung dieser Streuinduktivitäten ist Sache des Spezialisten und kann in diesem Zusammenhang hier nicht näher behandelt werden.

Die einzelnen Wicklungsstränge sind mit a, b und c bezeichnet (vgl. Abb. 4.6). $R_{1,2}$ sind die ohmschen Wicklungswiderstände, $l_{\sigma 1,2}$ die Streuinduktivitäten der Ständer- und Läuferwicklungsstränge.

Dann lautet die Spannungsgleichung für den Ständerstrang a:

$$u_{1a} = \underbrace{i_{1a} R_1}_{\text{ohm. Spgs-Fall}} + \underbrace{(l_{\sigma 1} + L_1)\frac{di_{1a}}{dt}}_{\text{Selbstind.-Spg}} \underbrace{- \frac{L_1}{2}\frac{di_{1b}}{dt} - \frac{L_1}{2}\frac{di_{1c}}{dt}}_{\text{gegens. Wirkg } b \to a,\ c \to a} +$$

$$+ \underbrace{L_{12}\frac{d}{dt}\left[i_{2a}\cos p\gamma + i_{2b}\cos\left(p\gamma + \frac{2\pi}{3}\right) + i_{2c}\cos\left(p\gamma + \frac{4\pi}{3}\right)\right]}_{\text{Wirkung der Läuferströme}} . \tag{4.14}$$

Für den Ständerstrang b gilt:

$$u_{1b} = i_{1b} R_1 + (l_{\sigma 1} + L_1)\frac{di_{1b}}{dt} - \frac{L_1}{2}\frac{di_{1a}}{dt} - \frac{L_1}{2}\frac{di_{1c}}{dt} +$$

$$+ L_{12}\frac{d}{dt}\left[i_{2a}\cos\left(p\gamma + \frac{4\pi}{3}\right) + i_{2b}\cos p\gamma + i_{2c}\cos\left(p\gamma + \frac{2\pi}{3}\right)\right], \tag{4.15}$$

und für den Ständerstrang c:

$$u_{1c} = i_{1c} R_1 + (l_{\sigma 1} + L_1)\frac{di_{1c}}{dt} - \frac{L_1}{2}\frac{di_{1a}}{dt} - \frac{L_1}{2}\frac{di_{1b}}{dt} +$$

$$+ L_{12}\frac{d}{dt}\left[i_{2a}\cos\left(p\gamma + \frac{2\pi}{3}\right) + i_{2b}\cos\left(p\gamma + \frac{4\pi}{3}\right) + i_{2c}\cos p\gamma\right] . \tag{4.16}$$

Für die Wicklungsstränge der Läuferwicklung gilt entsprechend:

$$0 = i_{2a} R_2 + (l_{\sigma 2} + L_2)\frac{di_{2a}}{dt} - \frac{L_2}{2}\frac{di_{2b}}{dt} - \frac{L_2}{2}\frac{di_{2c}}{dt} +$$

$$+ L_{21}\frac{d}{dt}\left[i_{1a}\cos p\gamma + i_{1b}\cos\left(p\gamma + \frac{4\pi}{3}\right) + i_{1c}\cos\left(p\gamma + \frac{2\pi}{3}\right)\right] , \tag{4.17}$$

$$0 = i_{2b} R_2 + (l_{\sigma 2} + l_2) \frac{di_{2b}}{dt} - \frac{l_2}{2} \frac{di_{2a}}{dt} - \frac{l_2}{2} \frac{di_{2c}}{dt} +$$

$$+ l_{21} \frac{d}{dt} \left[i_{1a} \cos\left(p\gamma + \frac{2\pi}{3}\right) + i_{1b} \cos p\gamma + i_{1c} \cos\left(p\gamma + \frac{4\pi}{3}\right) \right] , \qquad (4.18)$$

$$0 = i_{2c} R_2 + (l_{\sigma 2} + l_2) \frac{di_{2c}}{dt} - \frac{l_2}{2} \frac{di_{2a}}{dt} - \frac{l_2}{2} \frac{di_{2b}}{dt} +$$

$$+ l_{21} \frac{d}{dt} \left[i_{1a} \cos\left(p\gamma + \frac{4\pi}{3}\right) + i_{1b} \cos\left(p\gamma + \frac{2\pi}{3}\right) + i_{1c} \cos p\gamma \right] . \qquad (4.19)$$

Die Ständerspannungen können zunächst noch völlig beliebige Funktionen der Zeit sein.

Wir wollen uns auf den Fall einer Speisung mit einem symmetrischen Klemmenspannungssystem beschränken:

$$u_{1a} = Re\left[u_1\right] = Re\left[U_1\sqrt{2}\, e^{j\omega t}\right] ,$$

$$u_{1b} = Re\left[a\, u_1\right] = Re\left[U_1\sqrt{2}\, e^{j(\omega t - 2\pi/3)}\right] , \qquad (4.20)$$

$$u_{1c} = Re\left[a^2 u_1\right] = Re\left[U_1\sqrt{2}\, e^{j(\omega t - 4\pi/3)}\right] ,$$

wobei wir zur Abkürzung den Operator vom Betrag 1:

$$a = e^{-j\, 2\pi/3} \qquad (4.21)$$

einführen. Dann ist:

$$a^2 = e^{-j\, 4\pi/3} \quad , \quad a^3 = 1 \qquad \text{usw.}$$

Wegen der symmetrischen Verhältnisse müssen die Ströme in den Ständer- und Läufersträngen jeweils gleich groß, jedoch um 120° phasenverschoben sein. Wir machen daher für die Ströme die Lösungsansätze:

$$i_{1a} = Re\left[i_1\right] ,$$

$$i_{1b} = Re\left[a\, i_1\right] , \qquad (4.22)$$

$$i_{1c} = Re\left[a^2 i_1\right]$$

für den Ständer und:

$$
\begin{aligned}
i_{2a} &= Re\,[i_2]\,, \\
i_{2b} &= Re\,[a i_2]\,, \\
i_{2c} &= Re\,[a^2 i_2]
\end{aligned}
\tag{4.23}
$$

für den Läufer. Über den Zeitverlauf der Ströme wollen und brauchen wir zunächst keine Annahme treffen. Es ist natürlich selbstverständlich, daß der Ständerstrom bei stationärem Betrieb ebenfalls die Netzfrequenz hat; über die Periodendauer des Läuferstromes bei einer bestimmten Drehzahl ist jedoch eine Voraussage nicht so ohne weiteres möglich.

Wir gehen mit unseren Ansätzen in das Differentialgleichungssystem und erhalten mit der zusätzlichen Bedingung:

$$
\underset{2}{i_{1a}} + \underset{2}{i_{1b}} + \underset{2}{i_{1c}} = 0 \tag{4.24}
$$

für die Spannungsgleichung des Stranges a:

$$
R_1 i_1 + \left(l_{\sigma 1} + \frac{3}{2} l_1\right)\frac{di_1}{dt} + \frac{3}{2} l_{12} \frac{d}{dt}\left(i_2 e^{jp\gamma}\right) = u_1 \quad . \tag{4.25}
$$

Bei dieser Ausrechnung sind die Cosinusfunktionen in den Ausdrücken für die Läuferwicklung mit Hilfe der EULERschen Beziehung durch Exponentialfunktionen ersetzt worden. Außerdem ist auf beiden Seiten der Gleichung der Ausdruck "Realteil" weggelassen worden.

Für die anderen beiden Ständerstränge erhält man ähnliche Ausdrücke. Die rechte und linke Seite der Spannungsgleichung erscheinen mit a bzw. a^2 multipliziert.

Die Läuferspannungsgleichung für den Läuferstrang a geht mit Hilfe der obigen Ansätze über in:

$$
R_2 i_2 + \left(l_{\sigma 2} + \frac{3}{2} l_2\right)\frac{di_2}{dt} + \frac{3}{2} l_{21} \frac{d}{dt}\left(i_1 e^{-jp\gamma}\right) = 0 \quad . \tag{4.26}
$$

Für die beiden übrigen Läuferstränge erhalten wir wieder Gleichungen, die sich auf diese Gleichung zurückführen lassen.

Damit hat sich die Anzahl der unbekannten Ströme auf zwei reduziert; es sind dies die Ströme in den willkürlich mit a bezeichneten Wicklungssträngen der Ständer- und Läuferwicklung.

Wir bezeichnen

$$L_{D\frac{1}{2}} = \frac{3}{2} l_{\frac{1}{2}} \qquad (4.27)$$

als Drehfeldselbstinduktivität und:

$$L_{12} = L_{21} = \frac{3}{2} l_{12} = \frac{3}{2} l_{21} \qquad (4.28)$$

als Drehfeldgegeninduktivität. Sie erkennen, daß die Drehfeldinduktivitäten um 50 % größer sind als die Einzelinduktivitäten. Die Ursache hierfür ist darin zu suchen, daß die Amplituden der resultierenden Drehfelder um 50 % größer sind als die Wechselfelder der einzelnen Stränge. Man hätte die Drehfeldinduktivitäten auch gleich aus den Drehfeldern gewinnen können, doch hätte dann die Aufstellung der Spannungsgleichungen für die einzelnen Stränge Schwierigkeiten bereitet. Der Einfachheit halber fassen wir die Drehfeld- und Streuinduktivitäten zu den Gesamtinduktivitäten:

$$L_{\frac{1}{2}} = L_{D\frac{1}{2}} + l_{\sigma\frac{1}{2}} \qquad (4.29)$$

zusammen. Zur Bestimmung der gesuchten Ströme i_1 und i_2 stehen also die folgenden linearen Differentialgleichungen zur Verfügung:

$$R_1 i_1 + L_1 \frac{di_1}{dt} + L_{12} \frac{d}{dt}\left(i_2 e^{jp\gamma}\right) = u_1 \qquad \text{Ständer} \qquad (4.30)$$

$$R_2 i_2 + L_2 \frac{di_2}{dt} + L_{21} \frac{d}{dt}\left(i_1 e^{-jp\gamma}\right) = 0 \qquad \text{Läufer}. \qquad (4.31)$$

Diese Gleichungen sind ganz allgemein gültig und können auch zur Berechnung der nichtstationären Vorgänge herangezogen werden! Sie unterscheiden sich gegenüber den Gleichungen des Transformators durch die bei den Gliedern der gegenseitigen Induktionswirkung stehenden Exponentialfaktoren $e^{-jp\gamma}$ und $e^{+jp\gamma}$. Diese Faktoren sind offensichtlich auf die Drehung des Läufers zurückzuführen. Sie weisen darauf hin, daß wir es bei der Induktionsmaschine mit einem verallgemeinerten Transformator zu tun haben, der gleichzeitig als Drehregler (im Stillstand) und als Frequenzwandler (bei einer bestimmten Drehzahl) arbeitet. Er kann auch als Phasenumformer arbeiten, wenn der Läufer eine andere Strangzahl als der Ständer besitzt. Wir müssen die angegebenen Differentialgleichungen lösen, wenn wir etwas über das Betriebsverhalten der Schleifringläufermaschine erfahren wollen.

Das ist im allgemeinen Fall schneller Steuervorgänge, die sich innerhalb von Bruchteilen einer Sekunde abspielen, nur mit Hilfe numerischer Integrationsmethoden oder mit Hilfe des Analogrechners möglich. Es ist aber sehr einfach, wenn man sich - wie wir es im folgenden tun wollen - auf den stationären Betrieb mit einer konstanten Winkelgeschwindigkeit:

$$\frac{d\gamma}{dt} = \frac{\omega}{p}(1-s) \tag{4.32}$$

beschränkt. ω/p ist darin die synchrone Winkelgeschwindigkeit, d. h. die Winkelgeschwindigkeit des Drehfeldes. Ihr entspricht die synchrone Drehzahl:

$$n_0 = \frac{60 \cdot f}{p} \quad [U/min] \tag{4.33}$$

(f = Netzfrequenz [Hz], p = Polpaarzahl). Demnach hat ein vierpoliger Motor bei 50 Hz eine synchrone Drehzahl von 1500 U/min. s ist der sog. Schlupf, d. h. die relative Abweichung der jeweiligen Maschinendrehzahl von der Umlaufgeschwindigkeit des Grundfeldes. Es ist üblich, den Schlupf s durch das Verhältnis der Drehzahl n zur synchronen Drehzahl n_0 in % anzugeben:

$$s = \left(1 - \frac{n}{n_0}\right)100 \quad [\%].$$

Bei konstanter Drehzahl nimmt der in elektrischen Graden gemessene Drehwinkel $p\gamma$ linear mit der Zeit zu:

$$p\gamma = \omega(1-s)t \; .$$

Wenn die Ständerwicklung an ein symmetrisches Drehstromnetz mit der Kreisfrequenz ω gelegt wird, ist natürlich auch ein Ständerstrom mit dieser Kreisfrequenz zu erwarten. Wir machen daher ganz automatisch den Exponentialansatz:

$$i_1 = Re\left[\mathfrak{I}_1(s)\sqrt{2}\, e^{j\omega t}\right].$$

$\mathfrak{I}_1(s)$ ist der komplexe Effektivwert des Ständerstromes; er ist nicht mehr eine Funktion der Zeit, sondern eine Funktion des Schlupfes.

Für den Läuferstrom machen wir den Ansatz:

$$i_2 = Re\left[\mathfrak{I}_2(s)\sqrt{2}\, e^{j\omega_2 t}\right].$$

Seine Kreisfrequenz ω_2 ist zunächst noch unbekannt.

Geht man mit diesen Lösungsansätzen in die Ständerspannungsgleichung, so erhält man:

$$\begin{aligned} &R_1 \mathfrak{I}_1 \sqrt{2}\, e^{j\omega t} + j\omega L_1 \mathfrak{I}_1 \sqrt{2}\, e^{j\omega t} + \\ &+ j(\omega_2 + p\dot{\gamma}) L_{21} \mathfrak{I}_2 \sqrt{2}\, e^{j(\omega_2 t + p\gamma)} = \mathfrak{U}_1 \sqrt{2}\, e^{j\omega t} . \end{aligned} \tag{4.34}$$

(Der Realteil "Re" ist weggelassen, komplexe Schreibweise.)

Die Rückwirkung des Läufergrundstromes auf die Ständerwicklung muß auch mit der Netzkreisfrequenz erfolgen, was natürlich - eben wegen der Drehung des Läufers - nicht etwa bedeutet, daß der Strom in der Läuferwicklung die Netzkreisfrequenz besitzt. Das ist nur bei ruhendem Läufer der Fall.

Aus der obigen Ständerspannungsgleichung lesen wir die folgende Beziehung für die noch unbekannte Kreisfrequenz ω_2 ab:

$$\omega_2 t + p\gamma = \omega t = \omega_2 t + (1-s)\omega t .$$

Daraus folgt:

$$\omega_2 = \omega - (1-s)\omega = s\omega . \tag{4.35}$$

Die Frequenz f_2 des Läuferstromes ist also dem Schlupf proportional (Abb. 4.10).

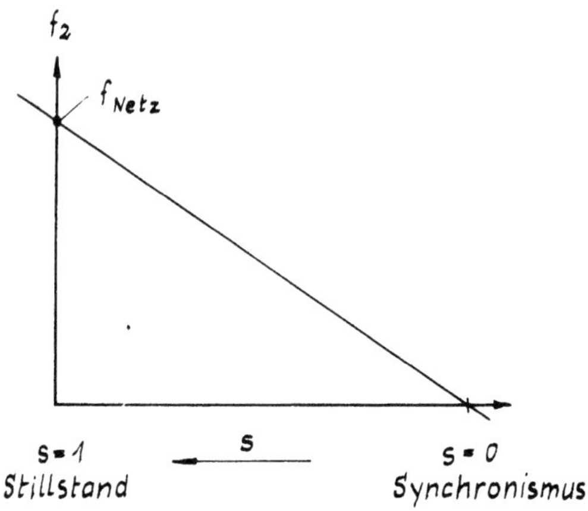

Abb. 4.10

s = 1 bedeutet Stillstand und s = 0 Synchronismus, das läßt sich unmittelbar anhand der Läuferwinkelgeschwindigkeit ablesen:

$$\frac{d\gamma}{dt} = \frac{1}{p}(1-s)\omega .$$

Im Falle s = 0 hat der Läufer gerade die gleiche Winkelgeschwindigkeit wie das Ständerdrehfeld, so daß im Läufer keine Spannungen induziert werden und damit natürlich auch keine Ströme fließen.

Die Läuferströme der Kreisfrequenz $\omega_2 = s\omega$ erzeugen ein Drehfeld von der Form:

$$b_2 = B_2 \cos(px_2 - s\omega_2 t - \varphi_2) . \tag{4.36}$$

Die Wicklung des Läufers muß ja die gleiche Polpaarzahl haben wie die Ständerwicklung. Anderenfalls käme ja kein Drehmoment zustande. x_2 ist die Läuferkoordinate im Bogenmaß. Relativ zum Läufer hat dieses Drehfeld die Umlaufgeschwindigkeit:

$$\dot{x}_2 = s \cdot \frac{\omega}{p} \quad .$$

Wollen wir die Umlaufgeschwindigkeit des Läuferfeldes vom ruhenden Ständer aus betrachten (Abb. 4.11), so müssen wir zu der Umlaufge-

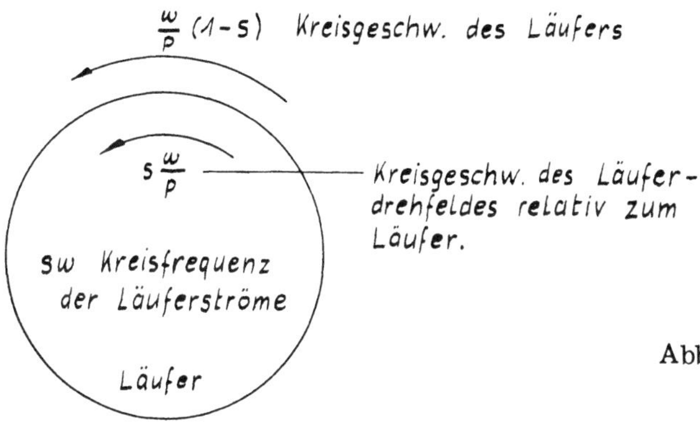

Abb. 4.11

schwindigkeit des Feldes relativ zum Läufer noch die mechanische Umlaufgeschwindigkeit des Läufers selbst addieren, da der Läufer das von ihm erzeugte Feld sozusagen auf die "Hucke" nimmt. Es ist dann vom Ständer aus beurteilt:

$$\dot{x}_2 + \dot{\gamma} = s\frac{\omega}{p} + (1-s)\frac{\omega}{p} = \frac{\omega}{p} \quad .$$

Das Läuferdrehfeld hat also vom Ständer aus beurteilt dieselbe Umlaufgeschwindigkeit wie das Ständergrundfeld und induziert damit genauso wie das Ständerfeld in der Ständerwicklung Spannungen mit der Netzfrequenz ω.

Der Läuferstrom lautet also im stationären Betrieb bei konstanter Drehzahl:

$$i_2 = Re\left[\mathfrak{I}_2\sqrt{2}\, e^{j\omega s t}\right] .$$

In der Ständerspannungsgleichung lassen sich dann die Exponentialglieder und der Faktor $\sqrt{2}$ wegkürzen und man erhält:

$$(R_1 + j\omega L_1)\mathfrak{I}_1 + j\omega L_{12}\mathfrak{I}_2 = \mathfrak{U}_1 . \tag{4.37}$$

Nach entsprechender Rechnung ergibt sich für die Läuferspannungsgleichung:

$$js\omega L_{21} \mathfrak{I}_1 + (R_2 + js\omega L_2)\mathfrak{I}_2 = 0 \quad . \tag{4.38}$$

Aus Gründen, die uns gleich klar werden, formen wir zunächst die Spannungsgleichungen noch etwas um und setzen willkürlich:

$$\mathfrak{U}_1 = R_1 \mathfrak{I}_1 + j\omega L_1 (\mathfrak{I}_1 + \bar{\mathfrak{I}}_2) \quad . \tag{4.39}$$

Dabei wollen wir unter:

$$\bar{\mathfrak{I}}_2 = \frac{L_{12}}{L_1} \mathfrak{I}_2 \tag{4.40}$$

den auf die Läuferwicklung umgerechneten Läuferstrom verstehen und die Summe:

$$\mathfrak{I}_1 + \bar{\mathfrak{I}}_2 = \mathfrak{I}_m \tag{4.41}$$

wie bei dem Transformator als den auf die Primärwicklung (Ständer) bezogenen Magnetisierungsstrom definieren. Dieser ist eine rein fiktive Größe. Er fließt nicht etwa in einer besonderen Wicklung. Im Gegensatz zu den Rechnungen beim Transformator wird hier der Einfachheit halber die gesamte Induktivität (einschließlich der Streuinduktivität) zur Umrechnung herangezogen.

Die Ständerspannungsgleichung lautet dann:

$$\mathfrak{U}_1 = R_1 \mathfrak{I}_1 + j\omega L_1 \mathfrak{I}_m \quad . \tag{4.42}$$

Führen wir den Magnetisierungsstrom auch in die Läuferspannungsgleichung ein, so folgt nach einigen elementaren Umformungen:

$$0 = j\omega L_1 \mathfrak{I}_m + \left(\frac{\bar{R}_2}{s} + js\omega\sigma \bar{L}_2\right)\bar{\mathfrak{I}}_2 \quad . \tag{4.43}$$

Wir haben auf diese Weise die stark sättigungsabhängige Größe L_1 von den von der Sättigung unabhängigen Größen R_1, R_2 und $\bar{X}_\sigma = \sigma \bar{L}_2$ getrennt. Die Läuferwiderstände sind darin wieder quadratisch mit den Induktivitäten umzurechnen:

$$\bar{R}_2 = \left(\frac{L_1}{L_{21}}\right)^2 R_2 \quad \text{und} \quad \bar{L}_2 = \left(\frac{L_1}{L_{21}}\right)^2 L_2 \quad . \tag{4.44}$$

Außerdem wurde der dimensionslose Koeffizient:

$$\sigma = 1 - \frac{L_{12} L_{21}}{L_1 L_2} \qquad (4.45)$$

eingeführt. Man bezeichnet ihn als den totalen Streukoeffizienten oder auch BEHN-ESCHENBURGschen oder vielfach auch als BLONDELschen Streukoeffizienten. Er charakterisiert den Streufluß der Maschine und liegt bei normalen Ausführungen zwischen 0,05 und 0,13.

Die Spannungsgleichungen (4.42) und (4.43) lassen sich graphisch in Form eines Zeitvektordiagramms veranschaulichen. Solche Vektordiagramme bieten allerdings in einem derart einfachen Fall keine nennenswerten Informationen. Da den Strömen $\mathfrak{I}_1$, $\bar{\mathfrak{I}}_2$ und $\mathfrak{I}_m$ ganz bestimmte räumliche Drehfeldwellen (der Grundpolpaarzahl p) entsprechen, kann man die Gl. (4.41) auch als eine Beziehung zwischen Raumzeigern deuten. Genauso wie man zeitlich harmonisch verlaufende Vorgänge durch Zeitzeiger darstellen kann, kann man auch räumlich sinusförmig verteilte Drehfelder mit Hilfe von sog. Raumzeigern beschreiben.

Das Betriebsverhalten von Drehstromasynchronmotoren läßt sich auf zwei völlig verschiedene Weisen anschaulich deuten, und zwar mit Hilfe des sog. Ersatzschaltbildes und der Ortskurve des Primärstroms, dem sog. HEYLAND-Kreis.

4.3. Ersatzbild, Kreisdiagramm

Aus den beiden zuletzt angegebenen Spannungsgleichungen und der Gleichung für den Magnetisierungsstrom können wir ein einphasiges galvanisches Ersatzschaltbild, welches sich aufgrund unserer vorhergehenden Definitionen ergibt, unmittelbar ablesen (Abb. 4.12).

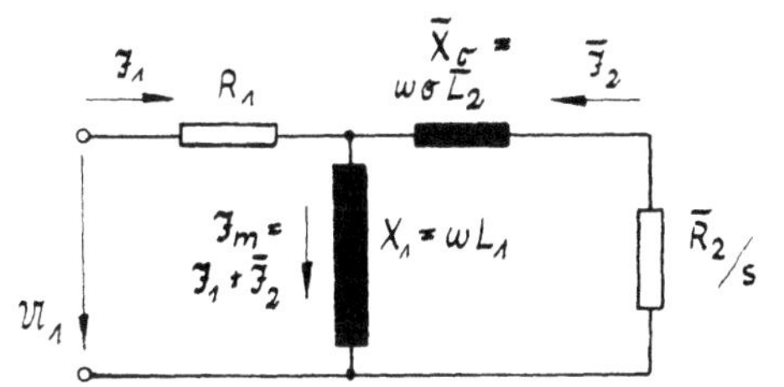

Abb. 4.12

In diesem Ersatzschaltbild - das nur eines der vielen möglichen ist - ist aufgrund der Definition des bezogenen Läuferstromes die gesamte Streureaktanz $\bar{X}_\sigma = \omega\sigma\bar{L}_2 = \sigma\omega L_1$ der Maschine willkürlich in den Läuferkreis verlegt worden. Die Eisenverluste lassen sich durch einen Verlustwiderstand R_e parallel zur gesamten Drehfeldinduktivität L_1 erfassen. Im normalen Betriebsbereich treten diese wegen der geringen Frequenz im Läufer nur im Ständer auf. Bei drehzahlgesteuerten Antrieben muß man mit dem Auftreten von nennenswerten Eisenverlusten auch im Läuferkreis rechnen.

Aus diesem Ersatzbild kann man einiges über das Stromverhalten der Maschine in Abhängigkeit vom Schlupf bzw. der Drehzahl entnehmen. Im Synchronismus (s = 0) ist der Läuferkreis sozusagen geöffnet, die Maschine nimmt ihren Leerlaufstrom $\mathfrak{I}_1(0)$ auf, der in der Größenordnung von etwa 1/3 des Nennstromes liegt. Für $s \to \infty$ wird die Stromaufnahme praktisch nur durch die Streureaktanz $\bar{X}_\sigma = \sigma\omega\bar{L}_2 = \sigma\omega L_1$ begrenzt. Dieser ideelle Kurzschlußstrom $\mathfrak{I}_{Ki} = \mathfrak{I}_1(\infty)$ ist dann etwa gleich $\mathfrak{I}_1(0)/\sigma$. Für $\sigma = 0{,}05$ und $\mathfrak{I}_1(0) = \mathfrak{I}_n/3$ ($\mathfrak{I}_n$ = Nennstrom) wird $\mathfrak{I}_{Ki} \approx 20\,\mathfrak{I}_1(0) \approx 6{,}7\,\mathfrak{I}_{1n}$. Ganz allgemeinen bewegt sich der Anlaufstrom, der praktisch mit dem ideellen Kurzschlußstrom übereinstimmt, in der Größenordnung vom 5 ÷ 8-fachen des Nennstroms.

Der auf den Ständer bezogene Läuferstrom $\bar{\mathfrak{I}}_2$ hat in diesem Ersatzschaltbild die Netzfrequenz. Der Einfluß der Drehung des Läufers drückt sich in dem drehzahl- bzw. schlupfabhängigen Widerstand R_2/s aus. Im Fall des Synchronismus wird s = 0, der effektive Widerstand wird unendlich groß, und damit verschwindet der Läuferstrom.

Wir gehen nun zu der Berechnung der Ständer- und Läuferströme über. Diese ergeben sich aus den beiden nicht umgeformten Spannungsgleichungen zu:

$$\mathfrak{I}_1 = \frac{\mathfrak{U}_1(R_2 + js\omega L_2)}{(R_1 + j\omega L_1)(R_2 + js\omega L_2) + s\omega^2 L_{12} L_{21}} \tag{4.46}$$

und:

$$\mathfrak{I}_2 = \frac{-\mathfrak{U}_1\, js\omega L_{12}}{(R_1 + j\omega L_1)(R_2 + js\omega L_2) + s\omega^2 L_{12} L_{21}} \quad . \tag{4.47}$$

Wir erhalten damit die Ströme in komplexer Form als Funktion des Schlupfes s. Diese Schreibweise ist etwas unübersichtlich. Es empfiehlt sich, die folgenden dimensionslosen Größen einzuführen:

$$\alpha = \frac{R_1}{\omega L_1} \quad \text{als Maß für die Zeitkonstante des Ständerkreises ,} \tag{4.48}$$

$$\beta = \frac{R_2}{\omega L_2} \quad \text{als Maß für die Zeitkonstante des Läuferkreises} \tag{4.49}$$

und:

$$I_m = \frac{U_1}{\omega L_1} \tag{4.50}$$

als Effektivwert des Magnetisierungsstromes.

Dividiert man Zähler und Nenner der beiden Stromgleichungen durch $\omega^2 L_1 L_2$, so ergeben sich die Ströme in der Form:

$$\mathfrak{I}_1 = I_m \frac{\beta + js}{(\alpha\beta - \sigma s) + j(\beta + \alpha s)} \tag{4.51}$$

und:

$$\mathfrak{I}_2 = -I_m \frac{js\frac{L_{12}}{L_2}}{(\alpha\beta - \sigma s) + j(\beta + \alpha s)} \quad . \tag{4.52}$$

Daraus erkennt der etwas funktionen-theoretisch Geschulte, daß die beiden Ströme $\mathfrak{I}_1$ und $\mathfrak{I}_2$ und damit auch $\mathfrak{I}_m$ als Funktion des reellen Parameters s sog. Kreisdiagramme beschreiben. Wir werden das aber gleich elementar beweisen. Ein Kreis ist bekanntlich durch drei Punkte festgelegt. Wir werden uns daher nach drei besonders charakteristischen Punkten umsehen, um z. B. die primäre Ortskurve oder, wie man auch sagt, das Primärstromdiagramm konstruieren zu können.

Ein solcher Punkt ist z. B. der Synchronismus oder Leerlaufpunkt P_0 (s = 0):

$$\mathfrak{I}_1(0) = \frac{I_m}{\alpha + j} = \frac{I_m(\alpha - j)}{\alpha^2 + 1} \quad . \tag{4.53}$$

Wie wir gesehen haben, ist der Läuferstrom hierbei Null.

Als nächster ausgezeichneter Punkt bietet sich der theoretische Fall eines unendlich großen Schlupfes an. Diesen Punkt bezeichnet man als den ideellen Kurzschlußpunkt P_∞. Es ist:

$$\mathfrak{I}_1(\infty) = I_m \frac{j}{-\sigma + j\alpha} = I_m \frac{\alpha - j\sigma}{\alpha^2 + \sigma^2} \quad . \tag{4.54}$$

Als letzten noch fehlenden Punkt wählen wir den Anlauf- oder Stillstandspunkt P_1 mit s = 1. Hierfür gilt:

$$\mathfrak{I}_1(1) = I_m \frac{\beta + j}{(\alpha\beta - \sigma) + j(\alpha + \beta)} = I_m \frac{\beta(\alpha\beta - \alpha) + (\alpha + \beta) - j(\beta^2 + \sigma)}{(\alpha\beta - \sigma)^2 + (\alpha + \beta)^2} \quad . \tag{4.55}$$

Aus diesen drei Punkten läßt sich der Kreis konstruieren, und wir können auch sogleich für einen beliebigen Kreispunkt den zugehörigen Schlupf s angeben (Abb. 4.13).

Für die Konstruktion des Kreises brauchen wir uns nur daran zu erinnern, daß ja das Doppelverhältnis von vier Punkten, die auf einem Kreis liegen, stets reell sein muß. Man versteht darunter den Wert:

$$DV = \frac{\dfrac{\mathfrak{I}_1(s) - \mathfrak{I}_1(0)}{\mathfrak{I}_1(s) - \mathfrak{I}_1(\infty)}}{\dfrac{\mathfrak{I}_1(1) - \mathfrak{I}_1(0)}{\mathfrak{I}_1(1) - \mathfrak{I}_1(\infty)}} = \frac{\mathfrak{I}_1(s) - \mathfrak{I}_1(0)}{\mathfrak{I}_1(s) - \mathfrak{I}_1(\infty)} \cdot \frac{\mathfrak{I}_1(1) - \mathfrak{I}_1(\infty)}{\mathfrak{I}_1(1) - \mathfrak{I}_1(0)} \quad . \tag{4.56}$$

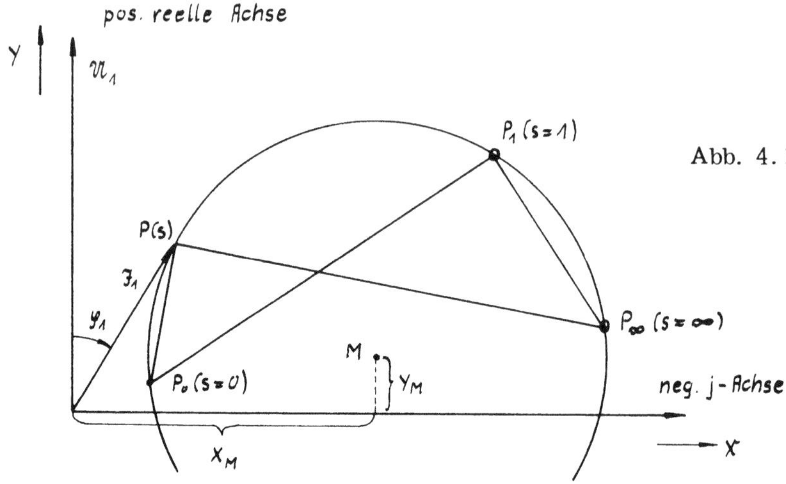

Abb. 4.13

Dieser drückt nämlich nichts anderes als die elementare Tatsache aus, daß bei einem Kreis der Peripheriewinkel über der gleichen Sehne erhalten bleibt. Die Ausrechnung dieses Doppelverhältnisses liefert uns nun gerade den Schlupf s:

$$DV = s \quad .$$

Man könnte daher den Schlupf s einfach aus dem Längenverhältnis von vier Strecken berechnen, da es ja auf die Winkel gar nicht ankommt.

Einfacher ist es jedoch, zur Bezifferung der Stromortskurve eine Parametergerade heranzuziehen, welche parallel zur Tangente an den Kreis im Punkt $s = \infty$ verläuft. In dem speziell vorliegenden Fall der Stromortskurve des Asynchronmotors bezeichnet man diese Gerade als Schlupfgerade. Ihre lineare Bezifferung läßt sich nach Richtung und Maßstab durch zwei Punkte, z. B. $s = 0$ und $s = 1$, festlegen (Abb. 4.14).

Der Mittelpunkt M des Kreises läßt sich unmittelbar aus den Konstanten des Motors berechnen. Man erhält dabei zugleich wieder einen Beweis dafür, daß sich $\mathfrak{J}_1$ mit s als Parameter auf einem Kreise bewegt. Zerlegt man $\mathfrak{J}_1$ in Realteil (Wirkstrom) und Imaginärteil (Blindstrom), so wird:

$$\mathfrak{J}_1 = I_W + jI_B = I_m \frac{\beta + js}{(\alpha\beta - \sigma s) + j(\beta + \alpha s)} \quad .$$

Daraus folgt:

$$I_W (\alpha\beta - \sigma s) - I_B (\beta + \alpha s) - I_m \beta = 0$$

und:

$$I_W (\beta + \alpha s) + I_B (\alpha\beta - \sigma s) - I_m s = 0 \quad ,$$

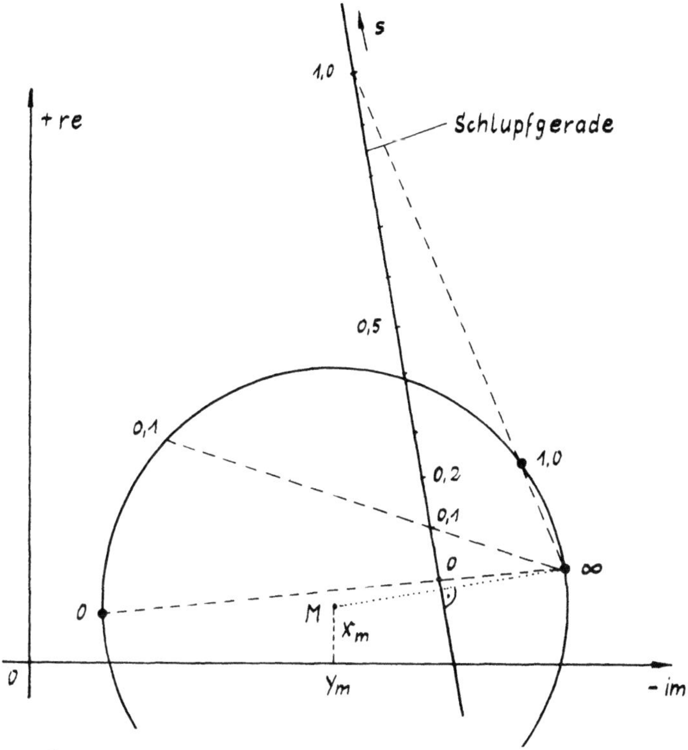

Abb. 4.14

oder:

$$\beta(I_W \alpha - I_B - I_m) - s(I_W \sigma + I_B \alpha) = 0$$

und:

$$\beta(I_W + I_B \alpha) + s(I_W \alpha - I_B \sigma - I_m) = 0 \quad .$$

Die Elimination von s führt auf die Gleichung eines Kreises:

$$\left(I_W - \frac{\alpha I_m}{\alpha^2 + \sigma}\right)^2 + \left(I_B + \frac{I_m (1+\sigma)}{2(\alpha^2+\sigma)}\right)^2 = \left(\frac{I_m (1-\sigma)}{2(\alpha^2+\sigma)}\right)^2$$

mit den Mittelpunktskoordinaten:

$$y_m = -\frac{I_m}{2}\,\frac{1+\sigma}{\alpha^2+\sigma} \quad ; \quad x_m = +I_m \frac{\alpha}{\alpha^2+\sigma} \quad . \tag{4.57}$$

Besonders einfach und übersichtlich werden die Verhältnisse, wenn wir, wie es bei größeren Maschinen (von etwa 10 kW an) durchaus zulässig ist, den ohmschen Ständerwiderstand vernachlässigen ($R_1, \alpha = 0$). Wir erhalten dann den sog. HEYLANDKREIS mit dem Mittelpunkt auf der imaginären Halbachse. Dann ist:

$$\mathfrak{I}_1(0) = -j\, I_0$$

und:

$$\underline{I}_1(\infty) = -j\frac{1}{\sigma} I_0 \quad .$$

Das Verhältnis von ideellem Leerlaufstrom zu ideellem Kurzschlußstrom ist dann gerade gleich der totalen Streuziffer:

$$\sigma = \frac{I_1(0)}{I_1(\infty)} \quad .$$

Bei einem vierpoligen 10 kW Asynchronmotor ist z. B. $\sigma \approx 7\,\%$ ein durchaus üblicher Wert. Der ideelle Kurzschlußstrom beträgt dann rund das 14-fache des Leerlaufstromes.

Aus dem Kreisdiagramm kann man noch weitere andere Größen außer $\underline{I}_1$ bzw. s ablesen. Man übersieht das am einfachsten für den Fall $\alpha = 0$ bzw. $R_1 = 0$. Definieren wir z. B. als Laststrom den Wert (Abb. 4. 15):

$$\underline{I}_L = \underline{I}_1(0) - \underline{I}_1(s) \quad , \tag{4.58}$$

also den Unterschied zum Leerlaufstrom $\underline{I}_1(0)$, so liefert die Ausrechnung:

$$\underline{I}_L = -(1-\sigma)\frac{L_2}{L_{12}}\underline{I}_2 \quad . \tag{4.59}$$

$\underline{I}_L$ ist damit ein Maß für den Läuferstrom pro Strang. Kennt man den Maßstab für den Primärstrom, so kann man I_2 aus dem HEYLANDKreis entnehmen.

Der primäre Wirkstrom beim Schlupf s entspricht der Strecke PF in Abb. 4. 16. Damit kennt man auch die Drehfeldleistung:

$$P_\delta = 3\,U_1 \cdot PF\;(\text{in } A) \quad , \tag{4.60}$$

und der Leistungsmaßstab ist bekannt, wenn man den Strommaßstab (1 A $\sim$ a mm) kennt. PF ist aber wegen $P_\delta = T\,\omega/p$ gleichzeitig ein Maß für das Drehmoment, und man erkennt z. B. unmittelbar, wo der Kipppunkt ($s = s_K$) liegt.

Man kann ferner leicht nachweisen, daß die der Drehfeldleistung entsprechende Strecke PF durch die sog. Leistungslinie LA gerade im Verhältnis der mechanischen Leistung $P_m \sim PB$ zur Läuferverlustleistung $P_{V2} \sim BF$ aufgeteilt wird. Im Stillstand ($s = 1$) wird die ganze vom Netz entnommene Leistung in Verluste im Läuferkreis verwandelt. Je größer diese sind, um so größer ist also auch das Anzugmoment T_a .

Wichtig ist es, sich darüber klar zu werden, welche Größen man benötigt, um das Verhalten eines Induktionsmotors theoretisch vorausbestimmen zu können. Dieses ist ja durch die beiden Spannungsgleichungen festge-

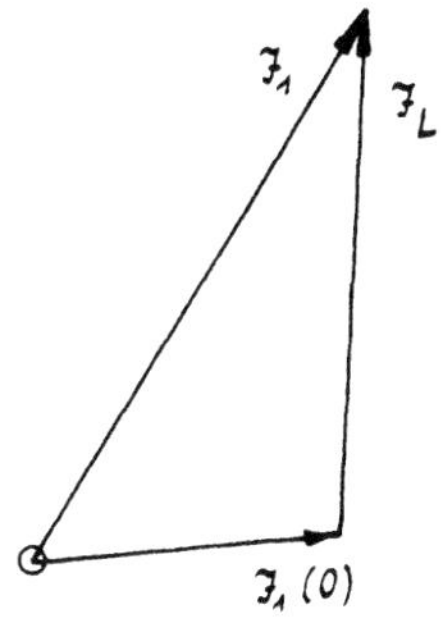

Abb. 4.15

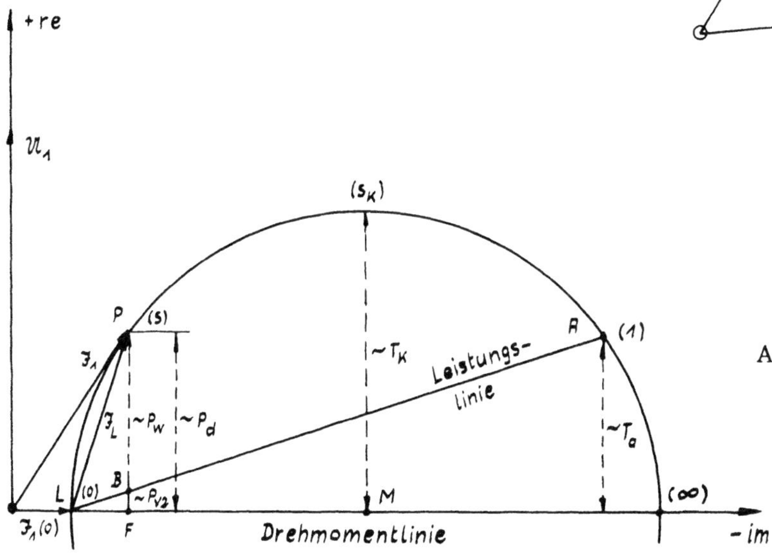

Abb. 4.16

legt, und wir brauchen einfach die Werte abzuzählen, die in diesen Spannungsgleichungen vorkommen. Es sind vier Werte: der ideelle Magnetisierungsstrom I_m (bei Leerlauf und $R_1 = 0$), die Größen α und β und der totale Streukoeffizient σ . Durch diese vier Werte ist das ganze Betriebsverhalten der Induktionsmaschine eindeutig bestimmt.

Aus dem Kreisdiagramm bzw. den Gln. für $\mathfrak{I}_1$, $\mathfrak{I}_2$ und T kann man punktweise für jeden Schlupf s den Primärstrom $\mathfrak{I}_1$, den Sekundärstrom $\mathfrak{I}_2$, die aufgenommene Leistung P_1 , die mechanische Leistung P_m , den Leistungsfaktor $\cos\varphi_1$, das Drehmoment T und bei Berücksichtigung der Eisen-, Reibungs- und Zusatzverluste (nach VDE 0530 1/2 der aufgenommenen Leistung) auch den Wirkungsgrad η entnehmen. Es ist üblich, s , I_1, P_m, $\cos\varphi_1$ und η über der unmittelbar meßbaren Leistungsaufnahme P_1 aufzutragen. Man gelangt dann zu den sog. Belastungskennlinien (Abb. 4.17). Die im Prüffeld gemessenen Werte von $I_0, I_1, \cos\varphi_1, \eta$ (letztere beiden u. U. auch für Teillasten), des Anzugsmoments und des Kurzschlußstroms sowie die Erwärmungen (Temperatur eines Konstruktionsteils - Raumtemperatur) und evtl. auch der Schallpegel werden in einem Prüfungsnachweis eingetragen.

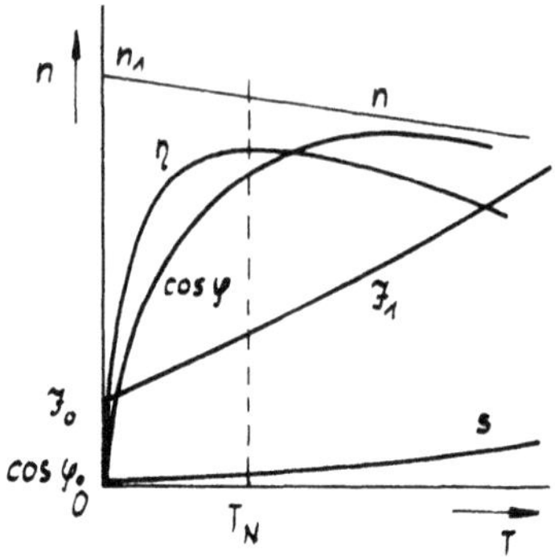

Abb. 4.17

Über das Primärstromdiagramm können sie sich im Buch von W. NÜRNBERG: "Die Asynchronmaschine", Verlag Springer, Berlin, genauer orientieren. Bezüglich der experimentellen Bestimmung der Kennlinien und der Maschinendaten verweise ich ebenfalls auf ein Buch von W. NÜRNBERG: "Prüfung elektrischer Maschinen", Verlag Springer, Berlin.

Der Einfachheit halber haben wir unsere Betrachtungen bisher auf Schleifringläufermotoren beschränkt. Der Betriebsmann wählt solche Motoren, die allein schon wegen des Anlassers sehr teuer sind und mehr Wartung verlangen (Schleifringe, Bürsten) nur, wenn die Umstände ihn dazu zwingen. I. a. wird er einen Motor mit Käfigläufer wählen, der zwar viel einfacher im Konstruktionsaufbau, aber leider nicht ganz so leicht zu verstehen ist.

Wir wollen nunmehr das asynchrone Drehmoment, d. h. den zeitlichen Mittelwert des Drehmomentes im stationären Betrieb ermitteln. Das gelingt einfach aufgrund einer Leistungsbilanz.

4.4. Leistungsbilanz, asynchrone Drehmomente

Dabei werden wir von der skalaren Multiplikation von Zeigern bzw. komplexen Größen Gebrauch machen. Die Definition für das skalare Produkt lautet:

$$\mathfrak{A} \cdot \mathfrak{B} = A\,B \cos(\mathfrak{A}, \mathfrak{B}).$$

Ist z. B. $\mathfrak{A}$ die Spannung und $\mathfrak{B}$ der Strom, so gibt dieses skalare Produkt unmittelbar die aus dem Netz aufgenommene Wirkleistung UI cos φ. In Komponentenschreibweise wird aufgrund dieser Definition:

$$\mathfrak{A} \cdot \mathfrak{B} = (a + jb) \cdot (c + jd) = ac \overset{!}{+} bd.$$

Beim Ausmultiplizieren der Spannungsgleichung werden wir auf Ausdrücke der Form:

$$\mathfrak{A} \cdot j\mathfrak{B} \quad \text{und} \quad j\mathfrak{A} \cdot \mathfrak{B}$$

treffen. Es soll daher im folgenden kurz der Zusammenhang zwischen diesen beiden Produkten hergestellt werden. Dazu werden die Komponenten von $\mathfrak{a}$ und $\mathfrak{b}$ angeschrieben und aufgrund obiger Definition das skalare Produkt gebildet:

$$\mathfrak{a} \cdot j\mathfrak{b} = (a + jb) \cdot (jc - d) = bc - ad$$

$$j\mathfrak{a} \cdot \mathfrak{b} = (ja - b) \cdot (c + jd) = ad - bc.$$

Daraus folgt unmittelbar:

$$\mathfrak{a} \cdot j\mathfrak{b} = -(j\mathfrak{a} \cdot \mathfrak{b}).$$

Damit wir den Gesamtwert der aus dem Netz aufgenommenen Leistung erhalten, müssen wir wegen der 3 Stränge die Ständerspannungsgleichung skalar mit $3\,\mathfrak{I}_1$ multiplizieren:

$$\underbrace{3\,\mathfrak{U}_1 \cdot \mathfrak{I}_1}_{\substack{P_1 \\ \text{Netzleistung}}} = \underbrace{3\mathfrak{I}_1 \cdot \mathfrak{I}_1 R_1}_{\substack{3 I_1^2 R_1 \\ \text{Stromwärmeverluste} \\ \text{im Ständer}}} + \tag{4.61}$$

$$+ \underbrace{3\mathfrak{I}_1 \cdot j\mathfrak{I}_1 \omega L_1}_{\substack{0 \\ \mathfrak{I}_1 \perp j\mathfrak{I}_1}} + \underbrace{3\mathfrak{I}_1 \cdot j\mathfrak{I}_2 \omega L_{12}}_{\substack{P_D \\ \text{Drehfeldleistung}}} .$$

(4.61)+)

$$P_1 = 3 I_1^2 R_1 + P_D \quad . \tag{4.62}$$

Ein Teil der vom Netz aufgenommenen Leistung P_1 dient zur Deckung der Ständerstromwärmeverluste $3 \cdot I_1^2 R_1$; der andere Leistungsteil wird über den Luftspalt auf den Läufer übertragen. Man bezeichnet diese Leistung als Drehfeldleistung oder Luftspaltleistung:

$$P_D = 3\,\omega L_{12}\,(\mathfrak{I}_1 \cdot j\mathfrak{I}_2) \; . \tag{4.63}$$

Die Drehfeldleistung teilt sich im Läufer wiederum auf in die mechanische Leistung P_m und in einen Anteil zur Deckung der ohmschen Verluste der Läuferwicklung. Den Zusammenhang zwischen den Läuferwicklungsverlusten und der Drehfeldleistung finden wir mit Hilfe der Läuferspannungsgleichung, indem wir diese skalar mit $3\,\mathfrak{I}_2$ multiplizieren:

$$0 = \underbrace{3\mathfrak{I}_2 \cdot \mathfrak{I}_2 R_2}_{3 I_2^2 R_2} + \underbrace{3\mathfrak{I}_2 \cdot j\mathfrak{I}_2 s\omega L_2}_{0} + 3\mathfrak{I}_2 \cdot j\mathfrak{I}_1 s\omega L_{21} \; . \tag{4.64}$$

+) von den Eisenverlusten sehen wir ab.

Der letzte Ausdruck in der Gleichung ist näher zu untersuchen. Aufgrund der vorhin abgeleiteten Rechenregel ist:

$$\underline{I}_2 \cdot j\underline{I}_1 = -(j\underline{I}_2 \cdot \underline{I}_1) \quad .$$

Dieses Produkt taucht aber auch in dem Ausdruck für die Drehfeldleistung auf. Da $L_{12} = L_{21}$ ist, ergibt sich:

$$3\underline{I}_2 \cdot j\underline{I}_1 s\omega L_{21} = -s\underbrace{\omega L_{21}(j\underline{I}_2 \cdot \underline{I}_1)}_{P_D} = -sP_D \, .$$

Aufgrund obiger Gleichung finden wir dann den Zusammenhang zwischen den ohmschen Läuferverlusten P_{V2} und der Drehfeldleistung P_D zu:

$$P_{V2} = s \cdot P_D \quad . \tag{4.65}$$

Wie schon oben erwähnt, muß die Summe aus der mechanischen Leistung P_m und der Läuferverlustleistung P_{V2} gleich der Drehfeldleistung sein. Es gilt also:

$$P_D = P_m + P_{V2} \quad , \tag{4.66}$$

und daraus folgt für die mechanische Leistung:

$$P_m + sP_D = P_D \quad \longrightarrow \quad P_m = (1-s)P_D \tag{4.67}$$

wenn wir von den Reibungsverlusten absehen. Diese einfachen Zusammenhänge lassen die interessante Tatsache erkennen, daß der Asynchronmotor bei einem beliebigen Schlupfwert nur dann eine mechanische Leistung abgeben kann, wenn auch im Läufer Verluste entstehen. Der Schlupf s ist damit allein für die Aufteilung der Drehfeldleistung P_D in mechanische Leistung $P_m = P_D(1-s)$ und Läuferverlustleistung $P_{V2} = P_D \cdot s$ maßgebend. Der Nennschlupf einer Maschine beträgt normalerweise nur wenige Prozent, so daß der Anteil der mechanischen Leistung im Nennbetrieb bei weitem überwiegt. Bei der Ableitung haben wir der Übersicht halber die Eisen- und Reibungsverluste bewußt vernachlässigt. Sie spielen hinsichtlich des Betriebsverhaltens der Maschinen eine untergeordnete Rolle, nicht jedoch hinsichtlich des Wirkungsgrades.

Das Drehmoment T erhalten wir aus der mechanischen Leistung, indem wir sie durch die mechanische Winkelgeschwindigkeit $\omega_m = (1-s)\,\omega/p$ des Läufers dividieren:

$$T = \frac{P_m}{\omega_m} = \frac{(1-s)P_D}{\frac{\omega}{p}(1-s)} = \frac{P_D}{\omega/p} = \frac{p}{\omega}P_D \quad . \tag{4.68}$$

Das Drehmoment ist also gleich der Drehfeldleistung dividiert durch die synchrone Winkelgeschwindigkeit ω/p. Es ist wichtig, sich zu merken, daß das Drehmoment der Drehfeldleistung direkt proportional ist!

Aufgrund der vorhin abgeleiteten Leistungsverhältnisse in der Asynchronmaschine kann das Drehmoment auch aus den ohmschen Verlusten in der Läuferwicklung berechnet werden:

$$T = \frac{p}{\omega} \frac{P_{V2}}{s} \quad . \tag{4.69}$$

Man erkennt hieraus sofort, daß das Anzugmoment (s = 1) den Stromwärmeverlusten im Läufer proportional ist. Von dieser Beziehung werden wir bei der Bestimmung des asynchronen Moments von Käfigläufern Gebrauch machen.

Mit Hilfe der Beziehungen für die Leistungsaufteilung läßt sich beispielsweise die Drehmoment-Drehzahlkennlinie eines sog. Hysteresemotors auf einfache Weise ermitteln. Der Ständer eines solchen Motors entspricht dem eines normalen Drehstrommotors; der Läufer besitzt einen Ring aus einem Werkstoff mit großen Hystereseverlusten. Die in diesem Ring entstehenden Verluste sind u. a. proportional der Läuferfrequenz und damit proportional dem Absolutwert des Schlupfes s . Es ist daher:

$$P_{Hyst.} = P_{V2} = k \cdot |s| \quad .$$

Setzt man diese Beziehung in Gl. (4.69) ein, so folgt für das Drehmoment:

$$T_{Hyst} = \frac{p}{\omega} k \frac{|s|}{s} \quad .$$

Die Drehmomentkennlinie hat einen stufenförmigen Verlauf. Für s > o ist $T_{Hyst} = p \cdot k/\omega$; für s < o ist $T_{Hyst} = -pk/\omega$.

Für die Berechnung des Drehmomentes als Funktion des Schlupfes muß nun die skalare Multiplikation der Ständer- und Läuferströme tatsächlich durchgeführt werden. Es ist:

$$T = \frac{p}{\omega} P_D = 3p L_{12} (\mathfrak{I}_1 \cdot j \mathfrak{I}_2) \quad .$$

Da die beiden Ströme den gleichen Nenner haben, können Zähler und Nenner der Ströme getrennt miteinander multipliziert werden:

$$T = 3pL_{12} I_m^2 \left(\frac{\beta + js}{(\alpha\beta - \sigma s) + j(\beta + \alpha s)} \cdot \frac{s \cdot L_{12}/L_2}{(\alpha\beta - \sigma s) + j(\beta + \alpha s)} \right) \tag{4.70}$$

$$= 3p \frac{L_{12}^2}{L_2} I_m^2 \frac{\beta s}{(\alpha\beta - \sigma s)^2 + (\beta + \alpha s)^2} \quad .$$

Schließlich führen wir den BEHN-ESCHENBURGschen Streukoeffizienten ein und setzen für:

$$\frac{\overline{L_{12}^2}}{L_2 \cdot L_1} \cdot \frac{L_1}{1} = (1-\sigma) L_1$$

so daß sich für das Drehmoment:

$$T = 3pL_1 I_m^2 \frac{\beta(1-\sigma)s}{(\alpha\beta-\sigma s)^2 + (\beta+\alpha s)^2} \tag{4.71}$$

ergibt. Auch das asynchrone Moment hängt wieder nur von den Werten α, β, σ, I_m und selbstverständlich noch von der Polpaarzahl p ab, während der Schlupf s die unabhängige Veränderliche darstellt. Auch hier erkennen wir die interessante Tatsache, daß der Asynchronmotor nur dann ein Drehmoment abgeben kann, wenn die Läuferwicklung einen endlichen ohmschen Widerstand ($\beta \neq 0$) hat. Eine Ausnahme bildet der Synchronpunkt. Hierfür würde für $s \to o$ und $\beta \to o$ ein unbestimmter Ausdruck entstehen. Ein solcher Motor hätte u. a. kein Anzugsmoment.

Da I_m der Klemmenspannung proportional ist, ändert sich das Drehmoment unter sonst gleichen Umständen quadratisch mit der Klemmenspannung U_1, oder besser gesagt, proportional der magnetischen Energie des Luftspaltes. Das ist ein Nachteil gegenüber dem Synchronmotor, bei dem das Drehmoment bekanntlich nur linear von der Spannung abhängt. Diese quadratische Abhängigkeit macht sich z. B. bei Spannungsschwankungen unangenehm bemerkbar. Es sinkt dann die Überlastbarkeit der Maschine bei einer Spannungsänderung von nur 10 % schon um etwa 20 %.

Das Drehmoment verschwindet für s = 0 (daher die Bezeichnung Asynchronmotor, der Name Induktionsmotor rührt von der Tatsache her, daß der Läuferstrom durch Induktion erzeugt wird) und $s = \infty$. Es ist positiv für $s > o$ und negativ für $s < o$. Es wirkt also stets auf den Synchronismus hin. Legt man daher eine passende Spannung an die Schleifringe des Läufers, dann wird der Motor einem Zustand zustreben, bei dem die (Schlupf)-Frequenz im Ständer verschwindet. Dazu muß er also in der dem Drehfeld entgegengesetzten Richtung hochlaufen.

Bei sehr kleinen Schlüpfen, also im Bereich des Synchronismus, hängt das Drehmoment linear vom Schlupf ab:

$$\underset{s \to 0}{T(s)} \approx \frac{3pL_1 \bar{I}_m^2 (1-\sigma)}{\beta(1+\alpha^2)} \cdot s \tag{4.71a}$$

Der Motor zeigt in diesem Bereich "Nebenschlußverhalten" wie ein Gleichstromnebenschlußmotor.

Bei großen Schlüpfen ist das Drehmoment dagegen dem Schlupf umgekehrt proportional:

$$\underset{s \to \infty}{T(s)} \approx \frac{3pL_1 I_m^2 \beta (1-\sigma)}{(\alpha^2+\sigma^2)\cdot s} \quad . \tag{4.71b}$$

Das Anzugmoment (s = 1) wächst also etwa proportional mit dem Läuferwiderstand (R_2 bzw. β). Damit haben wir bereits einen ersten Überblick über den Drehmomentenverlauf der Induktionsmaschine (Abb. 4.18).

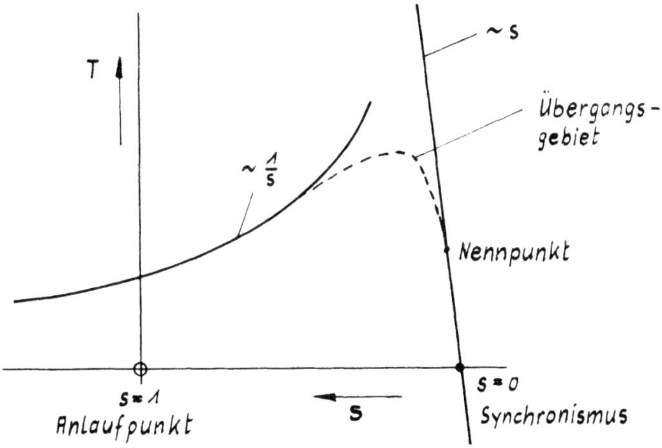

Abb. 4.18

Offensichtlich muß es einen Punkt geben, bei dem das Drehmoment einen Maximalwert erreicht. Die Lage dieses Punktes erhalten wir in bekannter Weise dadurch, daß wir das Drehmoment nach dem Schlupf differenzieren und diese Ableitung gleich Null setzen. Den sich daraus ergebenden Schlupfwert bezeichnet man als Kippschlupf:

$$s_K = \pm \beta \sqrt{\frac{1+\alpha^2}{\sigma^2+\alpha^2}} \quad . \tag{4.72}$$

Bei größeren Maschinen (ab 10 kW) ist α so klein, daß man mit genügender Genauigkeit:

$$s_K \approx \pm \frac{\beta}{\sigma}$$

setzen kann. Für verschwindendes α ist der Drehmomentenverlauf offensichtlich punktsymmetrisch zum Punkt s = 0.

Durch Einsetzen des Kippschlupfes in die Drehmomentengleichung erhält man das maximale Drehmoment oder, wie man auch sagt, das Kippmoment zu:

$$T_K = \pm \frac{3}{2} p L_1 I_m^2 \frac{1-\sigma}{\sqrt{(1+\alpha^2)(\sigma^2+\alpha^2)} \pm \alpha(1-\sigma)} \tag{4.73}$$

oder bei Vernachlässigung von α :

$$T_{K \atop \alpha \to 0} = \pm \frac{3}{2} p L_1 I_m^2 \frac{1-\sigma}{\sigma} .$$

Das Kippmoment wird im wesentlichen durch die Streuung der Maschine bestimmt. Große Streuung bedeutet kleines Kippmoment. Das Kippmoment ist unabhängig von β und damit unabhängig vom ohmschen Widerstand des Läuferkreises. Die Drehmomentenkennlinie hat dann grundsätzlich etwa den in Abb. 4. 19 angegebenen Verlauf. Mit eingetragen ist auch der Primärstrom I_1 in Abhängigkeit vom Schlupf s.

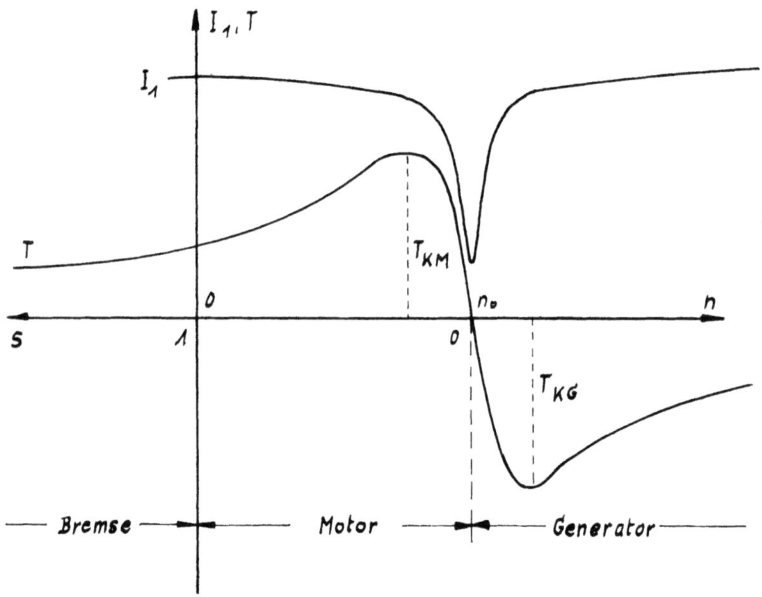

Abb. 4. 19

Das Kippmoment soll nach den VDE-Bestimmungen mindestens das 1, 6-fache des Nennmoments betragen. Man bezeichnet das Verhältnis von Kippmoment zu Nennmoment als Überlastbarkeit ü. Daraus ergibt sich, daß der Betriebspunkt noch in dem geradlinigen Teil zwischen s = o und etwa $s = s_K/2$ liegt.

Die Abweichung des Drehmomentverlaufs vom Nebenschlußverhalten wird durch die Streufelder bedingt, die sich mit wachsendem Schlupf immer stärker bemerkbar machen. Bei den im Betriebsbereich auftretenden kleinen Schlüpfen hängt der Läuferstrom i. w. vom ohmschen Widerstand des Läufers ab:

$$I_2 \sim \frac{s}{R_2} .$$

Mit wachsendem Schlupf machen sich die Streuinduktivitäten bemerkbar. Hier ist:

$$I_2 \sim \frac{s}{\sqrt{R_2^2 + (s\omega\sigma L_2)^2}}$$

Dann nimmt bei gleichem Schlupf nicht nur der Betrag des Läuferstromes ab, es ändert sich vielmehr auch seine Phasenlage oder, besser gesagt, die räumliche Lage des Läuferstrombelages relativ zum Grundfeld. Derartige Überlegungen sind bei Beschränkung der Betrachtungen auf die Zeitzeiger der Spannungen und Ströme schwerer zu übersehen, als bei der gleichwertigen Beschreibung durch die Raumzeiger des Feldes und der Strombeläge (s. Abschnitt 12. 1).

Bei dem gezeigten Drehmomentenverlauf müssen wir drei Bereiche unterscheiden: den Motorbereich $1 > s > 0$, in dem das Drehmoment im Sinne der Drehrichtung wirkt, den Generatorbereich $s < 0$, in dem das Drehmoment der Drehrichtung entgegenwirkt, und den Bremsbereich $s > 1$, bei dem der Motor durch ein äußeres Moment entgegen seinem Drehwillen angetrieben wird. Man erkennt ferner, daß bei nicht vernachlässigbarem α das Motorkippmoment absolut genommen stets kleiner als das Generatorkippmoment ist. Beide Kippmomente sind, wie schon erwähnt, unabhängig vom Läuferwiderstand. Die Formel für den Kippschlupf zeigt, daß dieser dagegen linear mit dem Läuferwiderstand anwächst. Wir können damit bei Schleifringläufermotoren die Drehzahl bei einem bestimmten Gegenmoment durch Einschalten von Anlaß- oder Regelwiderständen in den Läuferkreis verändern (Abb. 4. 20).

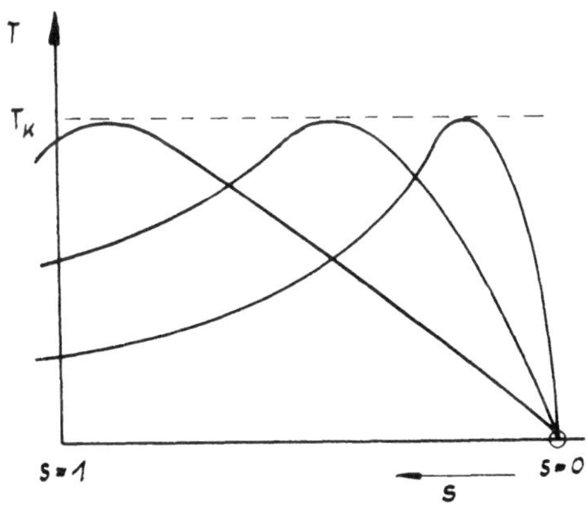

Abb. 4. 20

Durch Einschalten von Widerständen in den Läuferkreis erhalten die Kennlinien eine stärkere Neigung, weil der Motor dann stärker schlüpfen muß, um den bei gleichem Drehmoment erforderlichen gleich großen Läuferstrom zu erhalten. In der Nähe des Synchronismus, also bei sehr kleiner Frequenz im Läuferkreis, wird ja die Größe des Läuferstromes maßgeblich durch den ohmschen Läuferwiderstand bestimmt. Der Nachteil einer solchen Drehzahlstellung ist der schlechte Wirkungsgrad! Bei gleichem Drehmoment, also auch gleicher Drehfeldleistung, wachsen ja die Läuferverluste proportional mit dem Schlupf. Sie erkennen daraus, daß mit zunehmendem Läuferwiderstand auch das Anzugsmoment (s = 1) größer wird.

Über die Anlaufverhältnisse wollen wir uns noch einmal kurz einen Überblick verschaffen. Im Stillstand ist die Drehfeldleistung gleich den ohmschen Wicklungsverlusten im Läufer, weil dort wegen s = 1 die mechanische Leistung verschwindet.

Es ist dann:

$$T_a \sim P_{Da} = 3 R_2 I_{2a}^2 \quad .$$

Bei Nennleistung ist dagegen:

$$T_n \sim P_{Dn} = \frac{P_{V2n}}{s_n} = \frac{3 I_{2n}^2 R_2}{s_n} \quad ,$$

wenn wir den Nennschlupf mit s_n und den Läuferstrom mit I_{2n} bezeichnen. Die entsprechenden Drehmomente verhalten sich dann wie die entsprechenden Drehfeldleistungen, und es wird:

$$\frac{T_a}{T_n} = s_n \left(\frac{I_{2a}}{I_{2n}} \right)^2 \quad .$$

Für eine Überschlagsrechnung kann man das Verhältnis der Läuferströme angenähert gleich dem Verhältnis der Ständerströme setzen; das liefert uns dann:

$$\frac{T_a}{T_n} \approx s_n \left(\frac{I_{1a}}{I_{1n}} \right)^2 \quad .$$

Ein hohes Anlaufmoment erfordert also entweder große Verluste im Läufer bei Nennbetrieb (d. h. großen Nennschlupf - schlechter Wirkungsgrad) oder einen relativ großen Anlaufstrom.

Beispielsweise erreicht man mit dem 5-fachen Anlaufstrom und 5 % Nennschlupf das 1,25-fache Nennmoment als Anzugsmoment. Durch solche Angaben müssen Sie sich stets klarmachen können, ob bestimmte Anlaufverhältnisse erreichbar sind oder nicht.

Eine Vergrößerung der Läuferverluste ist bei dem Schleifringläufermotor dadurch möglich, daß man von außen über die Schleifringe zusätzliche Anlaßwiderstände anschließt, die während des Hochlaufs stufenweise herausgenommen werden können.

Damit möchte ich zunächst einmal die Ausführungen über die Theorie des Schleifringläufers abschließen und zu der Betrachtung der Käfigläufermotoren übergehen. Diese Ausführungsform des Drehstromasynchronmotors findet wegen des einfachen und robusten Aufbaues eine sehr starke Verwendung.

5. Drehstromasynchronmotor mit Käfigläufer

Die Ständerwicklung ist genauso aufgebaut wie bei dem Schleifringläufermotor. Der Läufer besitzt jedoch eine kurzgeschlossene Wicklung aus unisolierten runden oder ovalen Kupfer- oder Aluminiumstäben, die auf den Stirnseiten durch sog. Kurzschlußringe verbunden sind (Abb. 5.1). Man kann sich anhand von Zahlenbeispielen leicht klarmachen, daß einerseits die Spannungen zwischen den einzelnen Stäben und dem Blechpaket in Umfangsrichtung sehr klein sind - die Ringe stellen ja sozusagen einen Kurzschluß dar - und andererseits sind auch die axialen Spannungen in Richtung

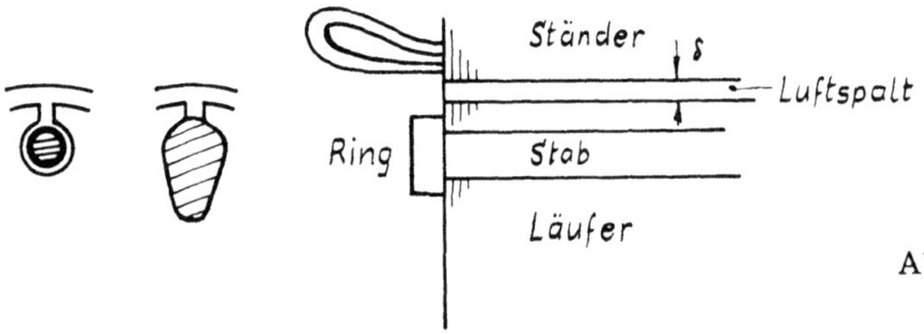

Abb. 5.1

der Stäbe relativ klein (in der Größenordnung von nur einigen Volt bei s = 2). Trotz dieses extrem einfachen Aufbaus ist der Käfigläufer im Hinblick auf die elektromagnetischen Vorgänge ein ziemlich kompliziertes Gebilde.

5.1. Ermittlung der stationären Ströme

Bei der Ableitung des Betriebsverhaltens werden wir uns vorerst nur auf die Wirkungen der Grundfelder beschränken. Wir wollen zunächst von einem vorgegebenen Ständerdrehfeld der Grundpolpaarzahl:

$$b_1 = B_1 \cos(px_1 - \omega t - \varphi_1)$$

ausgehen und dessen Wirkungen in den Läuferwicklungsmaschen untersuchen.

Dazu ist es notwendig, dieses Feld von einem mit dem Läufer fest verbundenen Koordinatensystem zu beschreiben. Den Ursprung der Ständerkoordinate x_1 hatten wir in die Achse eines Ständerwicklungsstranges gelegt. Den Ursprung des Läuferkoordinatensystems x_2 wollen wir willkürlich in die Mitte einer Läufermasche legen. Diese willkürlich herausgegriffene Masche sei als 1. Masche bezeichnet. Bei der Koordinatentransformation zwischen Ständer und Läufer ist auf die Drehung des Läufers zu achten. Dieser läuft mit der konstanten Winkelgeschwindigkeit:

$$\omega_m = \frac{\omega}{p}(1-s)$$

um (ω =Netzkreisfrequenz). Dann bewegt sich der Läuferkoordinatenursprung $x_2 = 0$ während der Zeit t um den Bogen:

$$\omega_m t = \frac{\omega}{p} (1-s) t$$

gegenüber dem stillstehenden Ständerkoordinatenursprung $x_1 = 0$. Betrachten wir einen Punkt P auf der Läuferoberfläche, dann können wir aus der folgenden Abb. 5. 2 die Beziehung zwischen beiden Koordinatensystemen direkt ablesen:

$$x_1 = x_2 + \frac{\omega}{p} (1-s) t \quad . \tag{5. 1}$$

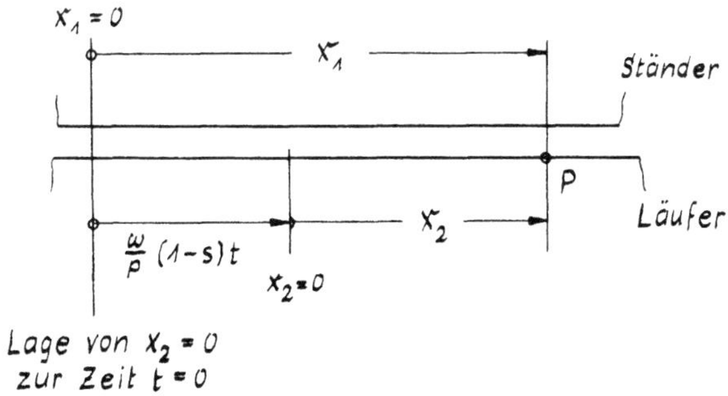

Abb. 5. 2

Um uns von dem lästigen Nullphasenwinkel zu befreien, nehmen wir an, daß sich zu Beginn der Zeitzählung (t = 0) die beiden Koordinatenursprünge einander gegenüberliegen mögen. Setzt man diese Koordinatentransformation in die Gleichung für das Ständergrundfeld ein, so erhält man dieses dann bezogen auf das Läuferkoordinatensystem zu:

$$(b_1)_2 = B_1 \cos (p x_2 - s\omega t - \varphi_1) \quad . \tag{5. 2}$$

Es besitzt gegenüber dem Läufer die Schlupffrequenz; das war auch nach den Überlegungen, die wir bei der Behandlung des Schleifringläufers angestellt haben, nicht anders zu erwarten.

Unser nächster Schritt ist die Berechnung des mit einer beliebigen Läufermasche verketteten Ständerflusses. Die Anzahl der am Läuferumfang symmetrisch verteilten Stäbe bzw. Nuten bezeichnen wir mit N_2 .

Eine Läufermasche, bestehend aus 2 Stäben und 2 Ringstücken, stellt das Grundelement der Käfigwicklung dar (Abb. 5. 3).

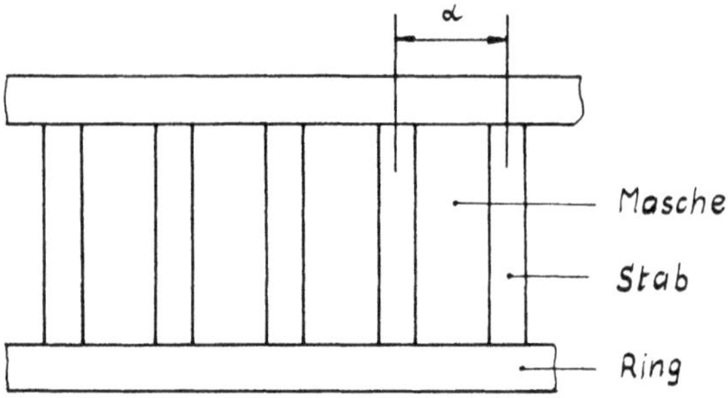

Abb. 5.3

Der Winkel zwischen zwei aufeinander folgenden Stäben ist:

$$\alpha = \frac{2\pi}{N_2} \quad .$$

Wir greifen eine beliebige Masche ε heraus und berechnen den mit ihr verketteten Fluß, indem wir über die Fläche dieser Masche integrieren (Abb. 5.4).

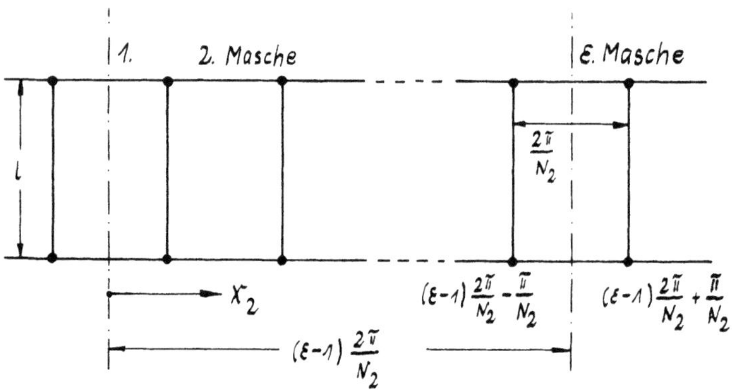

Abb. 5.4

Mit der ε -ten Masche ist der Fluß:

$$\varphi_{21} = \int\limits_{(\varepsilon-1)\frac{2\pi}{N_2}-\frac{\pi}{N_2}}^{(\varepsilon-1)\frac{2\pi}{N_2}+\frac{\pi}{N_2}} (b_1)_2 \, l R \, dx_2 = \int B_1 \cos(p x_2 - s\omega t - \varphi_1) \, l R \, dx_2 =$$

$$= \frac{2Rl}{p} \sin\frac{p\pi}{N_2} \, B_1 \cos\left[s\omega t + \varphi_1 - p(\varepsilon-1)\frac{2\pi}{N_2}\right] =$$

$$= \frac{2\pi R l}{N_2} \, \xi_2 \, B_1 \cos\left[s\omega t + \varphi_1 - p(\varepsilon-1)\frac{2\pi}{N_2}\right]$$

verkettet, wobei wir zur Abkürzung den Faktor:

$$\xi_2 = \frac{\sin p\pi/N_2}{p\pi/N_2} \tag{5.3}$$

einführen, dessen Bedeutung wir erst später erkennen werden. Er ist für das Grundfeld nahezu gleich 1.

Die Amplitude B_1 ist dem Ständerstrom proportional:

$$B_1 = \frac{3}{\pi}\,\frac{\mu_0}{\delta}\,\frac{1}{p}\,\xi_1\,w_1\,I_1\sqrt{2}\,.$$

Durch Einsetzen dieser Beziehung in die Gleichung für den verketteten Fluß erhalten wir:

$$\Psi_{21} = \underbrace{6\,\frac{\mu_0}{\delta}\,\frac{Rl}{pN_2}\,w_1\,\xi_1\,\xi_2}_{L_{21}}\;I_1\sqrt{2}\cos\left[s\omega t+\varphi_1-p(\varepsilon-1)\frac{2\pi}{N_2}\right].$$

Den Proportionalitätsfaktor:

$$L_{21} = 6\,\frac{\mu_0}{\delta}\,\frac{Rl}{pN_2}\,w_1\,\xi_1\,\xi_2 \tag{5.4}$$

bezeichnen wir als Drehfeldgegeninduktivität zwischen der Ständerwicklung und einer Läufermasche.

Die mit den einzelnen Maschen verketteten Flüsse unterscheiden sich zu einem bestimmten Zeitpunkt nur um den Phasenverschiebungswinkel $p\,(\varepsilon - 1)2\pi/N_2$. Dieser ist allein von der Lage der betreffenden Masche ε relativ zur Masche 1 abhängig. Die gleiche Phasenverschiebung wie die verketteten Flüsse müssen auch die durch sie in den einzelnen Maschen induzierten Spannungen gegeneinander aufweisen, da die induzierten Spannungen ja lediglich durch einen Differentiationsprozeß aus den Flüssen gewonnen werden. Diese induzierten Spannungen sind nun wiederum die Ursache für die im Läufer auftretenden Ring- und Stabströme. Wenn nun aber die "Ursachen", d. h. die verketteten Ständerflüsse in den einzelnen Maschen lediglich mit einer gewissen Phasenverschiebung auftreten, dann kann man daraus wegen der vorausgesetzten Symmetrie des Kurzschlußkäfigs direkt folgern, daß auch ihre "Wirkungen", d. h. die Ströme, die gleichen Phasenverschiebungen aufweisen werden. D. h. mit anderen Worten, daß sich in allen N_2 Maschen im stationären Betrieb mit konstanter Drehzahl prinzipiell dieselben Vorgänge, jedoch abhängig von der Lage der Masche, phasenverschoben, abspielen werden.

Wir wollen uns einmal kurz die Verhältnisse an einer zweipoligen Maschine mit 6 Läuferstäben klarmachen.

Die verketteten Flüsse weisen von Masche zu Masche eine Phasenverschiebung von $2\pi/N_2 = 2\pi/6 = \pi/3 = 60°$ auf. Aufgrund unserer obigen Überlegungen sind dann auch die Ströme in zwei benachbarten Stäben um 60° gegeneinander phasenverschoben. Die Zeiger der Stabströme bilden dann in der komplexen Ebene ein regelmäßiges Sechseck (Abb. 5.5).

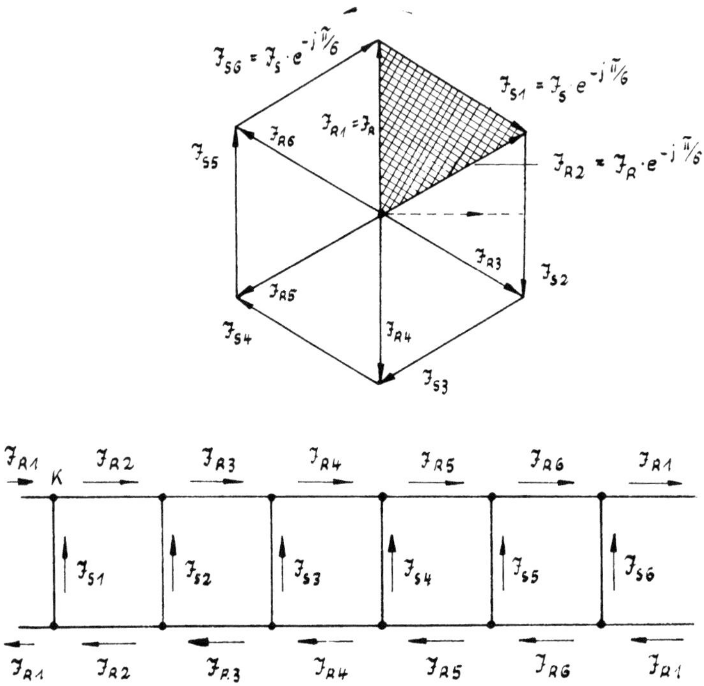

Abb. 5.5

Ganz allgemein gilt für die Stabströme in komplexer Schreibweise:

$$I_{S1} = I_S\, e^{-j\, p\pi/N_2} \;,\quad I_{S2} = I_S\, e^{-j\, 3p\pi/N_2} \;,\quad I_{S3} = I_S\, e^{-j\, 5p\pi/N_2} \;,$$

$$\ldots ,\; I_{SN_2} = I_S\, e^{+j\, p\pi/N_2} \;.$$

Zur Berechnung der Stabströme braucht man also nur den einen Strom I_S zu kennen. Für die Berechnung dieses einen Stabstromes benötigt man dann selbstverständlich auch nur eine Läuferspannungsgleichung. Man braucht also nicht, wie man zunächst vermuten sollte, für jede Masche eine Spannungsgleichung aufzustellen, um dann aus diesen N_2 Spannungsgleichungen die N_2 Stabströme zu berechnen. Ganz ähnliche Verhältnisse haben wir ja letzten Endes auch bei der Ableitung des Betriebsverhaltens des Schleifringläufermotors erhalten. Es war auch dort aufgrund der Symmetrieeigenschaften möglich, durch Einführen eines Ständer- und eines Läuferstromes die Verhältnisse vollständig zu beschreiben.

Zunächst wollen wir den Zusammenhang zwischen den Ring- und Stabströmen herstellen. Die Ringströme müssen natürlich auch ähnliche Symmetrieeigenschaften wie die Stabströme aufweisen. Wir machen deshalb für die Ringströme die Ansätze:

$$\mathfrak{I}_{R1} = \mathfrak{I}_R , \quad \mathfrak{I}_{R2} = \mathfrak{I}_R e^{j\,2p\pi/N_2} , \; \ldots , \; \mathfrak{I}_{RN_2} = \mathfrak{I}_R e^{-j\,2p\pi/N_2} .$$

Den Zusammenhang zwischen den Ring- und Stabströmen finden wir mit Hilfe der Kirchhoffschen Knotenpunktregel (Abb. 5.6):

$$0 = \mathfrak{I}_{R1} - \mathfrak{I}_{R2} - \mathfrak{I}_{S1} .$$

Daraus folgt:

$$\mathfrak{I}_S = -j\,\mathfrak{I}_R \, 2 \sin \frac{p\pi}{N_2} . \qquad (5.5)$$

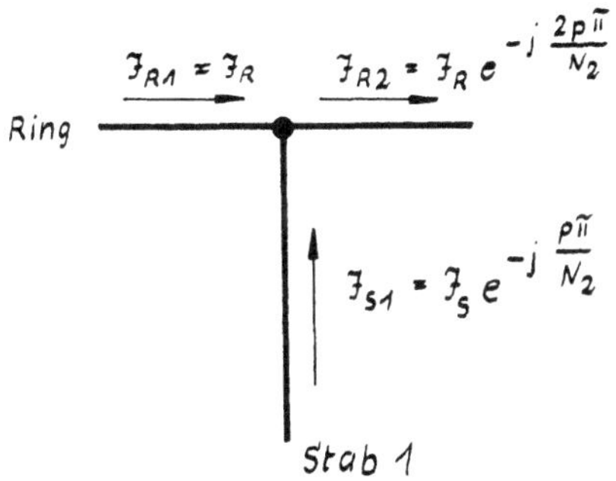

Abb. 5.6

Wenn wir noch einmal das Beispiel der 6 Stäbe betrachten (Abb. 5.5), so erkennen wir, daß die Verbindungslinien zwischen den Spitzen der Stabstromvektoren und dem Schwerpunkt des Sechsecks gerade den Ringströmen entsprechen. Für das schraffiert eingetragene Dreieck kann man z. B. unmittelbar die eben abgeleitete Beziehung:

$$\mathfrak{I}_{R1} = \mathfrak{I}_{R2} + \mathfrak{I}_{S1}$$

ablesen.

Wie schon erwähnt, benötigen wir zur Berechnung der Läuferströme nur eine einzige Läuferspannungsgleichung. Diese wollen wir für die 1. Masche angeben (Abb. 5. 7).

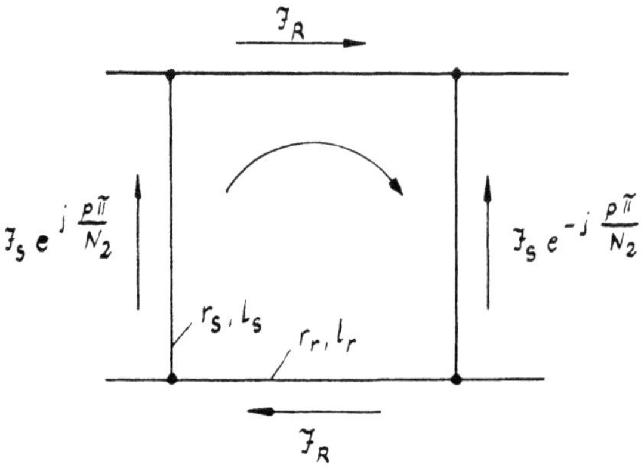

Abb. 5. 7

Bilden wir zunächst die elektrische Umlaufspannung:

$$\oint \mathfrak{E}\, d\mathfrak{s} = \mathfrak{J}_R\, 2 r_R + \mathfrak{J}_s r_s \underbrace{\left[e^{+j\,p\pi/N_2} - e^{-j\,p\pi/N_2}\right]}_{j2\sin p\pi/N_2}$$

$$-j\mathfrak{J}_R\, 2\sin p\pi/N_2$$

$$= \mathfrak{J}_R \left[2 r_R + r_s \left(2\sin p\pi/N_2\right)^2\right]$$

$$= \mathfrak{J}_R R_2 \; .$$

Der Stabstrom ist dabei durch den Ringstrom ersetzt. r_s ist der ohmsche Widerstand eines Stabes, r_R der ohmsche Widerstand des Ringteiles zwischen zwei aufeinanderfolgenden Stäben. R_2 wollen wir als den auf den Ring bezogenen Widerstand einer Läufermasche bezeichnen.

Bilden wir jetzt den gesamten magnetischen Schwund. Er setzt sich aus den folgenden 3 Anteilen zusammen:

1. Magnetischer Schwund durch die Streuflüsse im Nut- und Stirnraum, die nicht durch den Luftspalt gehen. Das sind die Streuflüsse der geometrischen Läuferstreuung. Mit l_R als Ringstreuinduktivität und l_s als Stab- bzw. Nutstreuinduktivität lautet der magnetische Schwund:

$$-js\omega L_{\sigma R} \mathfrak{J}_R \; .$$

Der Läuferstrom hat wie das erregende Ständerfeld die Schlupfkreisfrequenz $s \cdot \omega$. Eine ähnliche Rechnung wie bei der elektrischen Umlaufspannung liefert für die auf den Ring bezogene Streuinduktivität:

$$L_{\sigma R} = 2 l_R + l_s \left(2 \sin {}^{p\pi}/_{N_2}\right)^2 \quad . \tag{5.6}$$

2. Magnetischer Schwund der Selbstinduktion durch den gesamten, mit der Masche verketteten und von den Stab- und Ringströmen hervorgerufener Luftspaltfluß. Dieses Problem erscheint auf den ersten Blick außerordentlich schwierig. Geht man nämlich von den Stabströmen aus, so ist man gezwungen, die von den einzelnen N_2 Stabströmen herrührenden Luftspaltfelder zu berechnen und diese dann zur Bestimmung des verketteten Flusses über eine Masche zu integrieren.

Das Problem wird allerdings sehr einfach, wenn man von den Ringströmen ausgeht. Dazu wollen wir uns einmal einen Axialschnitt durch die Masche ansehen (Abb. 5.8).

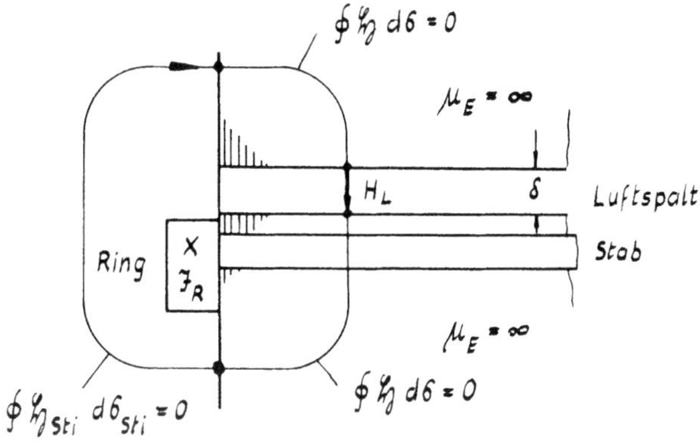

Abb. 5.8

Die Permeabilität im Eisen sei unendlich groß. Die Luftspaltfeldstärke sei H_L.

Wenden wir nun das Durchflutungsgesetz auf den eingezeichneten Ringstrom an, so erhalten wir:

$$\oint \mathfrak{H} \cdot d\mathfrak{s} = \int \mathfrak{H}_{sti} \cdot d\mathfrak{s}_{sti} + H_L \cdot \delta = I_R \sqrt{2} .$$

Es läßt sich nun leicht nachweisen, daß die magnetische Spannung $\int \mathfrak{H}_{sti}\, d\mathfrak{s}_{sti}$ im Stirnraum verschwindet (der Beweis soll etwas später erfolgen), so daß wir zwischen der Feldstärke im Luftraum und dem Ringstrom eine direkte Proportionalität erhalten:

$$H_L = \frac{I_R \sqrt{2}}{\delta} \quad .$$

Da sich der Ringstrom zwischen zwei Stäben nicht ändern kann, muß das Feld im Bereich einer Masche homogen sein. Dann kann man aber auch ohne jede Rechnung den mit der Läufermasche verketteten Luftspaltfluß angeben:

$$\Phi_L = \mu_0 H_L A_{Masche} = \underbrace{\mu_0 \frac{2\pi R l}{N_2 \delta}}_{l_{2L}} I_R \sqrt{2} .$$

Wir bezeichnen:

$$l_{2L} = \mu_0 \frac{2\pi R l}{N_2 \delta} \tag{5.7}$$

als die Luftspaltinduktivität einer Masche. Durch diesen sich zeitlich mit der Schlupffrequenz ändernden Fluß wird in der Masche der magnetische Schwund: $-js\omega l_{2L} \mathfrak{I}_R$ hervorgerufen.

3. Magnetischer Schwund durch Gegeninduktion Ständer ⟶ Läufer.
Den mit einer Läufermasche verketteten Ständerfluß haben wir bereits berechnet. Es war:

$$\Phi_{21} = L_{21} \mathfrak{I}_1 \sqrt{2}$$

mit:

$$L_{21} = 6 \mu_0 \frac{R l}{p \delta N_2} w_1 \xi_1 \xi_2 \tag{5.8}$$

als Gegeninduktivität zwischen Ständerwicklung und Läufermasche. Der entsprechende magnetische Schwund ist:

$$-js\omega L_{21} \mathfrak{I}_1 .$$

Unsere Läuferspannungsgleichung lautet also, wenn wir alle Größen auf die linke Seite bringen:

$$R_2 \mathfrak{I}_R + js\omega (L_{\sigma R} + l_{2L}) \mathfrak{I}_R + js\omega L_{21} \mathfrak{I}_1 = 0 . \tag{5.9}$$

Fassen wir noch die Läuferinduktivitäten zur Gesamtinduktivität einer Masche zusammen:

$$L_2 = L_{\sigma R} + l_{2L} , \tag{5.10}$$

so ergibt sich schließlich:

$$0 = R_2 \mathfrak{I}_R + js\omega L_2 \mathfrak{I}_R + js\omega L_{21} \mathfrak{I}_1 . \tag{5.11}$$

Dies ist genau dieselbe Läuferspannungsgleichung, wie wir sie für den Schleifringläufer abgeleitet haben. Nur haben die Abkürzungen für die Induktivitäten und ohmschen Widerstände jetzt eine ganz andere Bedeutung, weil ja eine ganz andere Art von Läuferwicklung vorliegt. Auch wenn wir anstelle des Ringstromes den Stabstrom gewählt hätten, wären dieselben Gleichungen herausgekommen.

Entsprechende Überlegungen hätten wir für ein beliebiges Ständeroberfeld von der Ordnungszahl ν durchführen können. Wir hätten dann überall, wo die Polpaarzahl p auftritt, diese durch die Polpaarzahl ν des betr. Oberfeldes ersetzen müssen und anstelle vom Schlupf s den Oberfeldschlupf:

$$s_\nu = 1 - \frac{\nu}{p}(1-s) \tag{5.12}$$

einführen müssen, der der Schnittgeschwindigkeit der Läuferleiter relativ zu dem ins Auge gefaßten Oberfeld entspricht. Man erhält dann einen Läuferringstrom:

$$I_{R\nu} = - \frac{j s_\nu \omega L_{21\nu} I_1}{R_{2\nu} + j s_\nu \omega L_{2\nu}} \tag{5.13}$$

mit:

$$R_{2\nu} = 2 r_R + r_s \left(2 \sin \nu\pi/N_2\right)^2 , \tag{5.14}$$

$$l_{\sigma R\nu} = 2 l_R + l_s \left(2 \sin \nu\pi/N_2\right)^2 , \tag{5.15}$$

$$l_{2L\nu} = l_{2L} = \mu_0 \frac{2\pi R L}{N_2 \delta} , \tag{5.16}$$

$$L_{2L\nu} = l_{\sigma R\nu} + l_{2L\nu} , \tag{5.17}$$

$$L_{21\nu} = 6 \frac{\mu_0}{\delta} \frac{RL}{\nu N_2} w_1 \xi_{1\nu} \xi_{2\nu} , \tag{5.18}$$

$$\xi_{1\nu} = \xi_{z\nu} \cdot \xi_{s\nu} , \qquad \xi_{2\nu} = \frac{\sin \nu\pi/N_2}{\nu\pi/N_2} .$$

$\mathfrak{I}_1$ wird dabei wegen der nicht nennenswerten Rückwirkung der Läuferoberströme $\mathfrak{I}_{2\nu}$ i. w. durch das Grundfeld (ν = p) vorgeschrieben! Für die Oberfelder liegt also eine Speisung mit vorgeschriebenem Strom vor. Die Drehfeldleistung folgt aus den Läuferverlusten zu:

$$P_{\delta\nu} = \frac{N_2 R_{2\nu} I_{2\nu}^2}{s_\nu} = T_\nu \frac{\omega}{p} \quad ,$$

und das Drehmoment wird:

$$T_\nu = \frac{p}{\omega} N_2 R_{2\nu} \frac{s_\nu \omega^2 L_{21\nu}^2 I_1^2}{R_{2\nu}^2 + s_\nu \omega^2 L_{2\nu}^2} \quad . \tag{5.19}$$

Das maximale Oberfelddrehmoment:

$$T_K = \pm \frac{p}{2} N_2 \left(\frac{L_{21\nu}^2}{L_{2\nu}} \right) I_1^2 \tag{5.20}$$

tritt beim Kippschlupf:

$$s_{K\nu} = \pm \frac{R_{2\nu}}{\omega L_{2\nu}} \tag{5.21}$$

auf. Die Zahlenrechnung zeigt, daß diese Oberfelddrehmomente in Abhängigkeit von der Drehzahl einen ähnlichen Verlauf aufweisen wie der für das Grundfeld, daß jedoch der Drehzahlbereich, in dem relativ große Oberfeldmomente auftreten, sehr eng ist, die sog. Oberfeldsättel sehr spitz sind. Diese Oberfeldsättel machen sich dabei um so stärker bemerkbar, je größer die Läufernutenzahl N_2 ist.

Zur Berechnung des Läuferringstromes $\mathfrak{I}_R$ fehlt uns noch die Kenntnis des Ständerstromes $\mathfrak{I}_1$. Diesen erhalten wir aus der Ständerspannungsgleichung. In Analogie zum Schleifringläufer können wir dafür schreiben:

$$\mathfrak{U}_1 = (R_1 + j\omega L_1)\mathfrak{I}_1 + j\omega L_{12} \mathfrak{I}_R \quad . \tag{5.22}$$

An der gesamten Ständerinduktivität L_1 , die sich aus der Drehfeldinduktivität der Ständerwicklung und der Streuinduktivität eines Ständerstranges zusammensetzt, hat sich gegenüber dem Schleifringläufermotor natürlich nichts geändert, da die Ständerkonstruktion im Prinzip die gleiche geblieben ist. Noch unbekannt ist dagegen die Drehfeldgegeninduktivität L_{12} zwischen der Läufer- und der Ständerwicklung. Sie umfaßt die elektromagnetische Wirkung aller Stab- bzw. Ringströme. Wir werden sie gleich berechnen.

Zunächst wollen wir uns aber, bevor wir das tun, mit Hilfe des Goerges-Diagrammes einen Überblick über das von der Käfigwicklung herrührende Gesamtfeld verschaffen.

Dazu soll noch einmal die Anordnung mit 6 Läuferstäben einer zweipoligen Maschine betrachtet werden. Die Zeiger der axialen Durchflutungen, die nun mit den Stabströmen identisch sind, bilden in der komplexen Ebene ein regelmäßiges Sechseck. Hinsichtlich der Feldausbildung im Luftspalt ist diese Anordnung identisch mit dem Fall der drei räumlich symmetrisch verteilten Durchflutungspaare, welche mit um 120° phasenverschobenen Strömen gespeist werden. Diese Anordnung hatten wir bei der Ableitung der Felder von gewickelten Drehstromwicklungen kennengelernt. Ich zeige Ihnen noch einmal die GOERGESPOLYGONE zu verschiedenen Zeitaugenblicken (Abb. 5. 9).

Im Falle des Käfigläufers sind die axialen Durchflutungen den Stabströmen gleichzusetzen.

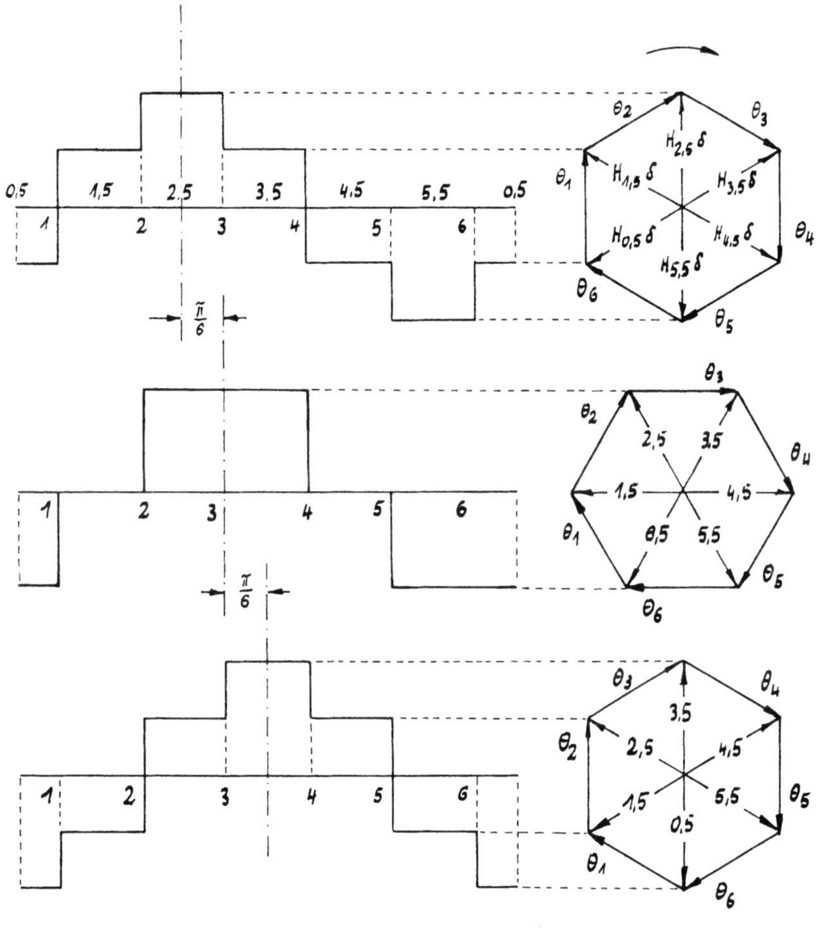

Abb. 5. 9

Wir haben gesehen, daß die Verbindungslinien zwischen den Spitzen der Durchflutungszeiger und dem Schwerpunkt des GOERGESPOLYGONS gerade der magnetischen Spannung entsprechen, die im Bereich zwischen zwei Durchflutungsstellen am Luftspalt liegt. Das sind also gerade die magnetischen Spannungen der Zähne. So ist zum Beispiel entsprechend Abb. 5. 9 die magnetische Spannung zwischen den Stäben 1 und 2 gleich

$$H_{1,5} \cdot \delta \; .$$

Betrachten wir nun noch einmal die Zusammenhänge zwischen Stab- und Ringströmen in der komplexen Ebene (Abb. 5. 10).

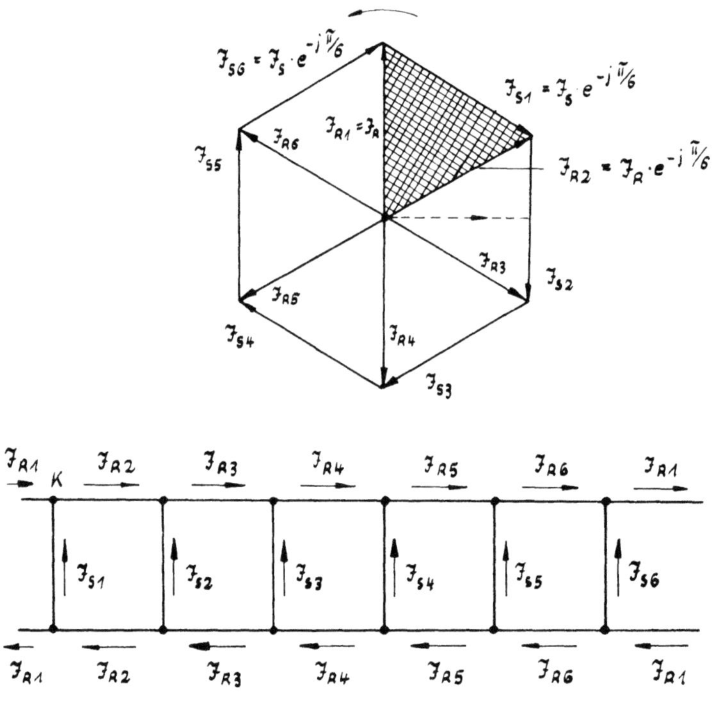

Abb. 5. 10

Wir erkennen hieraus, daß die Verbindungslinien zwischen den Spitzen der Zeiger und dem Schwerpunkt gerade den Ringströmen entsprechen, die jeweils in dem Ringstück zwischen zwei benachbarten Stäben fließen. Wenn man nun dieses Stromzeigerbild mit dem GOERGESPOLYGON vergleicht, so kann man unmittelbar die Beziehung:

$$H \cdot \delta = \mathfrak{I}_R \cdot \sqrt{2}$$

ablesen. Diese Gleichung, die wir bereits mit Hilfe des Durchflutungsgesetzes ermittelt haben, findet hier also nachträglich ihre Bestätigung.

Die magnetische Spannung $\mathfrak{I}_R\sqrt{2}$ am Luftspalt ist im Bereich einer Käfigmasche konstant. Es ist daher am einfachsten, bei der nun folgenden Ableitung der Läuferrückwirkungsfelder von dieser am Umfang blockförmig verteilten Felderregerkurve auszugehen.

Betrachten wir die Felderregerkurve im Bereich einer beliebigen Masche ε , die sich im Abstand von (ε - 1) Nutteilungen von der 1. Masche befindet (Abb. 5.11):

Die Felderregung bzw. magnetische Spannung in der Masche ε ist in komplexer Schreibweise:

$$V_\varepsilon = \mathfrak{I}_{R\varepsilon}\sqrt{2}\, e^{js\omega t} = \mathfrak{I}_R\sqrt{2}\, e^{j(s\omega t - (\varepsilon-1)\,2\pi/N_2\cdot p)}$$

da der betreffende Ringstrom in dieser Masche dem Ringstrom $\mathfrak{I}_R$ in der ersten Masche bei einer 2p-poligen Maschine um den Phasenwinkel: $p(\varepsilon-1)\,2\pi p/N_2 = \beta_\varepsilon\, p$ nacheilt.

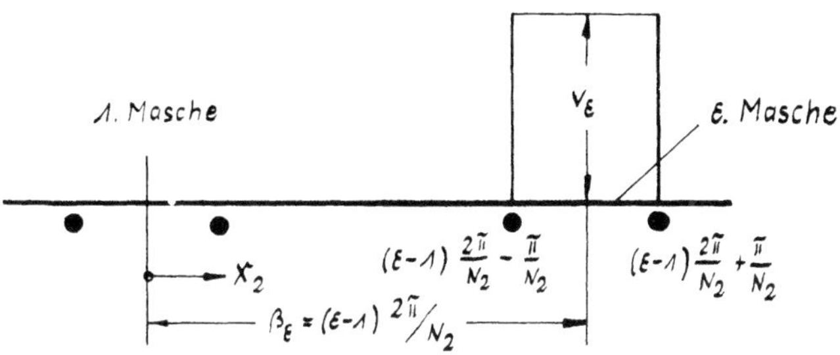

Abb. 5.11

Die Fourieranalyse in komplexer Form liefert so für den "Felderregerblock" der ε. Masche:

$$\mathfrak{A}_{\lambda\varepsilon} = \frac{1}{2\pi}\int_0^{2\pi} f(x_2)\, e^{j\lambda x_2}\, dx_2$$

$$= \frac{1}{2\pi}\int_{\beta_\varepsilon - \pi/N_2}^{\beta_\varepsilon + \pi/N_2} \mathfrak{I}_{R\varepsilon}\sqrt{2}\, e^{js\omega t}\, e^{j\lambda x_2}\, dx_2$$

$$= \frac{1}{\pi}\cdot\frac{1}{\lambda}\sin\frac{\lambda\pi}{N_2}\,\mathfrak{I}_R\sqrt{2}\, e^{js\omega t}\, e^{j(\lambda-p)(\varepsilon-1)\,2\pi/N_2}\quad .$$

Zur Ermittlung der resultierenden Läuferfelderregung muß über alle N_2 Maschen summiert werden:

$$\mathfrak{a}_\lambda = \sum_{\varepsilon=1}^{N_2} \mathfrak{a}_{\lambda\varepsilon}$$

$$= \frac{1}{\pi}\frac{1}{\lambda} \sin\frac{\lambda\pi}{N_2} \mathfrak{I}_R \sqrt{2}\, e^{js\omega t}\left[1 + e^{j(\lambda-p)2\pi/N_2} + \right.$$

$$\left. + e^{j2(\lambda-p)2\pi/N_2} + \ldots + e^{j(N_2-1)(\lambda-p)2\pi/N_2}\right].$$

Die Glieder in der eckigen Klammer bilden wieder eine geometrische Reihe, deren Summe leicht angegeben werden kann:

$$[\ldots] = \frac{e^{jN_2(\lambda-p)2\pi/N_2} - 1}{e^{j(\lambda-p)2\pi/N_2} - 1} = \frac{e^{j(\lambda-p)\pi}}{e^{j(\lambda-p)\pi/N_2}} \cdot \frac{\sin(\lambda-p)\pi}{\sin(\lambda-p)\pi/N_2} \quad .$$

Diese Summe ergibt nur dann einen endlichen Ausdruck, wenn:

$$\lambda - p = g\, N_2$$

oder:

$$\lambda = p + g N_2 \qquad \text{mit} \qquad g = 0, \pm 1, \pm 2, \ldots \quad . \tag{5.23}$$

Die Polpaarzahlen der Läuferfelder sind also:

$$p,\; p - N_2,\; p + N_2,\; p - 2N_2,\; \ldots \quad .$$

Für diese Polpaarzahlen nehmen alle Glieder in der geometrischen Reihe den Wert 1 an, so daß sich als Summe der Reihe dann N_2 ergibt. Wir erhalten dann die Amplitude der λ -ten Felderregerwelle zu:

$$\mathfrak{a}_\lambda = \frac{1}{\pi}\frac{N_2}{\lambda} \sin\frac{\lambda\pi}{N_2} \mathfrak{I}_R \sqrt{2} \,.$$

Ersetzt man λ in dem Argument der Sinusfunktion, so wird:

$$\sin\frac{\lambda\pi}{N_2} = \sin\frac{(p+gN_2)\pi}{N_2} = (-1)^g \sin\frac{p\cdot\pi}{N_2} \quad .$$

Man erhält dann die Amplitude der λ -ten Welle zu:

$$\mathfrak{a}_\lambda = (-1)^g \frac{\mu_0}{\delta}\frac{p}{\lambda}\, \xi_2\, I_R \sqrt{2}\, e^{j(s\omega t + \varphi_R)} \quad ,$$

wobei:

$$\xi_2 = \frac{\sin p\pi/N_2}{p\pi/N_2}$$

der uns schon bekannte Faktor des Läufers für die Grundwelle ist. Als Läuferoberfelder entstehen nur sog. Nutharmonische. Sie erinnern sich an die Verhältnisse bei gewickelten Drehstromwicklungen, dort waren die Nutharmonischen durch die Ordnungszahlen:

$$\nu_n = p + g N_1$$

gekennzeichnet. Die Ordnungszahlen der Oberfelder der Käfigwicklung durchlaufen entsprechend die Werte:

$$\lambda = p + g N_2 \quad .$$

Die Verhältnisse sind also denen bei einer Einlochwicklung sehr ähnlich. Die Amplituden der Induktionswellen ergeben sich aus denen der magnetischen Spannung, wenn wir mit dem magnetischen Luftspaltleitwert μ_0/δ (δ = Luftspalt) multiplizieren.

In der reellen Schreibweise lautet dann das λ -te Feld des Läufergrundstromes:

$$b_{2\lambda} = \underbrace{(-1)^g \frac{\mu_0}{\delta} \frac{p}{\lambda} \xi_2 I_R \sqrt{2}}_{B_{2\lambda}} \cos(\lambda x_2 - s\omega t - \varphi_R) \quad . \tag{5.24}$$

Insbesondere hat das Läufergrundfeld, welches für die elektromagnetische Rückwirkung der Läuferwicklung auf die Ständerwicklung maßgebend ist, die Amplitude:

$$B_{2p} = \frac{\mu_0}{\delta} \xi_2 I_R \sqrt{2} \quad . \tag{5.25}$$

Nun erst können wir die für die Auswertung der Ständerspannungsgleichung benötigte Gegeninduktivität Läufer $\rightarrow$ Ständer berechnen. Dazu brauchen wir nur den mit einem Ständerwicklungsstrang maximal verketteten Fluß zu kennen. Dessen Größe hatten wir aber bereits ganz allgemein für ein beliebiges Feld bei der Ableitung der Ständerhauptinduktivitäten ermittelt:

$$\Psi_{St} = 2 \frac{Rl}{p} \xi_1 w_1 B_p \quad .$$

B_p ist die Amplitude eines beliebigen Feldes mit der Grundpolpaarzahl p . Wir setzen hier die Amplitude des Läufergrundfeldes ein und erhalten:

$$\Psi_{St12} = 2 \frac{Rl}{p} \xi_1 w_1 \frac{\mu_0}{\delta} \xi_2 I_R \sqrt{2} = L_{12} I_R \sqrt{2} .$$

Wir lesen aus dieser Beziehung die Gegeninduktivität Läufer $\rightarrow$ Ständer ab:

$$L_{12} = 2 \frac{\mu_0}{\delta} \frac{Rl}{p} \xi_{s1} \xi_{z1} \xi_2 w_1 \quad . \tag{5.26}$$

Damit sind alle Größen in den Spannungsgleichungen bekannt.

Genauso wie beim Schleifringläufermotor läßt sich auch für den Käfigläufermotor ein einphasiges Ersatzschaltbild bestimmen. Da in beiden Fällen für die Maschinenkonstanten hinsichtlich der Spannungsgleichungen die gleichen Bezeichnungen gewählt wurden, kann ich auf die nochmalige Ableitung des Ersatzbildes verzichten und verweise deshalb auf den Schleifringläufermotor.

Die Frage nach der Strangzahl, der Windungszahl, dem Wicklungsfaktor und den übrigen sekundären Größen ist im Grunde müßig; sie ist nicht eindeutig zu beantworten. Wegen des Fehlens vorgeschriebener Strombahnen besteht hinsichtlich der Wahl von m_2, w_2, ξ_2 usw. eine gewisse Freiheit. Das macht sich beispielsweise darin bemerkbar, daß sich der Käfigläufer an eine beliebige Polpaarzahl des Ständers anpassen kann.

Wir hatten bisher unser Hauptaugenmerk auf das Grundfeld und den mit ihm verknüpften Nutzfluß gerichtet und die Streuflüsse und ihre Wirkungen nur pauschal berücksichtigt. Nunmehr wollen wir die mit den Streuflüssen und den Oberfeldern verbundenen Erscheinungen etwas näher untersuchen. Beide haben nämlich einen ganz erheblichen Einfluß auf das Verhalten der Asynchronmaschinen, und zwar vor allem beim Hochlauf und beim Bremsen.

5.2. Oberfelderscheinungen

Bei der Berechnung der Ständerinduktivitäten haben wir uns nur auf das Ständergrundfeld beschränkt, während zur Ermittlung der Luftspaltinduktivität des Läufers das gesamte Läuferfeld einschließlich aller Oberfelder, herangezogen wurde. Sie erinnern sich, daß wir dabei von dem Feldblock im Bereich einer Masche ausgegangen sind. Es ist nun aber leicht möglich, die dem Läufergrundfeld entsprechende Läuferhauptinduktivität zu ermitteln. Wir brauchen dazu nämlich nur den entsprechenden mit einer Läufermasche verketteten Läuferfluß zu kennen. Eine ähnliche Rechnung wurde schon bei der Berechnung der Gegeninduktivität Ständer $\rightarrow$ Läufer durchgeführt. Für ein Feld der Grundpolpaarzahl war der maximal mit einer Masche verkettete Fluß:

$$\Phi_2 = \frac{2\pi Rl}{N_2} \cdot \xi_2 \cdot B_p \quad .$$

Setzen wir hier die Amplitude des Läufergrundfeldes ein, so erhalten wir die Hauptinduktivität des Läufers zu:

$$l_{2Lp} = \mu_0 \frac{2\pi R l}{N_2 \delta} \xi_2^2 = l_{2L} \cdot \xi_2^2 \quad . \tag{5.27}$$

Im Gegensatz dazu ist l_{2L} die dem gesamten Luftspaltfeld entsprechende Induktivität. Die vom Grundfeld her abgeleitete Induktivität l_{2Lp} ist um den Faktor ξ_2^2 kleiner. ξ_2 unterscheidet sich normalerweise nur sehr wenig von 1. Es hat daher den Anschein, als ob es sich dabei um etwas Belangloses handelte. Das ist nun aber leider nicht der Fall.

Wir betrachten noch einmal die Gesamtinduktivität des Läufers L_2, die letzten Endes in die Läuferspannungsgleichung eingeht:

$$L_2 = l_{2L} + L_{\sigma R}$$

und führen darin die Läufergrundfeldinduktivität ein, dann können wir wie folgt schreiben:

$$L_2 = \frac{l_{2L}\,\xi_2^2}{\xi_2^2} + L_{\sigma R} = l_{2Lp}\Bigl(\frac{1}{\xi_2^2} + \underbrace{\frac{L_{\sigma R}}{l_{2Lp}}}_{\sigma_{Rg}}\Bigr)$$

$$= l_{2Lp}\left(1 + \frac{1-\xi_2^2}{\xi_2^2} + \sigma_{Rg}\right) \quad . \tag{5.28}$$

$\sigma_{Rg} = L_{\sigma R}/l_{2Lp}$ bezeichnen wir als Faktor der geometrischen Läuferstreuung.

Nun entspricht:

$$\frac{1-\xi_2^2}{\xi_2^2} = \frac{\Phi_{2L} - \Phi_{2Lp}}{\Phi_{2Lp}}$$

der Differenz zwischen dem über den Luftspalt tretenden Läuferfluß Φ_{2L} (der sich aus dem gesamten Läuferluftspaltfeld berechnet) und dem Läuferfluß Φ_{2Lp} (der sich aus dem Läufergrundfeld berechnet) bezogen auf diesen letzteren. Diese Differenz kann aber nur auf die Wirkung der Läuferoberfelder mit den Polpaarzahlen:

$$\lambda = p + g N_2 \qquad \text{mit} \quad g \neq 0$$

zurückzuführen sein. Die Läuferoberfelder sind dabei im allgemeinen so hochpolig, daß die von ihnen in der Ständerwicklung induzierte Spannung außerordentlich klein ist. Als Beispiel möge eine Maschine mit einer vierpoligen Ständerwicklung und 36 Ständernuten dienen. Die Läufernutenzahl, die sich im allgemeinen davon nur wenig unterscheidet, möge

N_2 = 28 sein. Die Läuferoberfelder haben entsprechend obiger Gleichung die Polpaarzahlen:

$$- 26, \quad + 30, \quad - 54, \quad \ldots$$

(Abb. 5.12)

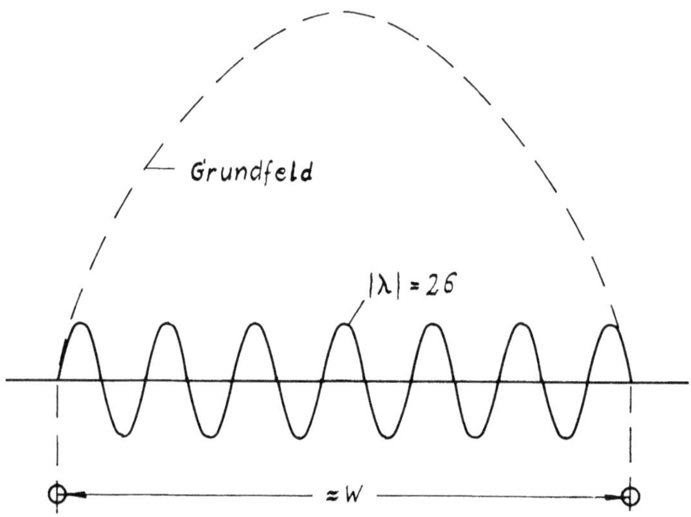

Abb. 5.12

Auf eine Halbwelle des Grundfeldes entfallen 13 Halbwellen des Läuferoberfeldes mit der geringsten Polpaarzahl. Da nun aber die Spulenweite der Ständerwicklung etwa gleich der halben Wellenlänge des Grundfeldes ist, kann man mit Recht behaupten, daß die Läuferfelder förmlich in der Ständerwicklung "ertrinken", ohne nennenswerte Spannungen zu induzieren. Damit treten aber auch praktisch in der Ständerwicklung keine Ströme auf, die diese Läuferoberfelder abdämpfen. Die Läuferoberfelder bleiben daher in voller Größe erhalten. Sie sind zwar theoretisch mit der Ständerwicklung verkettet, werden aber durch sie nicht nennenswert beeinflußt.

Man muß diese Felder daher zu den Streufeldern rechnen! Sie beziehen ihren Magnetisierungsbedarf von dem Läufergrundstrom und wirken daher auf den Läuferkreis wie ein Verbraucher von induktiver Energie; mit anderen Worten: sie wirken auf den Läuferkreis wie eine "Drosselspule". Im Gegensatz zu dem Nutenstreufeld sind sie aber eben teilweise doch etwas mit der Ständerwicklung verkettet. Man spricht deshalb von doppeltverketteter Streuung und bezeichnet:

$$\sigma_{2dv} = \frac{1}{\xi_2^2} - 1 \qquad (5.29)$$

als Faktor der doppeltverketteten Streuung des Käfigläufers. Erst jetzt erkennen wir die Bedeutung des Faktors

$$\xi_2 = \frac{\sin p\pi/N_2}{p\pi/N_2} \quad .$$

Er ist ein Maß für die doppeltverkettete Streuung des Läufers und nicht etwa ein Wicklungsfaktor.

Ganz allgemein zählen alle die Felder zur doppeltverketteten Streuung, die von der einen Seite ihren Magnetisierungsbedarf beziehen und mit der Wicklung der anderen Seite zwar verkettet sind, aber in ihrer Ausbildung von dieser Wicklung nicht nennenswert beeinflußt werden.

Nicht ganz so einfach ist die Berechnung der doppeltverketteten Streuung des Ständerkreises. Wir haben gesehen, daß der Strom in der Ständerwicklung neben dem Luftspaltfeld der Grundpolpaarzahl eine unendliche Reihe von Oberfeldern erzeugt. Auch hier wollen wir zunächst wieder annehmen, daß diese Oberfelder von der Läuferwicklung nicht abgedämpft werden und somit voll zur doppeltverketteten Ständerstreuung gezählt werden müssen. Die entsprechenden Streuinduktivitäten lassen sich, genauso wie die Grundfeldinduktivität, aus den mit den Ständersträngen verketteten Flüssen berechnen. Die Rechnung ist genauso wie für das Grundfeld durchzuführen; ich brauche deshalb darauf nicht näher einzugehen und will Ihnen nur das Endergebnis angeben: Dem ν -ten Ständeroberfeld entspricht die Drehfeldinduktivität:

$$L_{1\nu} = \frac{3}{2}\,\frac{4}{\pi}\,\frac{\mu_0}{\delta}\,\frac{RL}{\nu^2}\,\left(\xi_{1\nu}\,w_1\right)^2 . \tag{5.30}$$

Will man die gesamte Wirkung aller Ständeroberfelder erfassen, so muß man über die ihnen entsprechenden Induktivitäten summieren. Die Induktivität der doppeltverketteten Streuung ergibt sich dann zu:

$$L_{1\sigma d\nu} = \sum_{\substack{\nu = p(6g+1)\\ g \neq 0}} L_{1\nu} = \frac{3}{2}\,\frac{4}{\pi}\,\mu_0\,\frac{RL}{\delta}\,w_1^2 \sum_{\substack{\nu\\ g\neq 0}} \left(\frac{\xi_{1\nu}}{\nu}\right)^2 \tag{5.31}$$

oder, wenn man auf die Grundfeldinduktivität bezieht:

$$\sigma_{1d\nu} = \frac{L_{1\sigma d\nu}}{L_{D1}} = \sum_{\substack{\nu\\ g\neq 0}} \left(\frac{p}{\nu}\right)^2 \left(\frac{\xi_{s1\nu}\cdot\xi_{z1\nu}}{\xi_{s1}\cdot\xi_{z1}}\right)^2 \quad . \tag{5.32}$$

Die so definierte doppeltverkettete Streuung ist nur für Schleifringläufermotoren voll wirksam, nicht aber bei Käfigläufermotoren. Bei diesen ist die Maschenweite so gering, daß auch die Ständeroberfelder nennenswert abgedämpft werden können. Mit dieser Abdämpfung sind aber oft recht unangenehme und unerwünschte Nebenwirkungen verbunden. Eine dieser unerwünschten Nebenerscheinungen sind tiefe Einsattelungen der Drehmomentkurve, sog. asynchrone Drehmomentsättel. Zur Veranschaulichung der Verhältnisse zeige ich Ihnen den Drehmomentenverlauf eines 4-poligen Käfigläufermotors mit 36 Ständernuten und 44 Läufernuten (Abb. 5. 13).

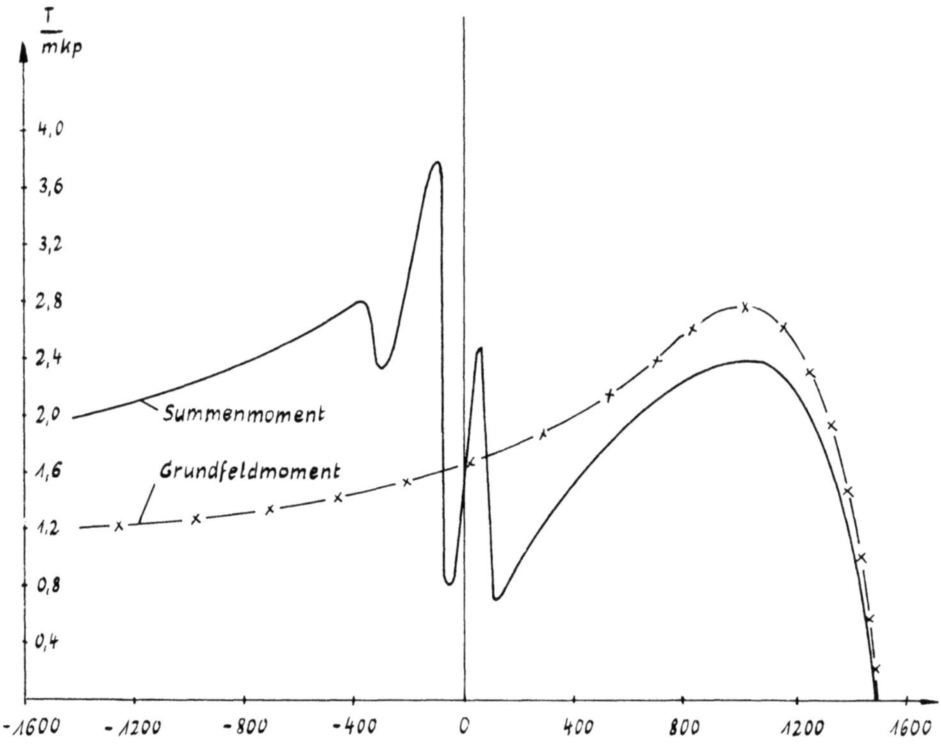

Abb. 5. 13

Mit eingetragen ist der Verlauf des Grundfeldmomentes. Die tiefen Drehmomentsättel sind eine Folge der Abdämpfung der starken Ständernutharmonischen durch die Käfigwicklung. Die Wirkungen der Oberfelder lassen sich auch anhand eines Ersatzschaltbildes verwirklichen. Das normale Ersatzbild für das Grundfeld besteht entsprechend Abb. 4. 12 aus zwei Maschen, und zwar aus einer Ständer- und einer Läufermasche. Für jedes Ständerfeld (ν) gilt ein entsprechendes Ersatzbild für die Läufermasche (Abb 5. 14).

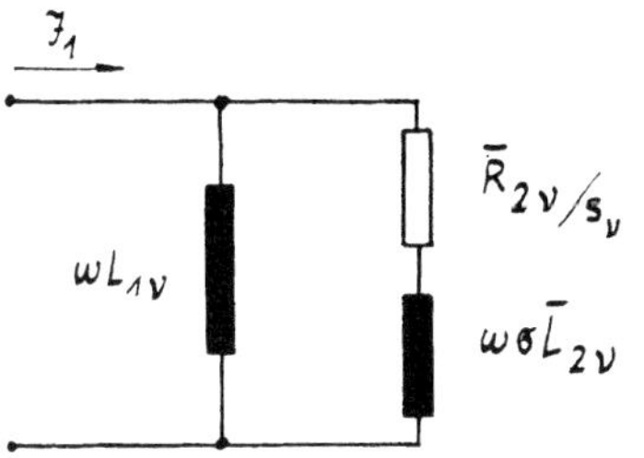

Abb. 5. 14

Da alle Ständerfelder vom gleichen Ständerstrom $\mathfrak{I}_1$ erzeugt werden, hat man sich die den einzelnen Ständerfeldern entsprechenden Scheinwiderstände in Reihe geschaltet zu denken. Man gelangt dann zu dem in Abb. 5. 15 dargestellten Ersatzbild.

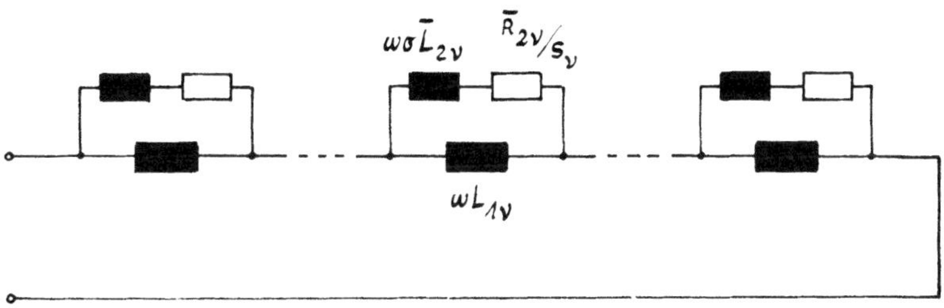

Abb. 5. 15

Es ist physikalisch einleuchtend, und es läßt sich zahlenmäßig beweisen, daß der Ständerstrom i. w. durch das Grundfeld bestimmt wird. Weil die Läuferoberströme $\bar{\mathfrak{I}}_{2\nu}$ mit wachsender Ordnungszahl ν immer kleiner werden, macht man im Betriebsbereich keinen nennenswerten Fehler, wenn man sich die den Oberfeldern entsprechenden Läufermaschen geöffnet denkt. Dann machen sich nur die Induktivitäten $L_{1\nu}$ in Form von Vorschaltdrosseln bemerkbar. Ihrer Summe entspricht die doppeltverkettete Streuinduktivität $L_{1\sigma d\nu}$.

Betrachten wir noch einmal die Gleichung für die Ständeroberfelder:

$$b_{1\nu} = B_{1\nu} \cos(\nu x - \omega t - \varphi) .$$

Ihre Umlaufgeschwindigkeit:

$$\omega_\nu = \frac{\omega}{\nu} \qquad \text{mit} \qquad \nu = p(6g+1)$$

ist erheblich kleiner als die des Grundfeldes (ω/p). Ist nun die Läufergeschwindigkeit gerade gleich der Umlaufgeschwindigkeit eines bestimmten Ständeroberfeldes ν, so kann dieses Feld die Läuferwicklung nicht induzieren. Diese Läuferdrehzahl ist dann gerade gleich der synchronen Drehzahl, die dem ν-ten Ständerfeld entspricht. Je nach dem Vorzeichen von ν laufen die Oberfelder mit dem Grundfeld oder entgegengesetzt um. Letzteres ist der Fall, wenn ν einen negativen Wert hat.

Jedes Ständeroberfeld erzeugt nun prinzipiell denselben Drehmomentenverlauf wie das Grundfeld. Entsprechend den Ordnungszahlen $\nu /p = -5$, 7, -11, ... verschwinden die Drehmomente bei $-1/5$, $1/7$, $-1/11$, ... der synchronen Drehzahl des Grundfeldes. Prinzipiell sieht der Drehmomentenverlauf wie folgt aus, wie in Abb. 5.16 dargestellt.

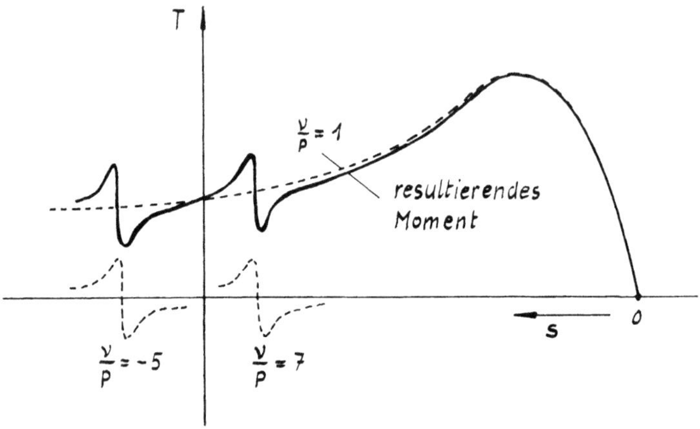

Abb. 5.16

Bei der Berechnung der Ständerfelder haben wir gesehen, daß man einen großen Teil der Oberfelder durch eine geschickte Auslegung der Ständerwicklung schon bei ihrer Entstehung weitgehend behindern kann. Neben der Wahl einer hohen Ständernutenzahl ist die Verwendung von gesehnten Spulen besonders geeignet, um eine möglichst oberwellenfreie Feldkurve zu erzeugen. Leider versagen diese Mittel aber gerade bei den stärksten Ständeroberfeldern, den sog. Ständernutharmonischen mit den Polpaarzahlen:

$$\nu = g \cdot N_1 + p \, , \quad g = \pm 1, \pm 2, \ldots$$

Man könnte bei Betrachtung der Formel für die Amplituden der Oberfelder auf die Idee kommen, den Luftspalt δ möglichst groß zu machen, da die Feldamplitude der Luftspaltbreite umgekehrt proportional ist. Das wäre jedoch eine technisch unvernünftige Maßnahme (warum?). In gleichem Maße würde nämlich der Magnetisierungsstrom ansteigen, da die Amplitude der Grundwelle allein durch die Netzspannung vorgeschrieben ist! Alle anderen damit verbundenen Folgen lassen sich direkt am Kreisdiagramm ablesen (Abb. 5.17).

Der ideelle Kurzschlußstrom wird eben von einer Vergrößerung des Luftspaltes nur wenig betroffen. Daher wird der Radius des Kreisdiagramms kleiner, damit verringert sich das Kippmoment. Gleichzeitig wird der Leistungsfaktor kleiner und der Nennstrom größer, was u. U. zu einer unzulässig hohen Erwärmung der Ständerwicklung führen kann.

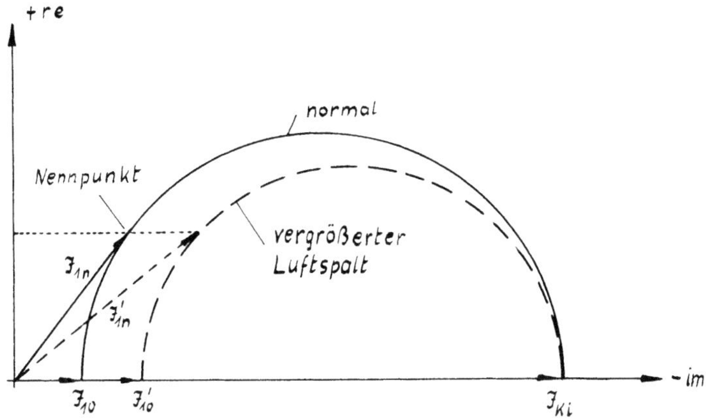

Abb. 5.17

Da man jene Ständernutharmonischen durch keine vernünftige technische Maßnahme bereits am Entstehen hindern kann, muß man wenigstens versuchen, ihre Wirkungen soweit wie möglich zu unterdrücken. Das wäre relativ leicht möglich, wenn man die Käfigwicklung so ausführen könnte, daß diese Ständernutharmonischen in einer Läufermasche keine Spannungen induzieren können. Das Grundfeld darf von diesen Maßnahmen natürlich nur sehr wenig beeinflußt werden.

Die ersten Ständernutharmonischen haben die Polpaarzahlen

$$p - N_1 \qquad \text{und} \qquad p + N_1 .$$

Ihre Wellenlänge entspricht etwa einer Ständernutteilung.

Entsprechend den Überlegungen, die wir bei der Untersuchung der Wirkung der Läuferoberfelder auf die Ständerwicklung angestellt haben, könnte man daran denken, die Käfigwicklung mit sehr wenigen Stäben auszuführen. Man würde dann Läufermaschen mit so großer Breite erhalten, daß die Ständernutharmonischen darin keine nennenswerten Spannungen mehr induzieren können (Abb. 5.18).

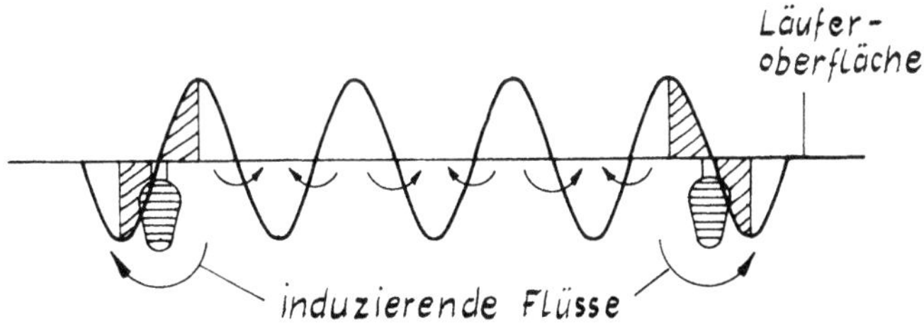

Abb. 5.18

Der größte Teil des magnetischen Flusses würde sich gleich an der Läuferoberfläche schließen und nicht erst in die Masche eindringen.

Der hauptsächliche Nachteil dieser Konstruktion ist der, daß sich dann sehr große Läuferoberfelder ausbilden; ihre Amplitude ist ja umgekehrt proportional der jeweiligen Ordnungszahl:

$$B_{2\lambda} \sim \frac{1}{\lambda} \quad , \quad \lambda = p + g\, N_2 \quad .$$

Ist N_2 klein, so werden die Amplituden der Läuferoberfelder relativ groß. Die unmittelbare Folge davon ist eine große doppeltverkettete Läuferstreuung. Die Wirkung einer großen Streuung auf das Betriebsverhalten möchte ich Ihnen wieder mit Hilfe des Kreisdiagramms plausibel machen (Abb. 5. 19).

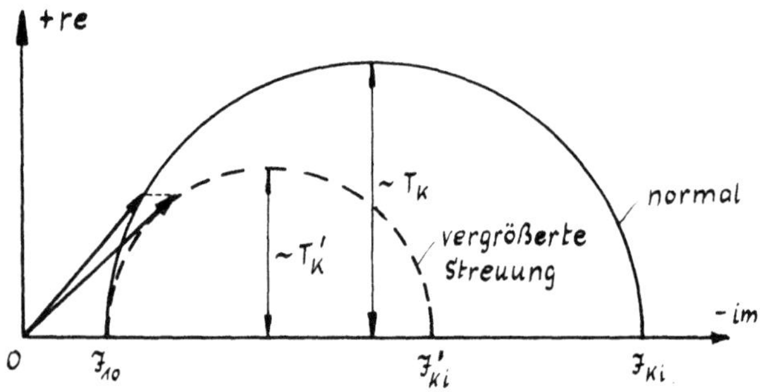

Abb. 5. 19

Der Leerlaufstrom wird von der Streuung nur wenig beeinflußt, da ja die Hauptreaktanz groß gegenüber der Streureaktanz ist. Stark betroffen wird dagegen der ideelle Kurzschlußstrom, der ja dem Kehrwert der Streureaktanz proportional ist. Eine größere Streuung führt daher zu einer Verringerung des Kreisradius. Das Kippmoment wird in gleichem Maße verkleinert. Die Überlastbarkeit, d. h. das Verhältnis von Kippmoment zu Nennmoment:

$$\ddot{u} = \frac{T_K}{T_n} \overset{!}{\geq} 1{,}6$$

geht unter den nach den VDE Vorschriften geforderten Wert von 1, 6. Außerdem verkleinert sich auch der Nennleistungsfaktor cos φ_n . Eine Ausführung des Motors mit solch einer geringen Läufernutenzahl scheidet also leider aus.

Man kann die Wirkung einer bestimmten Ständernutharmonischen auf die Käfigwicklung natürlich voll unterdrücken, wenn man die Maschenweite gerade gleich der Wellenlänge des betreffenden Feldes macht (Abb. 5. 20).

Zu jedem Zeitpunkt ist dabei der mit der Läufermasche verkettete Fluß gleich Null. Die Läufernutenzahl ist dann:

$$|N_2| = |p + N_1| \qquad \text{oder} \qquad |N_2| = |p - N_1| \quad ,$$

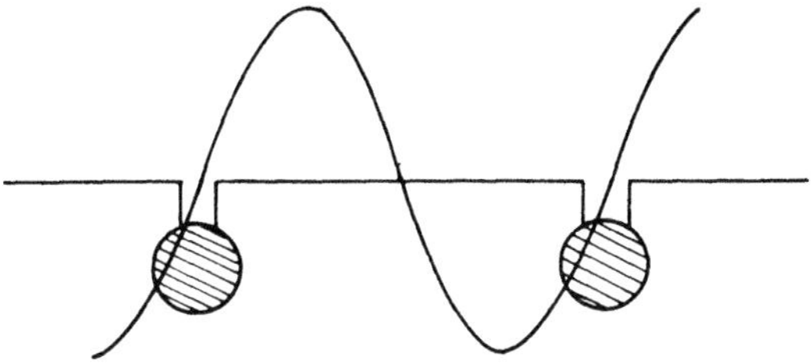

Abb. 5.20

wenn man gegen eine der ersten Ständernutharmonischen vorgehen will. Das führt auf eine Nutenzahldifferenz, die gleich der Polpaarzahl ist:

$$|N_1 - N_2| = p \quad .$$

Eine Maschine mit solch einer Nutenzahlkombination erzeugt allerdings u. U. einen starken magnetischen Lärm, so daß eine Differenz der Nutenzahlen, die gleich der Grundpolpaarzahl ist, unbedingt vermieden werden sollte. Dieses Beispiel zeigt aber zugleich, daß es offensichtlich günstig ist, eine Läufernutenzahl zu wählen, die sich nur wenig von der Ständernutenzahl unterscheidet, weil dann der mit einer Läufermasche verkettete, von den Ständernutharmonischen herrührende Fluß, relativ klein wird. Wie wir an dem Beispiel des Motors mit 36 Ständer- und 44 Läufernuten gesehen haben, ist damit das Problem aber leider noch nicht gelöst.

Will man die Wirkung der Ständernutharmonischen auf den Läuferkäfig unterbinden, so gibt es noch eine Möglichkeit:
Man muß dafür sorgen, daß der mit einer Läufermasche verkettete - von den Ständernutharmonischen herrührende - Fluß an verschiedenen Stellen der Läuferoberfläche eine Phasenverschiebung aufweist und so in seiner Wirkung bei der Integration über die gesamte Fläche einer Masche aufgehoben wird. Einen solchen Effekt erreicht man durch eine Schrägung der Nuten. Dabei ist es völlig gleichgültig, ob die Ständer- oder Läufernuten geschrägt werden. Nehmen wir an, daß die Läufernuten geschrägt sind (Abb. 5.21).

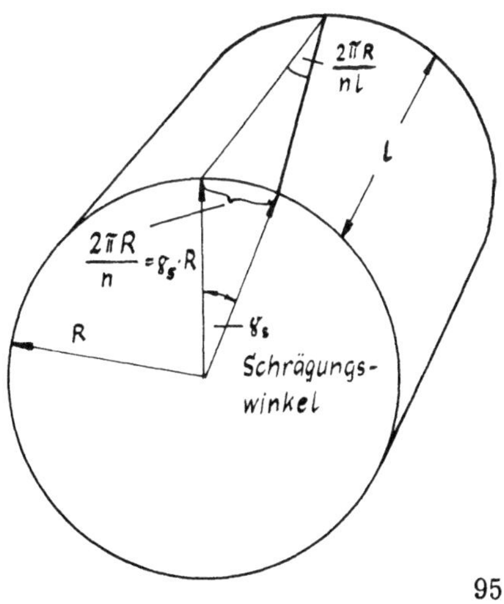

Abb. 5.21

Zur Bestimmung des optimalen Schrägungswinkels berechnen wir den mit einer Läufermasche verketteten Fluß einer zunächst beliebigen Ständerinduktionswelle der Ordnungszahl ν :

$$b_{1\nu} = B_{1\nu} \cos(\nu x_1 - \omega t - \varphi_1) \quad .$$

Wenn wir dieses Ständerfeld auf die Läuferkoordinaten beziehen, müssen wir auf die Schrägstellung der Läufernuten achten (Abb. 5.22).

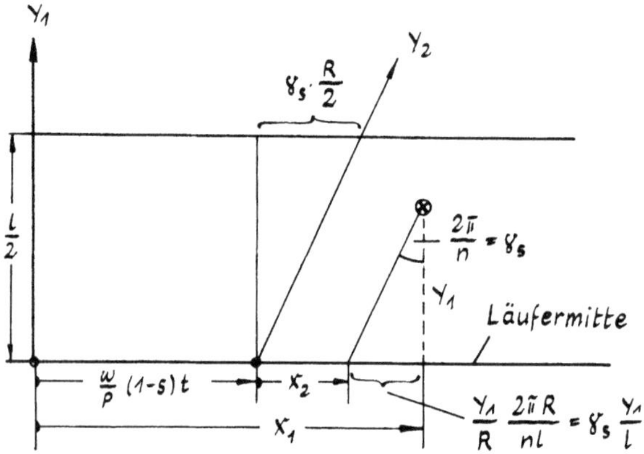

Abb. 5.22

y_2 ist die axiale Läuferkoordinate in Richtung der Läufernuten. Aus der Zeichnung ist der Zusammenhang zwischen Läufer- und Ständerkoordinaten direkt abzulesen:

$$x_1 = x_2 + \frac{\omega}{p}(1-s)t + \gamma_s \, y_1/l \quad .$$

Setzen wir diese Beziehung in die Gleichung für das Ständerfeld ein, so folgt:

$$b_{1\nu} = B_{1\nu} \cos\left(\nu x_2 - \left[1 - \frac{\nu}{p}(1-s)\right]\omega t - \varphi_1 + \nu\gamma_s \, y_1/l\right) .$$

Der mit einer Läufermasche verkettete Fluß ergibt sich dann durch Integration der Induktion über die Fläche der Masche zu:

$$\varphi_{21\nu} = \int\limits_{x=-\pi/N_2}^{+\pi/N_2} \int\limits_{y_1=-l/2}^{+l/2} B_{1\nu} \cos\left(\nu x_2 - \left[1-\frac{\nu}{p}(1-s)\right]\omega t - \varphi_1 + \nu\gamma_s \frac{y_1}{l}\right) dy_1 \, R \, dx_2 .$$

Die Auswertung des Integrals liefert:

$$\varphi_{21\nu} = \frac{2RL}{\nu} \sin \frac{\nu\pi}{N_2} \xi_{sch\nu} B_{1\nu} \cos\left[\left(1-\frac{\nu}{p}(1-s)\right)\omega t + \varphi_1\right] .$$

Gegenüber dem Fall der geraden Nuten tritt ein zusätzlicher Faktor, der sog. Schrägungsfaktor:

$$\xi_{sch\,\nu} = \frac{\sin \nu\gamma_s/2}{\nu\gamma_s/2} = \frac{\sin \nu\pi/n}{\nu\pi/n} \tag{5.33}$$

auf. Will man die Wirkung der 1. Ständernutharmonischen unterdrücken, so muß man $n \approx N_1$ wählen, d. h. man muß die Nuten etwa um eine Ständernutteilung schrägen. Dann wird der Schrägungsfaktor für diese Wellen sehr klein.

Das Grundfeld wird davon nur sehr wenig betroffen, da der Schrägungsfaktor für die Grundwelle:

$$\xi_{sch\,p} = \frac{\sin p\gamma_s/2}{p\gamma_s/2}$$

nur sehr wenig von 1 abweicht. Bei geschrägten Maschinen sind dann die Gegeninduktivitäten in den Spannungsgleichungen noch mit dem Schrägungsfaktor zu multiplizieren.

Eine solche Schrägung stellt aber nicht in jedem Fall eine Ideallösung dar! So hat man z. B. festgestellt, daß sich bei Läufern mit einem gegossenen Aluminiumkäfig die spitzen Drehmomentsättel in breite Drehmomentsättel umwandeln (Abb. 5. 23).

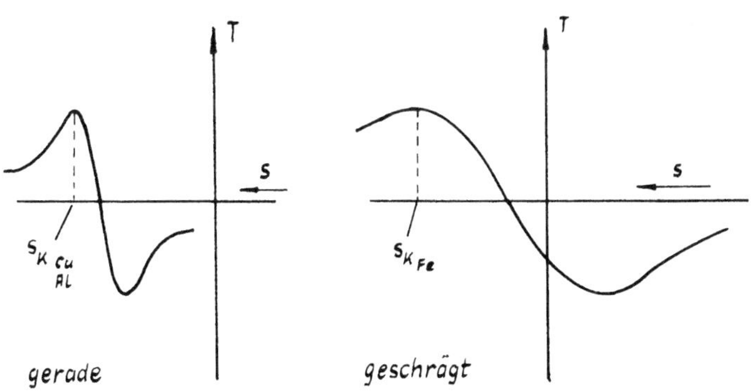

Abb. 5. 23

Das ist darauf zurückzuführen, daß bei diesen aluminiumgegossenen Wicklungen der Übergangswiderstand zwischen Wicklung und Läufereisen so gering ist, daß sich die Ströme zum Teil von Stab zu Stab über das Läufereisen schließen und damit auch Verluste in den Übergangswiderständen und im Läufereisen hervorrufen können.

Man macht sich die Wirkung einer unvollkommenen Isolation des Läuferkäfigs gegenüber den Läuferblechen am einfachsten klar, indem man sich in der Maschinenmitte einen Kurzschlußring von hohem Widerstand denkt (Abb. 5. 24).

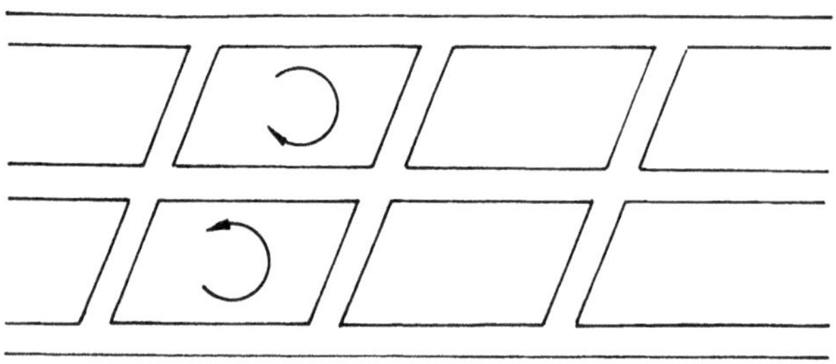

Abb. 5. 24

Führt man die Schrägung so aus, daß ein bestimmtes Ständeroberfeld in der gesamten Masche keine Spannung induziert, so würde auch bei idealer Isolierung gegenüber den Blechen kein Strom fließen. In diesem Fall ist der magnetische Schwund in der Gesamtmasche dauernd gleich Null, nicht aber in den beiden Einzelmaschen, die den Mittelring mit dem großen Widerstand enthalten. Die magnetischen Schwünde in den beiden Hälften weisen dann gerade einen Phasenunterschied von 180° in elektrischen Graden auf, so daß sich ihre Wirkungen in bezug auf den Mittelring gerade addieren. Sie treiben einen Strom durch den Mittelring, der wegen seines großen ohmschen Widerstandes den Hauptteil der Umlaufspannung auf sich zieht. Sie wissen nun also, daß der Kippschlupf dem Läuferwiderstand proportional ist. Der ohmsche Läuferwiderstand ist immer sehr klein, so daß auch der entsprechende Kippschlupf relativ klein ist. Deshalb sind auch die Drehmomentsättel bei den geraden Läufern sehr spitz. Wenn sich die Ströme im Fall einer Schrägstellung der Nuten aber über das Läufereisen schließen können, so finden sie dort einen relativ großen Wirkwiderstand vor; das ergibt aber gleichzeitig einen großen Kippschlupf. Ein großer Kippschlupf bedeutet aber nichts anderes als ein breiter Drehmomentensattel. Sie brauchen sich nur an die Veränderung der Drehmomentenkurve beim Schleifringläufer durch Vorschalten von Widerständen in den Läuferkreis zu erinnern. Neben diesen asynchronen Drehmomenten können sich durch Oberfelder, wie unter 12. 1 gesagt, auch sog. Pendelmomente ausbilden, und zwar dann, wenn der Läufer eine Strombelagswelle erzeugt, deren Ordnungszahl λ mit der Polpaarzahl ν einer Ständerfeldwelle übereinstimmt und die Frequenzen der beiden Wellen verschieden sind, wenn also diese Läuferstrombelagswelle nicht von diesem Ständeroberfeld ν herrührt, sondern von einem anderen Ständeroberfeld. Die auf den Ständer bezogene Frequenz dieser Läuferstrombelagswelle ist natürlich abhängig von der Läuferdrehzahl. Es muß daher immer eine Drehzahl geben, bei der die Strombelagswelle λ und die Feldwelle ν die gleiche Frequenz besitzen. Das Pendelmoment geht bei dieser Drehzahl in ein sog. synchrones Moment - entsprechend dem einer Synchronmaschine - über, das sich den asynchronen Momenten überlagert. Hierdurch kann sogar u. U. der Hochlauf einer Maschine unterbunden werden.

Eine weitere unangenehme Folge der Oberfelder sind die magnetischen Radialzüge. Im Luftspalt sind neben der Grundwelle viele Oberfelder verschiedenen Ursprungs vorhanden. Wir greifen willkürlich zwei dieser Luftspaltwellen heraus:

$$b_1 = B_1 \cos(p_1 x - \omega_1 t - \varphi_1)$$

und

$$b_2 = B_2 \cos(p_2 x - \omega_2 t - \varphi_2) \quad .$$

Dadurch entsteht an der Ständerbohrungsfläche und an der Oberfläche des Läufers ein magnetischer Radialzug:

$$\begin{aligned} r = \frac{b^2}{2\mu_0} &= \frac{1}{2\mu_0}\left(b_1^2 + b_2^2 + 2 b_1 b_2\right) \\ &= \frac{1}{2\mu_0}\Big\{ \frac{B_1^2}{2}\left[1 + \cos 2(p_1 x - \omega_1 t - \varphi_1)\right] \\ &\quad + \frac{B_2^2}{2}\left[1 + \cos 2(p_2 x - \omega_2 t - \varphi_2)\right] \\ &\quad + B_1 B_2 \cos\left[(p_1 \pm p_2)x - (\omega_1 \pm \omega_2)t - (\varphi_1 \pm \varphi_2)\right]\Big\} \quad . \end{aligned}$$

Wir erhalten also magnetische Züge in Form von sog. Radialkraftwellen. Diese haben umlaufende Biegeverformungswellen zur Folge, die wiederum die Ursache des magnetisch erzeugten Lärms der Maschine sind. Die Motoren werden dadurch zu unerwünschten Schallquellen und u. U. unverkäuflich, obwohl alle übrigen Betriebseigenschaften dadurch gar nicht beeinflußt werden.

Die beiden ersten Klammerglieder sind unvermeidlich. Sie sind aber auch nicht tragisch, weil entweder die Anzahl ihrer Wellen am Umfang $2p_1$ oder $2p_2$ recht groß ist oder weil ihre Frequenzen nicht allzu hoch liegen. So erzeugt z. B. das Grundfeld von der Polpaarzahl $p_1 = p$ und der Netzkreisfrequenz $\omega_1 = \omega$ unter allen Umständen einen Brummton von der doppelten Netzfrequenz (Netzbrumm). Unter p_1 kann sich allerdings auch die Ordnungszahl eines Ständeroberfeldes verbergen.

In akustischer Hinsicht gefährlich ist i. a. nur das dritte Glied, weil $p_1 \pm p_2$ u. U. sehr klein sein oder sogar verschwinden kann. Besonders gefährlich wird es, wenn die entsprechende Tonkreisfrequenz $\omega_1 \pm \omega_2$ in der Nähe einer der Resonanzkreisfrequenzen des Ständer- oder Läuferblechpakets für die betreffende Ordnungszahl $p_1 \pm p_2$ fällt.

Für

$$p_1 \pm p_2 = 1$$

ergibt sich eine zweipolige Kraftwelle, die sich als eine im Läuferschwerpunkt angreifende elektrische Rüttelkraft auswirkt. Eine derartige Rüttelkraft erzeugt Biegeschwingungen der Läuferwelle. Diese können im Resonanzfall sogar zu einem Streifen des Läufers im Ständer führen.

Durch Wahl geeigneter Ständer- und Läufernutenzahlen gelingt es, die kritischen, für die betreffenden Maschinen resonanznahen Kraftwellen zu vermeiden. Das ist allerdings nicht ganz einfach, da hierbei die Größe der Maschine und die Konstruktion ihres Ständers bzw. Läufers eine ganz erhebliche Rolle spielen. Es ist geradezu so, daß sich der Fachmann wundert, daß es für eine bestimmte Maschine überhaupt Nutenzahlverhältnisse gibt, die einen geräuscharmen Betrieb garantieren.

Näher kann ich im Rahmen dieser Vorlesung nicht auf die Oberfelderscheinungen eingehen.

5.3. Leerlaufstrom und Kurzschlußstrom

Die bisherigen Rechnungen wurden unter gewissen idealisierenden Voraussetzungen durchgeführt. So wurde z. B. im Eisen eine unendlich große Permeabilität angenommen. Weiterhin haben wir den Einfluß der Nutung auf den Feldverlauf im Luftspalt nicht berücksichtigt, da die dem Luftspalt zugewendeten Oberflächen bisher stets als glatt angenommen wurden. Nun ist aber der magnetische Luftspaltleitwert im Bereich der Nutschlitze wesentlich kleiner als im Bereich der Zähne. Das bedeutet, daß nicht der volle Querschnitt $l \cdot \tau_p$ für jeden Pol als Übertrittsfläche für den Fluß zur Verfügung steht. Unmittelbar über dem Eisen herrscht auch im Luftspalt dieselbe Flußdichte wie im Eisen; erst in der Luftspaltmitte werden sich die Feldlinien besser ausbreiten können und dort die geringere Flußdichte B_{Luft} annehmen (Abb. 5.25).

Dieser Ausbreitungsvorgang wird durch einen großen Luftspalt begünstigt. Für die Berechnung einer mittleren Luftspaltinduktion muß man mit einem Querschnitt arbeiten, der offenbar größer ist als der reine, den Luftspalt begrenzende Eisenquerschnitt und der kleiner ist als der aus der Baulänge l und der Polteilung τ_p zu bestimmende Luftspaltquerschnitt.

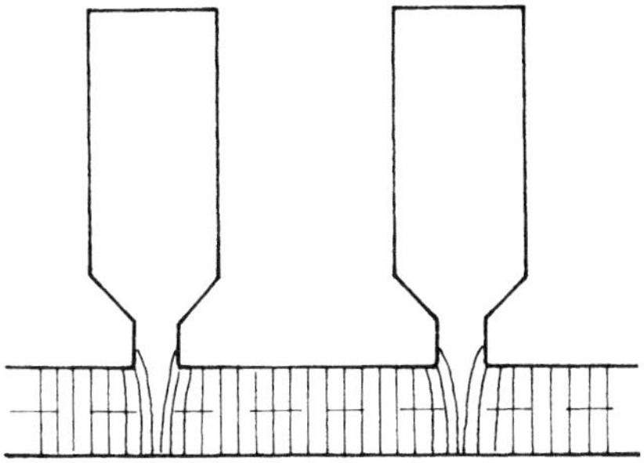

Abb. 5.25

Die für den Übertritt des magnetischen Flusses wirksame Nutteilung ist also:

$$t_n' = t_n - y b_s \quad .$$

t_n ist die geometrische Nutteilung, b_s ist die Schlitzbreite und y ist eine Zahl zwischen 0 und 1. Die Größe dieser Zahl y ist in Abhängigkeit von dem Verhältnis Schlitzbreite b_s zur Luftspaltbreite δ mit Hilfe der konformen Abbildung von CARTER berechnet worden. Die Werte können den Büchern, die sich mit der Berechnung von elektrischen Maschinen befassen, entnommen werden (z. B. W. NÜRNBERG, "Die Asynchronmaschine", Springer Verlag).

Das Verhältnis von geometrischer zu effektiver Nutteilung wird als CARTERscher Faktor bezeichnet:

$$K_{c1,2} = \frac{t_{n1,2}}{t_{n1,2} - y_{1,2} \cdot b_{s1,2}} \quad . \tag{5.24}$$

Die CARTERschen Faktoren werden getrennt für Läufer und Ständer berechnet. Das Produkt der beiden Einzelfaktoren ergibt den resultierenden CARTERschen Faktor.

Um nun besser Maschinen mit halbgeschlossenen Nuten und solche gleicher Abmessungen, die aber mit offenen Nuten ausgerüstet sind, vergleichen zu können, geht man einen anderen Weg. Man rechnet als Fläche des Luftspaltes den vollen Wert aus Schichtlänge l und Polteilung τ_p, vergrößert aber den wahren Luftspalt auf den wirksamen Betrag δ', indem man setzt:

$$\delta' = K_c \cdot \delta = K_{c1} \cdot K_{c2} \cdot \delta .$$

Bei Maschinen mit halbgeschlossenen Nuten ist $K_c \approx 1{,}05$ bis $1{,}15$, bei solchen mit offenen Ständernuten wird $K_c \approx 1{,}3$ bis $1{,}6$.

In ähnlicher Weise wie bei der Nutung lassen sich auch die Einflüsse der Kühlschlitze auf den Feldverlauf im Luftspalt erfassen.

Die Nutschlitze bewirken eine Verkleinerung der Hauptfeldreaktanzen und damit eine Vergrößerung des Magnetisierungsstromes. Eine weitere Vergrößerung bewirkt die Sättigung der Eisenwege.

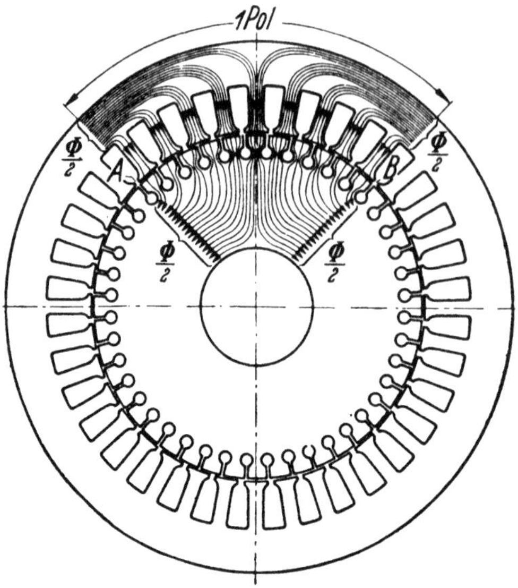

Abb. 5.26

Die genaue Berechnung des Magnetisierungsstromes setzt die Kenntnis des Verlaufs, der Dichte und der Weglängen der Flußdichte in der Maschine voraus. In der folgenden Abb. 5.26 ist daher der Flußverlauf im Bereich einer Polteilung für eine 4-polige Maschine gezeigt:

Die hier aufgetragene Flußdichteverteilung gilt natürlich nur für den Leerlaufbetrieb. Der gesamte Fluß tritt zwischen A und B im Bereich genau einer Polteilung über den Luftspalt, durchsetzt die Läuferzähne und teilt sich in 2 gleiche Teile im Läuferrücken. Dort vollzieht sich der Übergang zu den Nachbarpolen. Von diesen zurückkehrend, kommen die Linien in den beiden Rückenhälften des Ständers wieder zusammen und kehren durch die Ständerzähne zum Luftspalt zurück.

Bei der Leerlaufstromberechnung geht man von einer bestimmten Maximalinduktion im Luftspalt aus und berechnet dann mit Hilfe der geometrischen Abmessungen die Induktionen in Ständer- und Läuferzähnen sowie im Ständer- und Läuferrücken. Mit Hilfe der Magnetisierungskurve für die verwendeten Bleche errechnet man die magnetischen Feldstärken H in den einzelnen Bereichen. Durch Multiplikation mit der Länge der Bereiche gewinnt man die entsprechenden magnetischen Spannungen. Die Summe der magnetischen Spannungen auf einem geschlossenen Wege, der gerade eine Polteilung einschließt, muß aufgrund des Durchflutungsgesetzes gerade gleich dem Maximalwert der Magnetisierungsdurchflutung sein.

Bei theoretischen Untersuchungen pflegt man die Eisensättigung in Form eines Zuschlages zum Luftspalt zu berücksichtigen:

$$\delta'' = K_{c1} K_{c2} \frac{V_E + V_L}{V_L} \cdot \delta_g \quad . \tag{5.25}$$

$(V_E + V_L)/V_L$ ist das Verhältnis der gesamten magnetischen Spannung zu der magnetischen Spannung am Luftspalt V_L . Die Größen lassen sich auch aus der gemessenen Leerlaufkurve der Maschine ablesen (Abb. 5.27).

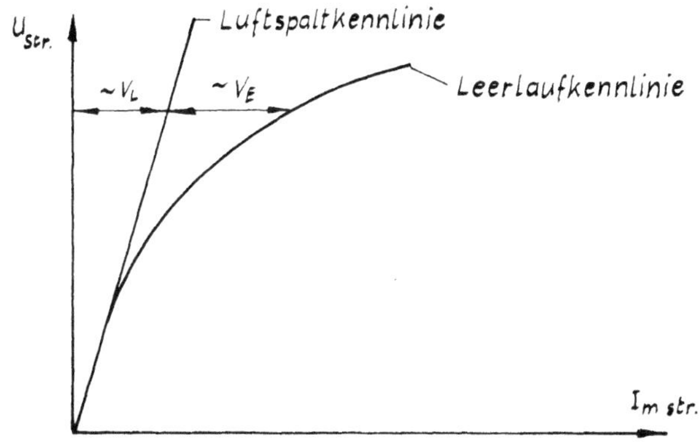

Abb. 5.27

Diese Leerlaufkennlinie ist wohl von der Magnetisierungskennlinie der verwendeten Blechsorte zu unterscheiden! Die Leerlaufkennlinie gilt ja für die gesamte Maschine.

Zusammenfassend kann festgestellt werden, daß die Zahnsättigung eine Abflachung der Feldkurve ergibt, während die Nutung tiefe Einkerbungen der Feldkurve zur Folge hat (Abb. 5.28).

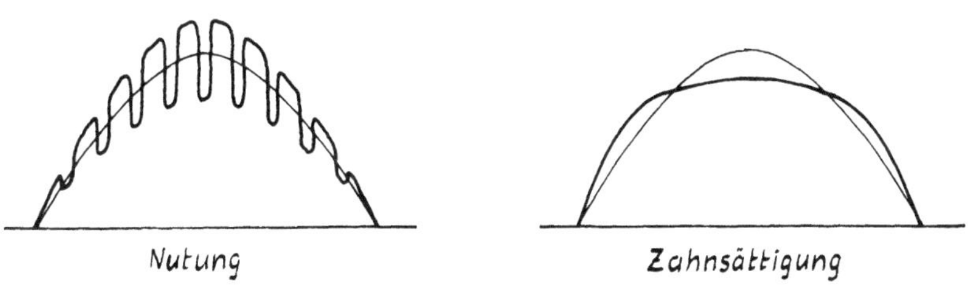

Abb. 5.28

Daß der Leerlaufstrom von der Sättigung betroffen wird, ist ohne weiteres einzusehen. Überraschenderweise hat man nun aber auf experimentellem Wege festgestellt, daß auch der Kurzschlußstrom von Sättigungseinflüssen betroffen werden muß. Der Kurzschlußstrom hängt nämlich nicht, wie man zunächst vermuten sollte, linear von der Klemmenspannung ab, sondern hat etwa den in Abb. 5. 29 dargestellten s-förmigen Verlauf:

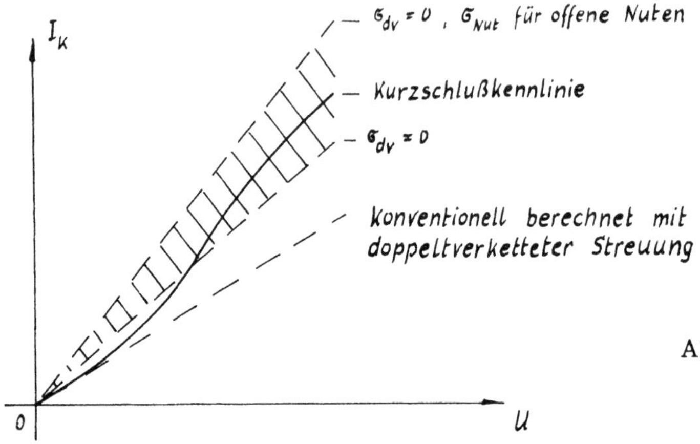

Abb. 5. 29

Dieser Kurvenverlauf ist im wesentlichen auf die Sättigung der Zahnspitzen zurückzuführen (Abb. 5. 30).

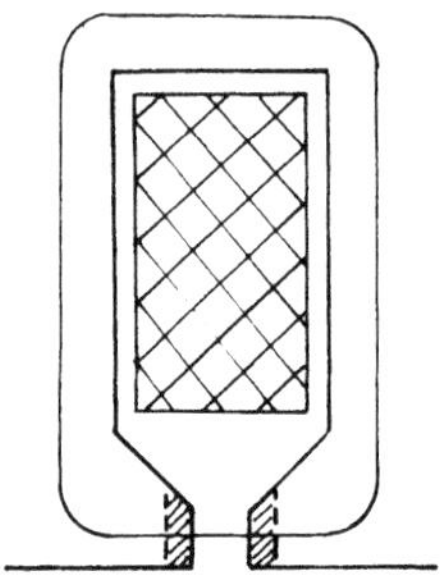

Abb. 5. 30

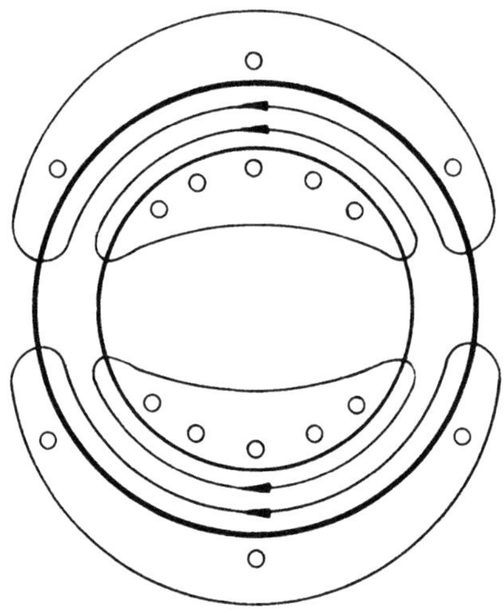

Abb. 5. 31

Man versteht das am besten im Fall des sog. ideellen Kurzschlusses ($s = \infty$), bei dem der Läuferwiderstand gar keine Rolle mehr spielt. (Er geht ja mit dem Gewicht R_2/s in die Spannungsgleichungen ein.) Dann muß sich im Läufer eine gegengleiche Durchflutung zum Ständer ausbilden und die Feldlinien verlaufen i. w. in tangentialer Richtung (Abb. 5. 31), im Gegensatz zum Leerlauf (s = 0), wo sie i. w. radial durch den Luftspalt treten. Das Feldlinienbündel, dessen Fluß durch die Netzspannung vorgeschrieben ist, muß im Kurzschlußfall viel längere und schmalere Luftwege durchsetzen, was zu großen Durchflutungen und damit Strömen im ideellen Kurzschluß führt. Es sind also erhebliche Induktionen an den Zahnspitzen und auch in den Zahnkronen zu erwarten. Das uns vertraute Bild von der Verteilung der Normalkomponente der Luftspaltinduktion längs des Läuferumfangs verschwindet und mit ihm natürlich auch das Drehmoment. Es bleiben i. w. nur die Tangentialkomponenten der Luftspaltinduktion übrig. Diese Sättigung der Streuwege hat eine Verringerung der Nutstreuung zur Folge. Außerdem wird die doppeltverkettete Streuung erheblich herabgesetzt, da die Amplituden der Oberfelder der effektiven Luftspaltbreite umgekehrt proportional sind. Die Zahnspitzensättigung ist ja identisch mit einer Aufweitung der Nutschlitze. Eine solche Aufweitung führt aber wiederum auf einen größeren CARTERschen Faktor und damit auf einen größeren effektiven Luftspalt.

Im Leerlauf verlaufen die magnetischen Feldlinien in den Bahnen des sog. magnetischen Kreises, wobei eine möglichst vollständige elektromagnetische Verkettung der Ständer- und Läuferwicklung angestrebt wird. Nur im Primärteil ruft der Leerlaufstrom einen schwachen Streufluß hervor, der mit dem Sekundärteil nicht verkettet ist.

Bei Last bilden dagegen beide Maschinenteile starke magnetische Streufelder aus, und im Kurzschluß rufen die Primär- und Sekundärdurchflutungen im wesentlichen nur noch die folgenden Streuflüsse hervor: Erstens treten Felder quer zu den Nutwandungen, die sog. Nutstreuflüsse, auf, die sich um die einzelnen Wicklungszonen herum im Eisen schließen. Man unterscheidet den primären, konstruktiv nur wenig beeinflußbaren und den sekundären, stark beeinflußbaren Nutstreufluß. Zweitens bilden sich im Bereich der Stirnköpfe auf beiden Seiten der Maschine Streufelder aus, die zum Teil ganz in der Luft, zum Teil aber auch in den benachbarten Eisenteilen verlaufen. Drittens müssen, wie wir gesehen haben, die Oberfelder der Ständer- und Läuferwicklung zum überwiegenden Teil zur Streuung, der sog. doppeltverketteten Streuung, gerechnet werden. Schließlich kann die bei Schrägung vorliegende Verkettungsminderung zwischen Ständer- und Läuferwicklung als eine Art Streuung aufgefaßt werden. Um das besser zu verstehen, betrachten wir noch einmal den totalen Streukoeffizienten:

$$\sigma = 1 - \frac{X_{12}\,\xi_{schr\,p} \cdot X_{21}\,\xi_{schr\,p}}{\underbrace{(X_{1h} + X_{1\sigma})}_{X_1}\underbrace{(X_{2h} + X_{2\sigma})}_{X_2}} \approx \frac{I_1(0)}{I_1(\infty)} \quad . \tag{5.26}$$

Bei Schrägung müssen die Gegeninduktivitäten mit dem Schrägungsfaktor $\xi_{schr\,p}$ für die Grundwelle multipliziert werden. Wir führen die Streukoeffizienten der Ständer- und Läuferseite ein:

$$\sigma_1 = \frac{X_{1\sigma}}{X_{1h}} \quad , \qquad \sigma_2 = \frac{X_{2\sigma}}{X_{2h}}$$

und erhalten:

$$\sigma = 1 - \underbrace{\frac{X_{12}\ X_{21}}{X_{1h}\cdot X_{2h}}}_{=1} \cdot \frac{\xi^2_{schr\,p}}{(1+\sigma_1)(1+\sigma_2)} \quad .$$

Da die Streukoeffizienten i. a. nur wenige Hundertstel betragen, können wir dafür auch schreiben:

$$\sigma \approx (1 - \xi^2_{schr\,p}) + \sigma_1 + \sigma_2 \quad .$$

Man bezeichnet:

$$\sigma_{schr\,p} = 1 - \xi^2_{schr\,p}$$

als Faktor der Schrägungsstreuung.

Damit möchte ich zunächst einmal die theoretischen Untersuchungen abschließen und im folgenden den Anlauf und das Anlassen von Drehstromasynchronmotoren behandeln.

6. Anlauf und Anlaßverfahren, Schaltwärme

Für die Planung und die Bemessung von Antrieben ist der Anlaufvorgang (bzw. der Brems- und Umsteuervorgang) von besonderem Interesse. Er vollzieht sich nach dem dynamischen Grundgesetz:

$$\theta \frac{d\omega_m}{dt} = T - T_L = T_B \quad . \tag{6. 1.}$$

Drehmasse x Drehbeschleunigung = Motormoment − Lastmoment = Beschleunigungsmoment.

Es müssen hierbei vor allem zwei Forderungen erfüllt sein:

1. Der Motor muß in der Lage sein, das Gegenmoment T_L der Arbeitsmaschine zu überwinden und darüber hinaus ein Beschleunigungsmoment T_B zu entwickeln, das ihm gestattet, die Schwungmasse θ des gesamten Antriebs in einer angemessenen Zeit auf die Nenndrehzahl n_N zu beschleunigen. Hier muß man im Fall zwischengeschalteter Getriebe die Drehmasse der Arbeitsmaschine und das Gegenmoment auf die Motorwelle umrechnen. Das geht nach dem Energiesatz vor sich:

$$\frac{1}{2}\theta_a^* \omega_m^2 = \frac{1}{2}\theta_a \omega_a^2 \qquad \text{bzw.} \qquad T_L^* \cdot \omega_m = T_L \cdot \omega_a / \eta \quad ,$$

η = Getriebewirkungsgrad. Der Zeiger m bezieht sich auf den Motor, der Zeiger a auf die Arbeitsmaschine.

2. Die beim Anlauf im Läufer entstehende Wärme (denken Sie an eine Schlupfkupplung) muß vom Motor ohne Schaden aufgenommen werden können. Diese Wärme kann u. U. sehr groß sein, sie entspricht bei einem Leerhochlauf vom Stillstand bis zum Synchronismus im Läufer genau der in den Schwungmassen des Antriebs steckenden kinetischen Energie.

Aus dem mechanischen Grundgesetz folgt mit $\omega_m = \frac{\omega}{p}(1-s)$:

$$\theta \frac{d\omega_m}{dt} = -\frac{\theta\omega}{p}\frac{ds}{dt} = T_B = T \qquad \text{bei } T_L = 0 \quad .$$

Die im Läuferkreis (einschließlich eines evtl. Anlassers) entstehende Wärmemenge ist daher beim Leerhochlauf:

$$Q_{2Ho} = \int P_{V2}\, dt = \int s P_D\, dt = \int s \frac{\omega}{p} T\, dt =$$

$$= -\theta \left(\frac{\omega}{p}\right)^2 \int_1^0 s\, ds = \frac{1}{2}\theta\left(\frac{\omega}{p}\right)^2 .$$

Die Auswertung des Integrals zwischen den Grenzen $s_a = 1$ und $s_e = 0$ ergibt als Leerhochlaufwärme den Wert:

$$Q_{2Ho} = \frac{1}{2}\theta\left(\frac{\omega}{p}\right)^2 \quad . \tag{6. 2}$$

Bei der Gegenstrombremsung bis zum Stillstand (Grenzen $s_a = 2$ und $s_e = 1$) entsteht im Läufer die Wärmemenge:

$$Q_{2G_0} = 3\,Q_{2H_0} \tag{6.3}$$

und beim Leerreversieren (Grenzen $s_a = 2$ und $s_e = 0$) die Wärmemenge:

$$Q_{2R_0} = 4\,Q_{2H_0} \quad . \tag{6.4}$$

Drehstrommotoren mit Schleifring- und Käfigläufern unterscheiden sich bezüglich des Anlaufs in ihrem Verhalten ganz wesentlich.

Beim Schleifringläufermotor kann man den Strom und das Drehmoment während des Anlaufs feinstufig in weiten Grenzen einstellen. Die Anlaufwärme wird dann zum überwiegenden Teil von den getrennten Anlaßwiderständen aufgenommen und der Anlaufvorgang bietet dann im allgemeinen gar keine besonderen Schwierigkeiten. Bei besonders schweren Anlaufbedingungen bleibt oft nichts anderes übrig, als einen Schleifringläufermotor zu wählen.

Beim Käfigläufermotor liegt dagegen der einmal gewählte Drehmomentenverlauf ein für allemal fest und die ganze Anlaufwärme muß leider vom Motorläufer selbst aufgenommen werden. Der Drehmomentenverlauf des Käfigläufermotors muß folglich vom Berechner so gestaltet werden, daß das Motormoment T stets über dem Gegenmoment T_L liegt und immer noch ein genügend großes Beschleunigungsmoment T_B vorhanden ist (Abb. 6.1).

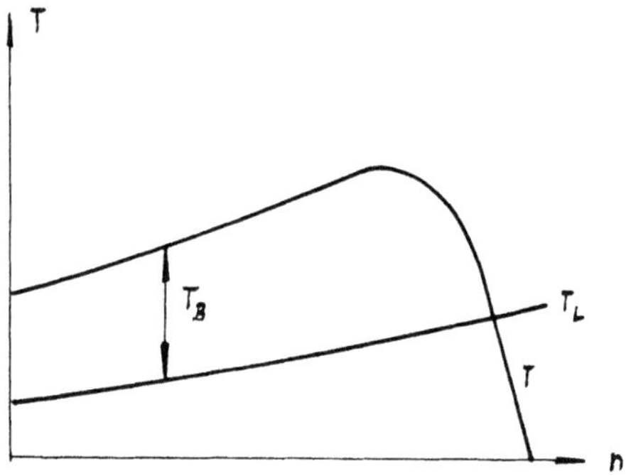

Abb. 6.1

Zur dynamischen Beurteilung des Anlaufvorganges muß man daher den Gegenmomentenverlauf $T_L\,(n)$ über der Drehzahl n und die Größe der auf die Motorwelle reduzierten Schwungmassen kennen. Normalerweise wird nicht mit der Schwungmasse, sondern mit dem Schwungmoment $GD^2 = 4g\,\Theta$ gerechnet.

Nun ein paar Worte über den Gegenmomentenverlauf von Arbeitsmaschinen.
nen.

Die meisten Arbeitsmaschinen haben verhältnismäßig niedrige Gegenmomente beim Anlauf, schätzungsweise erfordern 80 bis 90 % aller Arbeitsmaschinen ein Antriebsmoment, das noch unterhalb des halben Nennmoments liegt. Es ist eben im allgemeinen üblich, solche Antriebe möglichst entlastet hochzufahren! Beispiele hierfür sind z. B. Kreiselpumpen, Lüfter, Werkzeugmaschinen.

In bezug auf den Gegenmomentenverlauf kann man folgende Gruppen unterscheiden:

1. Leeranlauf: Die Arbeitsmaschine wird erst nach dem erfolgten Hochlaufen belastet. Es sind nur sehr geringe Reibungsmomente zu überwinden. Beispiele: Drehbänke, Pressen und Stanzen und andere Werkzeugmaschinen.

2. Lastanlauf mit ansteigendem Gegenmoment: Bei Kreiselpumpen, Kreiselverdichtern, Lüftern usw. wächst das Gegenmoment etwa quadratisch mit der Drehzahl an.

3. Vollastanlauf: Das Gegenmoment verläuft annähernd konstant und entspricht etwa dem Nennmoment. Beispiele: Kräne, Aufzüge, Förderbänder usw.

4. Schweranlauf: Hier ist das Gegenmoment entweder wesentlich größer als das Vollastmoment oder es sind sehr große Schwungmassen, wie z. B. bei Zentrifugen, zu beschleunigen. Ersteres kann z. B. bei gefüllten Kugelmühlen auftreten.

Elektromotoren laufen unbelastet i. a. erstaunlich schnell hoch, kleine Motoren im Bruchteil von einer Sekunde, ohne dabei eine nennenswerte Anzahl von Umdrehungen zu machen, ehe sie die volle Drehzahl erreichen. Die Anlaufzeit läßt sich aus der Bewegungsgleichung:

$$\Theta \frac{d\omega_m}{dt} = T - T_L = T_B$$

u. U. auch graphisch berechnen. Ist das mittlere Beschleunigungsmoment des Motors T_B bekannt, so ergibt sich die Anlaufzeit t_a nach dem Drallsatz

$$\frac{\omega}{p}(1-s_n)\,\Theta = T_m\, t_a \qquad (s_n = \text{Nennschlupf})$$

zu:

$$t_a = \frac{\Theta \cdot \frac{\omega}{p}(1-s_n)}{T_m}\ .$$

Die Anzahl der Umdrehungen U folgt aus dem Arbeitssatz:

$$T_m\,(2\pi \cdot U) = \frac{1}{2}\left[\frac{\omega}{p}(1-s_n)\right]^2 \Theta\,.$$

Man braucht hierin nur einmal passende Zahlenwerte aus einer der Herstellerlisten einzusetzen, um zu erkennen, daß sich z. B. ein 4-poliger 1 kW-Motor nur etwa 1/2-mal herum dreht, um bereits die volle Drehzahl zu erreichen.

Wir wollen kurz noch einmal das Anlassen von Schleifringläufermotoren besprechen; diese sind normalerweise mit einer dreiphasigen Läuferwicklung versehen. Durch Einschalten von ohmschen Widerständen in den Läuferstromkreis kann der Anlaufstrom in den Grenzen zwischen dem Leerlaufstrom und dem Kurzschlußstrom bzw. das Drehmoment zwischen 0 und dem Kippmoment T_K geändert werden. Die nächste Abb. 6.2 zeigt

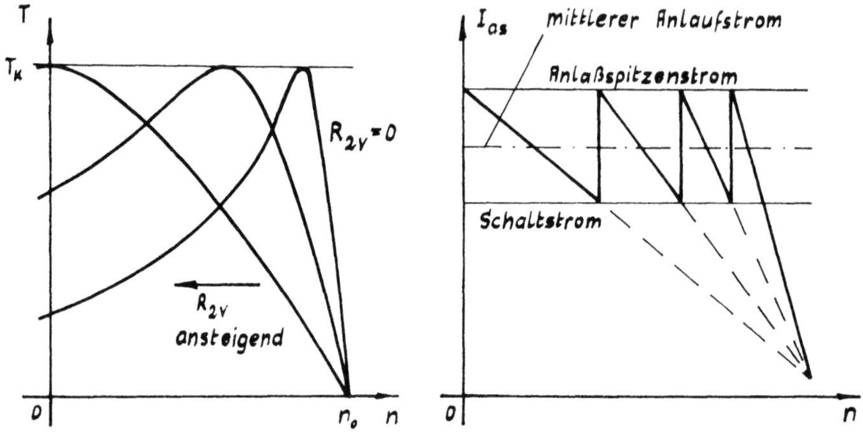

Abb. 6.2

die Änderung der Drehmomentkennlinie mit dem Läufervorschaltwiderstand pro Phase R_{2v} . Durch passende Wahl der Läufervorschaltwiderstände R_{2v} läßt sich das Hochlaufmoment in beliebiger mittlerer Höhe einstellen.

Man spricht vom Vollastanlauf, wenn der Mittelwert des Moments dem 1,3-fachen Nennmoment entspricht. Dann ist auch klar, was unter Halblastanlauf zu verstehen ist. Die Anlaßwiderstände sind so auszulegen, daß der Ständerstrom I_1 bestimmte Werte nicht überschreitet. Man unterscheidet den Anlaß-Spitzenstrom und den Schaltstrom, bei dem auf die nächste Widerstandsstufe übergeschaltet wird. Diese Werte können aus dem Primärstromdiagramm ohne weiteres entnommen werden.

Damit ist aber nur der Widerstandswert für die betr. Anlasserstufe festgelegt. Bei der Konstruktion und Auslegung der Widerstände muß man natürlich noch ihre Wärmekapazität und die Schalthäufigkeit berücksichtigen! Im Gegensatz zum Käfigläufermotor verteilt sich nunmehr die Anlauf- oder Bremswärme im Verhältnis der ohmschen Phasenwiderstände auf Läufer und Anlasser. Da die Vorschaltwiderstände R_{2v} stets ein Vielfaches der Läuferwicklungswiderstände R_2 sind, ist der auf die Läuferwicklung entfallende Verlustanteil sehr gering.

Das einfachste Anlaßverfahren für Käfigläufermotoren ist die direkte Einschaltung! Sie hat sich im Industriebetrieb fast allgemein eingeführt und sollte auch ausschließlich verwendet werden, wenn es die Netzverhältnisse eben zulassen. Für die Beurteilung, ob ein Motor direkt eingeschaltet werden kann oder nicht, ist im allgemeinen der beim Anlauf im Netz hervorgerufene Spannungsfall maßgebend. Für Drehstrommotoren, die an öffentliche Versorgungsnetze angeschlossen werden, bestehen jeweils bestimmte Vorschriften, wonach der Anschluß solcher Motoren hinsichtlich der Leistung und des Anlaufstroms beschränkt wird. Bei direkter Einschaltung bewegen sich die Anlaufströme von Käfigläufermotoren etwa zwischen dem 5- bis 7-fachen des Nennstroms. Einen Kesselspeisepumpenmotor großer Leistung in einem Kraftwerk kann man z. B. direkt einschalten, ohne daß der Turbogenerator davon nennenswert Notiz nimmt. Die Maßnahmen zur Herabsetzung des Anlaufstroms bei Käfigläufermotoren laufen im allgemeinen darauf hinaus, dem Motor während des Anlaufs eine herabgesetzte Spannung zuzuführen.

Das einfachste Verfahren ist die Stern-Dreieckschaltung. Die betriebsmäßig in Dreieck geschaltete Ständerwicklung wird beim Anlauf in Stern geschaltet und nach erfolgtem Hochlauf auf Dreieck zurückgeschaltet. Der im Netz auftretende Anlaufstrom geht hierbei etwa auf 1/3 des Wertes der direkten Einschaltung zurück. Leider geht aber auch das Anlaufmoment auf den dritten Teil zurück, weil es ja dem Quadrat der Klemmenspannung proportional ist (Abb. 6.3).

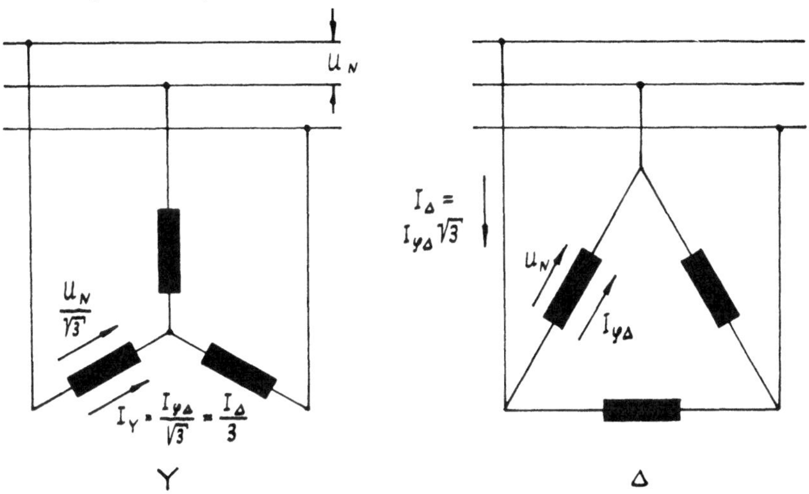

Abb. 6.3

Bei der Bemessung ist zu beachten, daß bei einem 380-V-Netz ein Motor für Stern-Dreieckschaltung für 380Δ/660 Y zu bestellen ist. Das wird heute oft noch falsch gemacht. Ich zeige Ihnen die Schaltung für einen Stern-Dreieckschalter (Abb. 6.4).

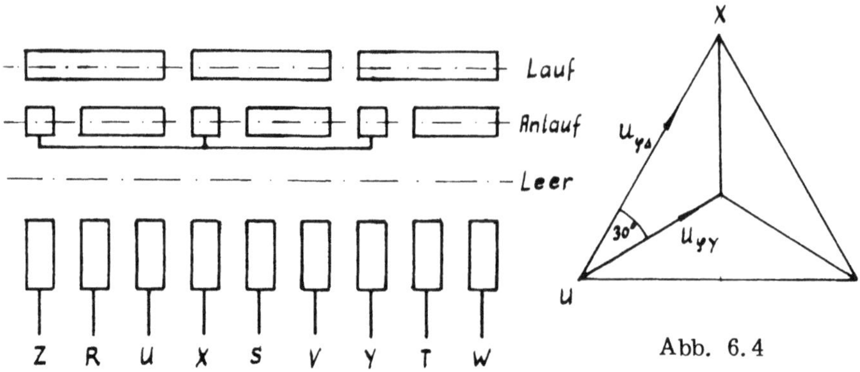

Abb. 6.4

Sie erkennen aus den obigen Abbildungen , daß beim Überschalten von Stern auf Dreieck das Drehfeld um 30° vorspringt. Der Motor erhält dadurch einen Schaltstoß, der sich natürlich im Strom und Drehmoment bemerkbar macht.

Damit ein Stern-Dreieckanlauf überhaupt möglich ist, muß der Motor in der Sternstufe etwa bis zu seiner Nenndrehzahl hochlaufen können. Im anderen Fall würde ja wieder ein zu großer Stromstoß auftreten (Abb. 6.5).

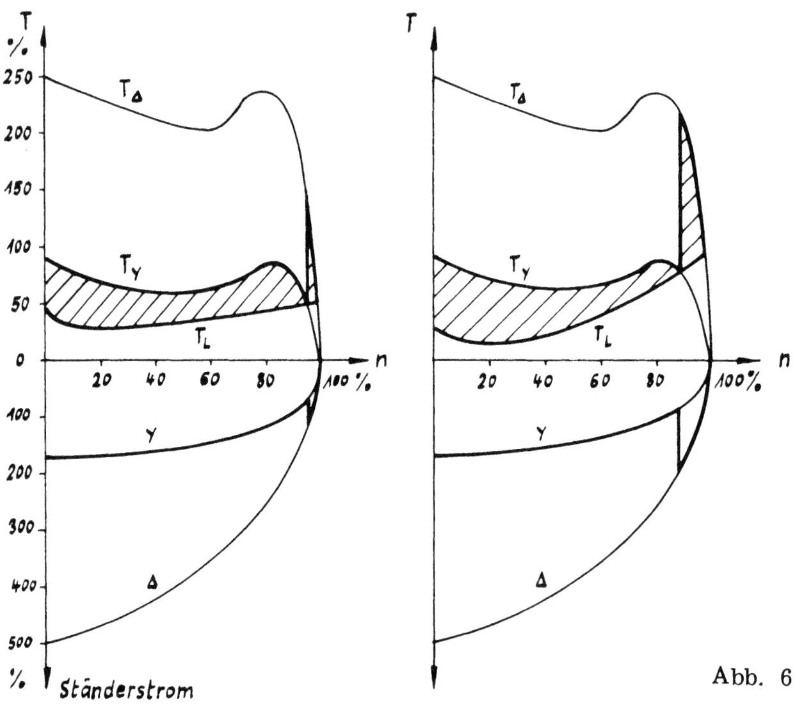

Abb. 6.5

Beim Stern-Dreieckanlauf ist ferner beim Vorhandensein größerer Gegenmomente während des Hochlaufs mit einer größeren Anlauferwärmung zu rechnen als bei direkter Einschaltung, während die Leerhochlaufwärme in beiden Fällen genau dieselbe ist.

Als weitere Möglichkeit bietet sich ein Anlaßtransformator zur Herabsetzung der Spannung an den Motorklemmen. Setzt man die Spannung am Motor z. B. durch einen Spartransformator herunter, so geht der Anlaufstrom des Motors proportional mit der Spannung am Motor zurück. Bezogen auf die Primärseite des Anlaßtransformators verringert sich daher der Netzstrom beim Anlauf quadratisch mit dem Übersetzungsverhältnis. Bei einer Anlaßspannung von 50 % der Netzspannung beträgt daher der Anlaufstrom im Netz nur 25 % des Wertes bei direkter Einschaltung. Das Anzugmoment verringert sich natürlich ebenfalls quadratisch mit der Spannung am Motor (Abb. 6. 6).

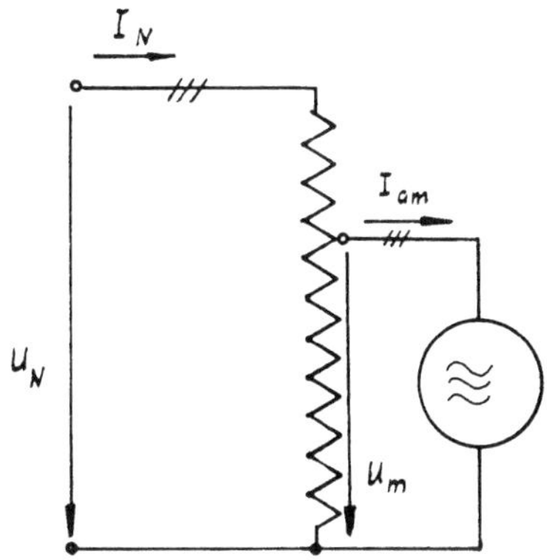

Abb. 6. 6

Es ist:

$$T_{am} = T_{aN}\left(\frac{U_m}{U_N}\right)^2, \quad I_{am} = I_{aN}\frac{U_m}{U_N}, \quad \frac{I_{am}}{I_{aN}} = \frac{U_m}{U_N},$$

$$3\,U_N I_N = 3\,U_m I_{am},$$

deshalb wird:

$$\text{Netzstrom:} \quad I_N = \frac{U_m}{U_N} I_{am} = \left(\frac{U_m}{U_N}\right)^2 I_{aN}.$$

Die erforderliche Leistung des Anlaßtransformators ist gleich der aufgenommenen Scheinleistung des Motors beim Anlauf multipliziert mit dem Quadrat des Übersetzungsverhältnisses. Das erkennen wir am einfachsten anhand eines Beispiels:
Wie groß ist die Typenleistung eines Anlaßtransformators und welche Anlaßspannung muß man wählen, wenn ein Drehstrommotor von 400 kW und

6000 V Netzspannung bei direkter Einschaltung den 6-fachen Anlaufstrom besitzt und ein Anzugmoment vom 1,5-fachen Nennmoment entwickelt, wenn dieser Anlaufstrom im Netz etwa auf den 2-fachen Wert des Nennstroms herabgesetzt werden soll? Der Nennstrom des Motors betrage 46 A. Wie groß ist dann das Anzugsmoment?

Ist I_a der Anlaufstrom des Motors bei voller Netzspannung, also 6000 V und I_a' der Anlaufstrom auf der Primärseite des Anlaßtransformators, so ist das Übersetzungsverhältnis des Anlaßtransformators:

$$\ddot{u} = \sqrt{\frac{I_a'}{I_a}} = \sqrt{\frac{2}{6}} = 0{,}58 \quad .$$

Die Anlaßspannung am Motor beträgt dann etwa 3600 V und die Scheinleistung des Anlaßtransformators ist:

$$P_{Tr} = \ddot{u}^2 P_1 \quad ,$$

wenn wir unter P_1 die aufgenommene Scheinleistung des Motors in kVA beim Anlauf mit normaler Spannung verstehen. Diese ist nun im vorliegenden Beispiel:

$$P_1 = \sqrt{3} \cdot 6000 \cdot 46 \cdot 6 \cdot 10^{-3} = 2860 \text{ kVA.}$$

Die Leistung, für die der Anlaßtransformator zu bemessen ist, ergibt sich folglich zu:

$$P_{Tr} = 0{,}58^2 \cdot 2860 = 960 \text{ kVA} \quad .$$

Dabei ist zu bedenken, daß der Anlaßtransformator stets als Spartransformator ausgelegt wird und demzufolge von Hause aus schon eine wesentlich kleinere Typenleistung besitzt als ein Zweiwicklungstransformator. Selbstverständlich ist der Anlaßtransformator für kurzzeitigen Betrieb zu bemessen, wobei die Belastungsdauer nach der Anlaufzeit und der Schalthäufigkeit des Motors festzulegen ist. Das Anzugmoment beträgt mit Anlaßtransformator:

$$T_a = 1{,}5\ T_n \cdot 0{,}58^2 = 0{,}5\ T_n \quad .$$

Es ist also nur halb so groß wie bei direkter Einschaltung.

Wenn es nur darauf ankommt, das Anzugmoment herabzusetzen, ohne daß eine Verminderung des Anlaufstromes vorgesehen werden soll, so kann man z. B. der Ständerwicklung einen einphasigen Widerstand R_v vorschalten (Abb. 6. 7). Natürlich geht das auch mit einem dreiphasigen Vorschaltwiderstand. Man nennt solche Schaltungen KUSA-Schaltungen.

Durch diese Maßnahmen läßt sich das Anzugmoment stark verringern und u. U. ein sanfter und stoßfreier Anlauf erzielen (z. B. für Textilantriebe). Nach erfolgtem Hochlauf muß man diese Vorschaltwiderstände R_v natürlich kurzschließen.

Im Fall eines dreiphasigen symmetrischen Vorschaltwiderstandes läßt sich die Verminderung des Anzugmomentes natürlich sofort übersehen.

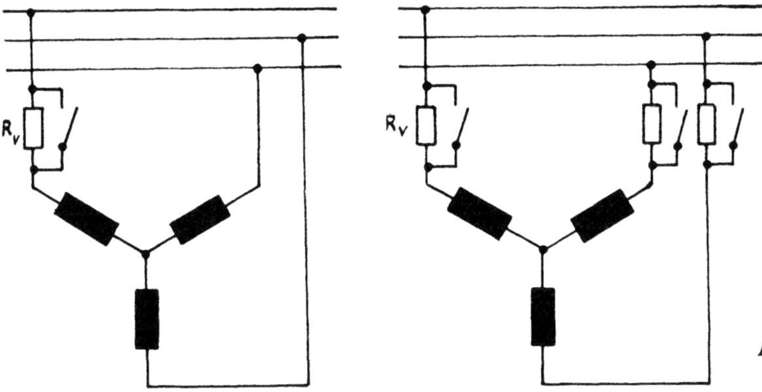

Abb. 6.7

Bezeichnet man den Scheinwiderstand/Phase des Motors mit $\mathfrak{Z}_m$, so verhalten sich die Spannungen an den Motorklemmen und die Ströme wie $|\mathfrak{Z}_m/(\mathfrak{Z}_m + R_V)|$ und das Anzugmoment geht dementsprechend auf den Wert:

$$T_a = T_{aN} \cdot \left| \frac{\mathfrak{Z}_m}{\mathfrak{Z}_m + R_V} \right|^2$$

zurück. Im Gegensatz zum Anlassen mit einem Anlaßtransformator geht der Strom bei dreiphasiger KUSA-Schaltung nur linear mit dem Verhältnis der Spannungen zurück. Es steht nichts im Wege, statt der Vorwiderstände auch Vorschaltdrosseln zu nehmen. Was für einen speziellen Fall am günstigsten ist (Vergrößerung des ohmschen Widerstandes oder der Streuung), muß von Fall zu Fall durchgerechnet werden.

Nun ein paar Worte zur Anlaufarbeit, Anlaufwärme und Anlauferwärmung. Bei Drehstrommotoren mit Käfigläufern muß man neben der zulässigen Erwärmung im Dauerbetrieb auch die Erwärmung feststellen, die beim Anlaufen, Bremsen bzw. Umsteuern auftritt, und zwar immer dann, wenn große Schwungmassen zu beschleunigen sind (z. B. bei Zentrifugen) oder wenn die Gegenmomente während des Anlaufs relativ hoch sind.

Bei reiner Massenbeschleunigung, also Leeranlauf, ist die in der Läuferwicklung entstehende Wärmemenge gleich der kinetischen Energie der rotierenden Schwungmassen. Die zulässige Anlaufarbeit ist daher beim Käfigläufer durch die Wärmekapazität der Läufer- bzw. Ständerwicklungen begrenzt.

Aus der Größe der zu beschleunigenden Schwungmassen θ (bzw. GD^2) läßt sich die bei Leeranlauf entstehende Läuferwärme leicht ermitteln. Sie ist bei einem Hochlauf vom Stillstand bis zur synchronen Drehzahl n_0 (bzw. Winkelgeschwindigkeit ω_0):

$$Q_{2H0} = \frac{1}{2} \sum \theta \omega_0^2 \quad .$$

Wie man aus dieser Gleichung erkennt, spielt die besondere konstruktive Ausbildung der Läuferwicklung und die Art des Anlaßverfahrens bei Leerhochlauf gar keine Rolle! Es kommt lediglich auf die Größe der zu beschleunigenden Schwungmassen und auf die synchrone Winkelgeschwindigkeit ω_0 an.

Bei Gegenstrombremsung wird, wie ich schon erwähnte, die Läuferleerbremswärme 3-mal so groß wie die Anlaufwärme und die Leerumsteuerwärme ist 4-mal so groß wie die Leeranlaufwärme.

Die in der Ständerwicklung entstehende Anlaufwärme Q_{1H0} läßt sich beim Leeranlauf zu der im Läufer entstehenden in eine sehr einfache Beziehung bringen. Bei der im Bereich $s > s_n$ stets zulässigen Vernachlässigung des Magnetisierungsstroms - in diesem Schlupfbereich entsteht ja der größte Teil der Wärme - gilt:

$$Q_{1H0} = Q_{2H0} \cdot \frac{R_1}{R_2'} \quad , \tag{6.5}$$

wobei R_2' der auf die Ständerwicklung bezogene Läuferwiderstand ist (Umrechnung im Verhältnis der Phasenzahlen und der effektiven Windungszahlquadrate). Durch Vergrößerung des Läuferwiderstandes kann man daher die in der Ständerwicklung entstehende Anlauf-, Brems- und Umsteuerwärme erheblich herabsetzen! Von dieser Maßnahme macht man bei Motoren mit großer Schalthäufigkeit Gebrauch (z. B. Rollgangsmotoren), falls diese bei voller Drehzahl nur ganz schwach belastet sind. Man kommt dann zu sog. Schlupfläufermotoren. Beim Dauerschaltbetrieb läßt sich dadurch die zulässige Schalthäufigkeit erhöhen. Das ist aber ausschließlich auf Motoren beschränkt, die im wesentlichen nur geschaltet werden und bei denen die Belastung bei der Nenndrehzahl praktisch keine Rolle spielt.

Normalerweise ist $R_1/R_2' \approx 1$. Dem Netz wird dann beim Leerhochlauf eine Energie entnommen, die etwa der 3-fachen kinetischen Energie des Antriebs entspricht.

Eine weitere Maßnahme zur Herabsetzung der Anlaufwärme bietet die später zu behandelnde Polumschaltung. Unter polumschaltbaren Motoren versteht man solche mit Ständerwicklungen verschiedener Polzahlen, die getrennt an das Klemmenbrett geführt sind. Sie werden i. a. nur für Käfigläufer verwendet. Bei diesen läßt sich für den Fall des Polzahlverhältnisses 1 : 2 die Anlaufwärme auf die Hälfte herabsetzen. Bei 4-facher Polumschaltung geht die Leeranlaufwärme auf nur 39 % des Wertes der direkten Schaltung zurück. Das Anfahren muß natürlich immer über die kleinere zur nächst höheren Drehzahl erfolgen.

Neben der Anlaufwärme interessiert in 1. Linie natürlich auch die Anlauferwärmung.

Ist die Anlaufwärme (bzw. Bremswärme usw.) Q_2 bekannt, so läßt sich die Erwärmung ϑ (Übertemperatur über das Kühlmittel) der Ständer- oder

Läuferwicklung aus dem Wicklungsgewicht G und der spezifischen Wärme c ermitteln, wenn man voraussetzt, daß sich die Vorgänge so schnell abspielen, daß keine nennenswerte Wärmeabgabe stattfindet. Aus dem Energiesatz folgt dann:

$$G \cdot c \cdot \vartheta = Q_2 \qquad \text{oder:} \qquad \vartheta = \frac{Q_2}{G \cdot c} \quad . \tag{6.6}$$

Während die Leeranlaufwärme durch Bemessung der Läuferwicklung nicht beeinflußt werden kann, läßt sich die Erwärmung durch entsprechende Gestaltung der Läuferwicklungen ändern! Man kann sie z. B. durch Vergrößerung des Wicklungsgewichts verringern. Diese Maßnahme ist aber sehr unwirtschaftlich. Es ist daher zweckmäßiger, zur Vergrößerung der Wärmekapazität auch das Läufereisen heranzuziehen. Durch geringeren Wärmeübergangswiderstand zwischen dem unisolierten Läuferkäfig und den Läuferblechen (also große Berührungsflächen und guter Sitz des Käfigs im Eisen) wird die Anlauferwärmung der Läuferwicklung ganz erheblich herabgesetzt. Das ist insbesondere für die später behandelten Keilstabläufer der Fall.

Sowohl bei der Berechnung der Anlaufzeit als auch der Anlaufwärme ist das gesamte zu beschleunigende Schwungmoment des Motors und der Arbeitsmaschine (letzteres reduziert auf die Motorwelle) einzusetzen. Die Schwungmomente der Motoren können leicht berechnet werden, die der Arbeitsmaschinen sind vom Hersteller jeweils anzufordern.

Wir betrachten nun die Verhältnisse bei einem belasteten Anlauf. Wenn neben der Beschleunigung der Schwungmassen außerdem noch Gegenmomente zu überwinden sind, wird die Anlaufwärme u. U. erheblich größer als beim Leeranlauf! Das läßt sich wie folgt einsehen:
Die in der Läuferwicklung entstehende Verlustwärme ist:

$$Q_2 = \int P_{V2}\, dt = \int P_{V2} \frac{ds}{(ds/dt)} \quad .$$

Nun ist nach dem dynamischen Grundgesetz:

$$T_B = T - T_L = -\frac{\omega}{p}\, \Theta \frac{ds}{dt} \quad ,$$

also wird:

$$Q_2 = \int \frac{P_{V2} \cdot ds}{T_B} \left(-\frac{\omega \Theta}{p} \right) = -\Theta \left(\frac{\omega}{p} \right)^2 \int \frac{T}{T_B}\, s\, ds \quad .$$

Beim Leeranlauf war mit $T_L = 0$ und $T = T_B$:

$$Q_{2Ho} = -\Theta \left(\frac{\omega}{p} \right)^2 \int_1^0 s\, ds \quad ,$$

also wird im Fall des belasteten Anlaufs:

$$Q_{2HL} \approx -\Theta\left(\frac{\omega}{p}\right)^2 \left(\frac{T}{T_B}\right)_{mittel} \int_1^0 s\,ds$$
$$= Q_{2Ho} \left(\frac{T}{T_B}\right)_{mittel} . \qquad (6.7)$$

Das Verhältnis der Lastanlaufwärme Q_{2HL} zur Leeranlaufwärme Q_{2Ho} wird also in 1. Näherung durch das Verhältnis des zeitlich mittleren Motordrehmoments während des Hochlaufs zum zeitlich mittleren Beschleunigungsmoment T_B bestimmt.

Im Gegensatz zum Leeranlauf läßt sich die Anlaufwärme beim Lastanlauf sehr wohl durch entsprechende Auslegung der Läuferwicklung beeinflussen! Bei einem bestimmten Gegenmoment T_L ist ja die Lastanlaufwärme um so geringer, je größer das Beschleunigungsmoment T_B bzw. das Motordrehmoment T ist. Diese Tatsache ist für alle Anlaßverfahren mit herabgesetztem Anlaufstrom, wobei sich dann auch das Motormoment verringert, von erheblicher Bedeutung! So geht z. B. bei der Stern-Dreieckschaltung das Motordrehmoment auf etwa 1/3 des Wertes bei direkter Einschaltung zurück. Das relative Beschleunigungsmoment ist infolgedessen bei Lastanlauf in Stern-Dreieckschaltung geringer als bei direkter Schaltung. Damit ist dann auch eine erheblich größere Anlaufwärme und Anlauferwärmung verbunden.

Ein Motor wird also bei Lastanlauf, je nachdem, ob direkt oder mit Stern-Dreieckschaltern eingeschaltet wird, bei dem gleichen Gegenmoment ganz verschieden warm werden! Bei einem sehr großen Rückgang des Beschleunigungsmoments kann dann die Anlaufwärme bei Sterndreieckschaltung ganz erheblich größer werden und ein Mehrfaches desjenigen Wertes erreichen, der bei direkter Schaltung auftreten würde. Das ist auch bei den später zu behandelnden unsymmetrischen Schaltungen zu berücksichtigen.

Ist also bei einem Stern-Dreieckanlauf mit Gegenmomenten zu rechnen, die auch nur 20 % des Nennmoments überschreiten, so empfiehlt sich eine genaue Überprüfung der Anlaufmomente in dynamischer und thermischer Hinsicht.

Nun zum Begriff der Schalthäufigkeit Z.

Die zulässige Schalthäufigkeit Z, darunter versteht man die Zahl der Schaltungen pro Stunde, läßt sich angenähert aus den Hochlauf- bzw. Brems- oder Umsteuerverlusten berechnen, wenn man diese in eine Beziehung zu den im Dauerbetrieb zulässigen Stromwärmeverlusten P_{V2n} setzt.

Man unterscheidet dabei zwischen dem Schaltbetrieb, bei dem die Erwärmung der Maschine hauptsächlich durch die Anlauf- oder Bremswärme bestimmt ist, und dem Dauerschaltbetrieb, bei dem Schaltungen in regelmäßiger Folge mit Arbeitsbelastungen abwechseln. Häufig werden kleinere

Motoren im Umschaltbetrieb gefahren, d. h. ein Spiel besteht aus einem Hochlauf und anschließender elektrischer Gegenstrombremsung bis zum Stillstand usw. Bezeichnet man mit Q_{2Ho} die Leeranlaufwärme für einen Hochlauf, so sind z. B. die im Umschaltbetrieb entstehenden Wärmemengen im Läufer:

$$Q_{2u} = 4\,Q_{2Ho} \quad ,$$

falls das Gegenmoment vernachlässigbar klein ist.

Die zulässige Leerschalthäufigkeit ist dann einfach aufgrund des Energiesatzes zu berechnen:

$$Q_{2Ho} \cdot Z_o = 3600 \cdot P_{V2} \quad .$$

In entsprechender Weise ergibt sich die Lastschalthäufigkeit.

Ist die Drehmasse des Motors bei einem Antrieb wesentlich größer als die auf die Motorwelle bezogene Drehmasse der Arbeitsmaschine, dann hat es bei der Planung eines Antriebes für einen Schaltbetrieb keinen Sinn, einen möglichst leistungsstarken Motor zu wählen. Nach den Wachstumsgesetzen steigt die Schwungmasse des Motors und damit die Schaltwärme Q_S'' mit der 5/4-ten Potenz der Leistung, die zulässigen Verluste aber nur mit etwa der 3/4-ten Potenz der Leistung. Die zulässige Schalthäufigkeit wird dadurch verringert. Empfehlenswert ist es, dann die Leistung auf mehrere kleinere Motoren aufzuteilen.

Wir wollen uns nun einem anderen sehr wichtigen Punkt zuwenden, der ebenfalls in Verbindung mit dem Anlassen steht, den Motoren mit Stromverdrängungsläufern. Während man zur Heraufsetzung des Anzugmoments bei Schleifringläufermotoren einfach Vorwiderstände in den Läuferkreis einschalten kann, ist das bei Motoren mit Käfigläufern nicht möglich. Aber es besteht die Möglichkeit, dem Motor durch geeignete Ausbildung des Läuferkäfigs im Anlauf einen höheren Läuferwiderstand vorzutäuschen, indem man von der einseitigen Stromverdrängung Gebrauch macht.

7. Drehstromasynchronmotor mit Doppelnutläufer

Den stromverdrängungsfreien Rundstabkäfigläufermotor haben wir ausführlich behandelt. Wir wissen, daß das Primärstromdiagramm in etwa ein Kreis ist, aus dem alle interessierenden Daten abgelesen werden können. Sein Strom und sein Drehmoment sind bei konstanter Netzspannung nur vom Schlupf s abhängig. Im Stillstand entwickelt der Motor das Anzugmoment und nimmt dabei einen relativ hohen Anlaufstrom vom 4- bis 7-fachen des Nennstromes auf.

Es ist ein großer Nachteil des Rundstabkäfigläufermotors, daß seine Anlaufverhältnisse mit steigender Maschinenleistung immer schlechter werden. Die auf das Nennmoment bezogenen Drehmomente kleinerer, mittlerer und großer Maschinen mit Einfachkäfigläufern haben etwa den in Abb. 7. 1 dargestellten Verlauf.

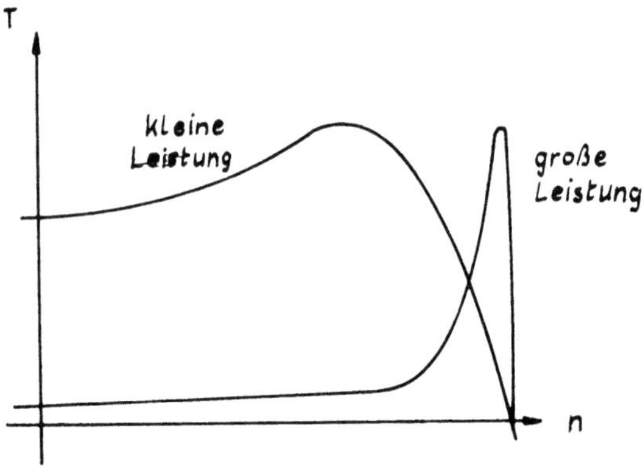

Abb. 7. 1

Wir wollen uns das an einem Zahlenbeispiel klarmachen.

Das Anzugmoment eines Drehstromasynchronmotors ist den im Läufer auftretenden Stromwärmeverlusten proportional. Ist R_{2a} der ohmsche Widerstand je Läuferstrang bei Anlauf s = 1, R_2 der entsprechende Wert bei Nennlast, so gilt für das Anzugmoment:

$$T_a \sim m_2 R_{2a} I_{2a}^2$$

und für das Nennmoment:

$$T_n \sim m_2 R_2 I_{2n}^2 / s_n \, .$$

Bezieht man das Anzugmoment auf das Nennmoment, sow

Bezieht man das Anzugmoment auf das Nennmoment, so wird:

$$\frac{T_a}{T_n} = s_n \frac{R_{2a}}{R_2} \cdot \left(\frac{I_{2a}}{I_{2n}}\right)^2 \approx s_n \cdot \frac{R_{2a}}{R_2} \cdot \left(\frac{I_{1a}}{I_{1n}}\right)^2 \, .$$

Aus dieser Beziehung erkennt man sofort die Wirksamkeit eines Läufervorwiderstandes beim Schleifringläufer. Es würde dann:

$$R_{2a} = R_2 + R_{2v}$$

sein. Bei einem Käfigläufer mit runden oder ovalen Stäben ist dagegen der Läuferwiderstand bei Anlauf und Nennbetrieb der gleiche ($R_{2v} = 0$). Infolgedessen ist das bezogene Anlaufmoment dem Nennschlupf s_n proportional.

Zwischen dem Nennschlupf und der Größe bzw. Leistung einer Maschine läßt sich nun mit Hilfe der Wachstumsgesetze eine Beziehung herstellen, die es uns auch erlaubt, einen Zusammenhang zwischen dem bezogenen Anzugmoment und der Maschinengröße herzustellen.

Für eine bestimmte Polpaarzahl ist das Drehmoment bzw. die Leistung dem Produkt aus Strom und magnetischem Fluß proportional:

$$P, T \sim \Phi \cdot I \quad .$$

Setzen wir die Stromdichte G und die Induktion B als invariant voraus, so wachsen Drehmoment und Leistung mit der 4. Potenz der Maschinenabmessungen:

$$P_n , T_n \sim \overbrace{L^2 \cdot B}^{\Phi} \cdot \overbrace{L^2 \cdot G}^{I} \sim L^4 \quad .$$

L ist ein generelles Maß für die Abmessungen der Maschine, wobei angenommen wird, daß alle Maschinenabmessungen nach dem "Storchschnabelprinzip" vergrößert werden. (Das trifft aber für den Luftspalt nicht zu!)

Andererseits gilt für die Läuferverluste:

$$P_{v2n} \sim I_2^2 R_2 \sim L^3 \quad .$$

Die Läuferverluste wachsen also nur mit der dritten Potenz der Maschinenabmessungen. Als Folge davon ist der Nennschlupf umgekehrt proportional den Maschinenabmessungen:

$$s_n \approx \frac{P_{2vn}}{P_n} \sim \frac{1}{L} \qquad \text{oder} \qquad s_n \sim \frac{1}{\sqrt[4]{P_n}} \quad .$$

In dem gleichen Maße nimmt dann auch das bezogene Anzugmoment ab.

So ergibt sich beispielsweise für einen vierpoligen Motor:

$$\begin{matrix} \text{bei } 3\text{ kW} \\ \\ \text{bei } 100\text{ kW} \end{matrix} \qquad s_n = \begin{cases} 5{,}3\,\% \\ \\ 2{,}2\,\% \end{cases} ; \quad \frac{I_{1a}}{I_{1n}} = \begin{cases} 5{,}5 \\ \\ 5{,}5 \end{cases} ; \quad \frac{T_a}{T_n} = \begin{cases} 1{,}62 \\ \\ 0{,}67 \end{cases} \quad .$$

Zur Vergrößerung des natürlichen Anlaufmomentes der Asynchronmaschine muß der Läuferwiderstand im Stillstand und während des Hochlaufes in wirksamer Weise erhöht werden.

Beim Schleifringläufer verwendet man die beliebig regelbaren äußeren Anlaßwiderstände. Beim Käfigläufermotor scheidet diese Möglichkeit aus. Man muß also versuchen, wenn man den erhöhten Läuferwiderstand nicht auch beim Betrieb mit Nenndrehzahl zulassen will, den wirksamen Widerstand frequenzabhängig zu machen. Das gelingt, wenn man den Effekt der Stromverdrängung ausnutzt. Heute werden im wesentlichen zwei Läuferkonstruktionen verwendet: Käfiganker mit rechteckigen oder keilförmigen Hochstäben und Doppelkäfigläufer.

Wir untersuchen zunächst die Motoren mit Doppelkäfigläufern oder, wie man auch sagt, Doppelnutläufern. Diese Läufer werden von den verschiedenen Firmen in unterschiedlichen Bauformen ausgeführt. Die nebenstehende Abb. 7.2 zeigt Ihnen eine Reihe von solchen Möglichkeiten.

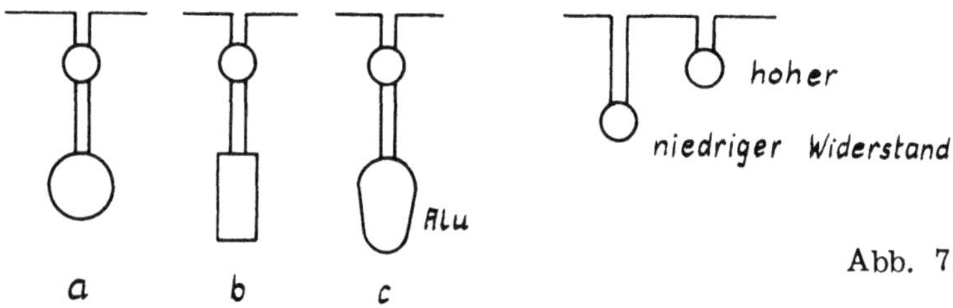

Abb. 7.2

Physikalisch wirken alle diese Läufer in der gleichen Weise. Wie eingangs schon erwähnt, beruht die grundsätzliche Wirkung auf der Erscheinung der Stromverdrängung.

Die durch die Aufteilung des Läuferkäfigs geänderte Wirkungsweise der Maschine hängt erstens davon ab, welche ohmschen Widerstände die beiden Käfigteile aufweisen, und zweitens davon, welchen Blindwiderstand der Streusteg besitzt.

Wir betrachten einen Doppelkäfig mit einem Blechschnitt nach Abb. 7.2a. Er besitzt zwei getrennte Läuferkäfige, deren Stäbe durch Kurzschlußringe miteinander verbunden sind. In der Nähe der synchronen Drehzahl, d. h. auch bei Nennbetrieb des Motors, ist die im Läufer auftretende Schlupffrequenz so klein, daß sich die Ströme mit praktisch gleicher Stromdichte über den gesamten Querschnitt der Läuferstäbe verteilen; mit anderen Worten: bei kleinen Frequenzen teilen sich die Ströme entsprechend den Gleichstromwiderständen auf die beiden Käfige auf, da in diesem Fall die Streureaktanz des Unterkäfigs unwirksam ist.

Beim Anlauf ist dagegen die Schlupffrequenz relativ groß. Der im Unterstab fließende Strom bildet einen zusätzlichen Streufluß durch den Streuschlitz zwischen den beiden Stäben aus. Der gesamte Läuferstrom $\mathfrak{I}_2$

teilt sich infolgedessen in zwei stark in der Phase verschobene Teilströme auf: in einen mit der je Stab induzierten Spannung praktisch phasengleichen Strom $\mathfrak{I}_o$ im oberen Stab und in einen dieser Spannung zeitlich fast um 90° nacheilenden Strom $\mathfrak{I}_u$ im unteren Stab. Nehmen wir einmal an, daß der Betrag der beiden Teilströme nahezu übereinstimmt und daß ihre Phasenverschiebung fast 90° beträgt. Der relative Gesamtstrom $\mathfrak{I}_2$ zerlegt sich also in einen oberen Teilstrom vom Betrage 0,7 I_2 und einen unteren Teilstrom vom Betrage 0,7 I_2. Wir bezeichnen das Verhältnis vom oberen Stabwiderstand R_o zum unteren Stabwiderstand R_u mit u.

Dann ist $R_o \sim (u + 1)$ und $R_u \sim (u + 1)/u$. Die Ströme I_o und I_u rufen damit den bezogenen Gesamtverlust:

$$0{,}7^2(1+u) + 0{,}7^2(1+u)/u \approx 1 + u/2$$

hervor. Das bedeutet bei gleichem Läuferstrom gegenüber dem Einfachkäfigläufer, daß die Verluste und damit das Anzugmoment beim Doppelkäfigläufer um den Faktor 1 + u/2 ansteigen. Die Maschinen sind i. a. so ausgelegt, daß sich u zwischen 3 und 10 bewegt. Daher sind Anzugmomente zu erwarten, die das 2,5- bis 6-fache des Drehmoments einer vergleichbaren Einfachkäfigmaschine betragen. Beim Anlauf entsteht der größte Wärmeumsatz im oberen Käfig, da in ihm wegen seines hohen ohmschen Widerstandes 80 bis 90 % der gesamten Läuferverluste bei Stillstand entstehen. Man muß daher den oberen Käfig mit hoher Wärmespeicherfähigkeit ausführen und wählt daher meistens nicht Kupfer, sondern einen Werkstoff mit höherem spezifischen Widerstand. Durchweg wird der obere Käfig aus Messing gemacht.

Bei gegossenen Aluminiumläufern verteilt sich die Wärme des oberen Käfigs schnell auf den mit ihm metallisch verbundenen unteren Käfig und auch schnell auf das benachbarte Eisen, mit dem ein inniger Kontakt besteht. Wärmestauungen sind hier weniger zu befürchten.

Mit dem Doppelnutläufer kann also gegenüber dem Einfachkäfigläufer eine wesentliche Erhöhung des Anzugmomentes erreicht werden. Infolge der insgesamt vergrößerten Nutstreuung verringert sich dabei der Anlaufstrom nur in geringem Maße.

Wir wollen nun die Spannungsgleichungen für den Drehstrommotor mit Doppelkäfigläufer aufstellen, mit deren Hilfe wir die Ströme und das Drehmoment berechnen können.

Im Gegensatz zum Einfachkäfigläufer hat man hier zwischen den Streuflüssen $\Phi_{\sigma u}$ des unteren Stabes und $\Phi_{\sigma o}$ beider Stäbe zusammen zu unterscheiden (Abb. 7.3).
Diesen Streuflüssen entsprechen dann bei Netzfrequenz die Streureaktanzen $X_{\sigma u}$ und $X_{\sigma o}$. $X_{\sigma o}$ ist dabei der sekundäre Blindwiderstand, der beim Einfachkäfigläufer allein vorhanden wäre. Er umfaßt die Nuten- und Stirnstreuung sowie die doppeltverkettete Streuung. $X_{\sigma u}$ entspricht der Streureaktanz, die allein dem unteren Käfig zugehörig ist.

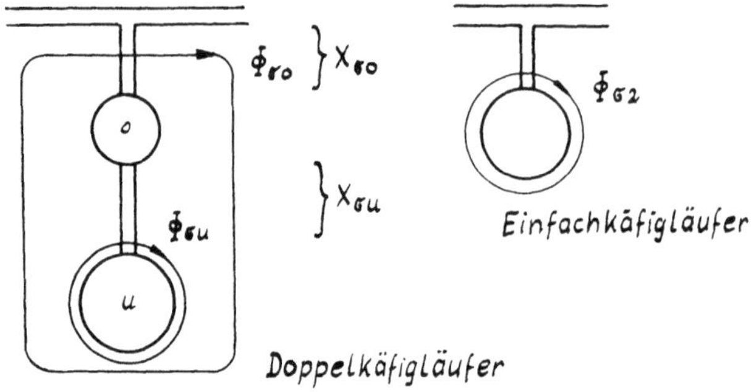

Abb. 7.3

Hinsichtlich der elektromagnetischen Verkettungen sind nunmehr die folgenden Stromkreise zu beachten: 1. Die Ständerwicklung, 2. der Ober- oder Anlaufkäfig und 3. der Unter- oder Arbeitskäfig. Nach dem, was wir von dem Einfachkäfigläufer her bereits wissen, können wir die Spannungsgleichungen ohne weiteres anschreiben. Aus der Betrachtung der Geometrie der Anordnung ist sofort ersichtlich, daß die Gegeninduktivitäten zwischen der Ständerwicklung und dem Oberkäfig sowie der Ständerwicklung und dem Unterkäfig einander gleich sind. Damit lautet die Ständerspannungsgleichung:

$$\mathfrak{U}_1 = (R_1 + jX_1)\,\mathfrak{I}_1 + \underbrace{jX_{12}\,\mathfrak{I}_o}_{\text{Wirkung des Oberkäfigs}} + \underbrace{jX_{12}\,\mathfrak{I}_u}_{\text{Wirkung des Unterkäfigs}} \;. \qquad (7.1.)$$

Die einzelnen Reaktanzen sind uns vom Einfachkäfigmotor her bekannt. Die Spannungsgleichung für den Oberkäfig lautet:

$$0 = \underbrace{jsX_{21}\,\mathfrak{I}_1}_{\text{Wirkung der Ständerwicklung}} + (R_o + jsX_o)\,\mathfrak{I}_o + \underbrace{(jsX_{2h} + jsX_{\sigma o})\,\mathfrak{I}_u}_{\text{Wirkung des Unterkäfigs}} \;. \qquad (7.2)$$

Darin bedeuten:

$$X_o = X_{2h} + X_{\sigma o} \qquad (7.3)$$

die gesamte Induktivität des Oberkäfigs und X_{2h} die Hauptreaktanz einer Läufermasche. Für den unteren Käfig gilt entsprechend:

$$0 = \underbrace{jsX_{21}\,\mathfrak{I}_1}_{\text{Wirkung der Ständerwicklung}} + \underbrace{(jsX_{2h} + jsX_{\sigma o})\,\mathfrak{I}_o}_{\text{Wirkung des Oberkäfigs}} + (R_u + jsX_u)\,\mathfrak{I}_u \qquad (7.4)$$

mit

$$X_u = X_{2h} + X_{\sigma o} + X_{\sigma u} \qquad (7.5)$$

als totaler Reaktanz des Unterkäfigs.

Das galvanisch einphasige Ersatzschaltbild (Abb. 7.4) läßt sich ohne jede

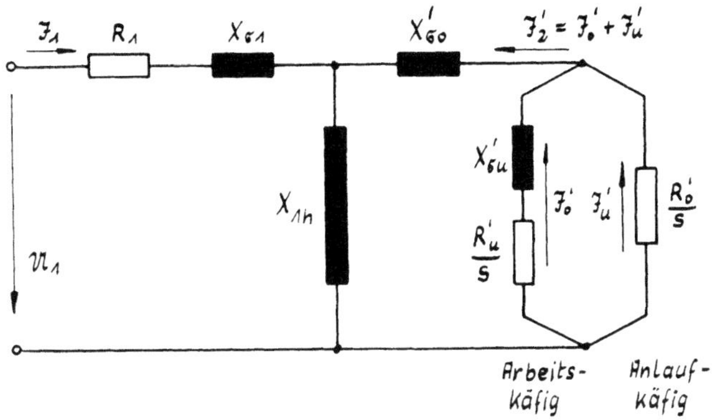

Abb. 7.4

Rechnung unmittelbar erraten; wenn wir nur beachten, daß die beiden Käfige von dem gleichen Nutzfluß durchsetzt sind, was nichts anderes bedeutet, als daß die Ersatzstromkreise der beiden Käfige an derselben Reaktanz liegen müssen.

Es ist empfehlenswert, dieses Ersatzbild durch Verwandlung der Parallelschaltung im Läufer auf eine Serienschaltung mit dem Scheinwiderstand:

$$\mathfrak{Z}'_2 = \frac{R'_o\,(R'_u + js\,X'_{\sigma u})}{R'_o + R'_u + js\,X'_{\sigma u}} \tag{7.6}$$

zurückzuführen. Wir erhalten dann das in Abb. 7.5 dargestellte Ersatzschaltbild.

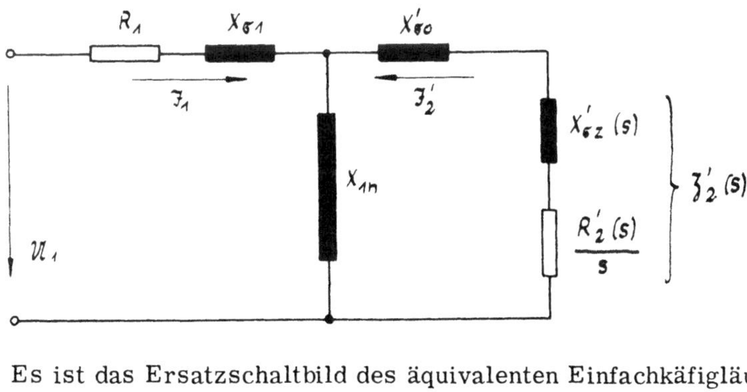

Abb. 7.5

Es ist das Ersatzschaltbild des äquivalenten Einfachkäfigläufermotors. Im Gegensatz zu dem uns bisher bekannten Einfachkäfigläufer tritt im Läuferkreis eine schlupfabhängige Streureaktanz und ein schlupfabhängiger ohmscher Widerstand auf. Die Auflösung der Parallelschaltung in eine Reihenschaltung ergibt:

$$\mathfrak{Z}_2(s) = R_2(s) + js\,X_{\sigma z}(s) \tag{7,7}$$

mit:

$$R_2(s) = \frac{\frac{R_o \cdot R_u}{R_o + R_u} + R_o s^2 \frac{X_{\sigma u}}{R_o + R_u}}{1 + s^2 \left(\frac{X_{\sigma u}}{R_o + R_u}\right)^2} \tag{7.8}$$

und:

$$X_{\sigma z}(s) = \frac{X_{\sigma u} \left(\frac{R_o}{R_o + R_u}\right)^2}{1 + s^2 \left(\frac{X_{\sigma u}}{R_o + R_u}\right)^2} \quad . \tag{7.9}$$

R_2 und $X_{\sigma z}$ sind also dabei vom Schlupf s abhängig.

Bei Nennbetrieb, also in der Nähe des Synchronismus ($s \approx 0$) wird:

$$R_2(0) = \lim_{s \to 0} R_2(s) = \frac{R_o \cdot R_u}{R_o + R_u} \tag{7.10}$$

(Gleichstromwiderstand)

und:

$$X_{\sigma z}(0) = \lim_{s \to 0} X_{\sigma z}(s) = X_{\sigma u} \left(\frac{R_o}{R_o + R_u}\right)^2 \quad . \tag{7.11}$$

(zusätzliche Streureaktanz)

Für sehr große Schlupfwerte ($s \to \infty$) erhalten wir dagegen:

$$R_2(\infty) = R_o \tag{7.12}$$

und:

$$X_{\sigma z}(\infty) = 0 \quad . \tag{7.13}$$

Wir sehen hieraus in einfacher Weise, wie sich der Motor bei Nennbetrieb verhalten wird. Er zeigt eine um $X_{\sigma u}[R_o/(R_o+R_u)]^2$ vergrößerte Läuferstreureaktanz und damit ein kleineres Kippmoment sowie einen entsprechend verringerten Leistungsfaktor. Er hat aber den gleichen ohmschen Widerstand und damit etwa den gleichen Wirkungsgrad wie der äquivalente Einfachkäfigläufermotor.

Das Strom- und Drehmomentverhalten im normalen Betriebsbereich (unterhalb des Kippmomentes) richtet sich dann nach dem Schmiegungskreis für s = 0. Die zusätzliche Streureaktanz $X_{\sigma u}$ des Unterstabes wird man dabei so wählen, daß noch eine ausreichende Drehmomentüberlastbarkeit und ein vernünftiger Leistungsfaktor vorhanden sind. Damit ist der Wert:

$$X_{\sigma z}(0) = X_{\sigma u}\left(\frac{R_o}{R_o + R_u}\right)^2 \tag{7.14}$$

festgelegt, während mit Rücksicht auf die Stromwärmeverluste auch der ohmsche Gleichstromwiderstand $R_2(0)$, also die Parallelschaltung der ohmschen Widerstände für den Ober- und Unterkäfig festliegt.

$R_2(s)$ und $X_{\sigma z}(s)$ lassen sich aber durch diese beiden Größen ausdrücken, so daß allgemein gilt:

$$R_2(s) = \frac{R_2(0) + R_o s^2 \left(\frac{X_{\sigma z}(0)}{R_o - R_2(0)}\right)^2}{1 + s^2\left(\frac{X_{\sigma z}(0)}{R_o - R_2(0)}\right)^2} \tag{7.15}$$

und:

$$X_{\sigma z}(s) = \frac{X_{\sigma z}(0)}{1 + s^2\left(\frac{X_{\sigma z}(0)}{R_o - R_2(0)}\right)^2} \;. \tag{7.16}$$

Wir wollen nun einmal R_o so wählen, daß bei gegebenen Werten von $R_2(0)$ und $X_{\sigma z}(0)$ der Wert $R_2(1)$ möglichst groß wird. Eine einfache Differentiation (Maximumbestimmung) liefert uns dann die Bedingung:

$$R_o = R_2(0) + X_{\sigma z}(0) \;. \tag{7.17}$$

Wird diese Bedingung eingehalten, dann ist allgemein bei einem beliebigen Schlupf s:

$$R_2(s) = \frac{R_2(0) + s^2 R_o}{1 + s^2} = R_2(0) + X_{\sigma z}(0)\cdot\frac{s^2}{1+s^2} \tag{7.18}$$

und:

$$X_{\sigma z}(s) = \frac{X_{\sigma z}(0)}{1+s^2} = X_{\sigma z}(0) - X_{\sigma z}(0)\cdot\frac{s^2}{1+s^2} \;. \tag{7.19}$$

Sie erkennen daraus, daß in diesem Fall die Zunahme des Wirkwiderstandes gleich der Abnahme des Blindwiderstandes ist.

Im Stillstand ist insbesondere:

$$R_2(1) = R_2(0) + \frac{1}{2} X_{\sigma z}(0) \tag{7.20}$$

und:

$$X_{\sigma z}(1) = \frac{1}{2} X_{\sigma z}(0), \tag{7.21}$$

d. h. die Hälfte des zusätzlichen Blindwiderstandes wird in zusätzlichen ohmschen Widerstand verwandelt.

Wir werden später sehen, daß es insbesondere bei großen Maschinen schwerwiegende Gründe gibt, die einen zwingen, von diesen idealen Verhältnissen abzuweichen. Es kommt nämlich nicht nur darauf an, mit aller Gewalt ein möglichst hohes Anzugmoment zu erzielen. Wir wünschen vielmehr, durchschnittlich im gesamten Hochlaufbereich, ein möglichst großes Drehmoment! Es zeigt sich nämlich, daß das Drehmoment mit wachsender Drehzahl zunächst bis auf das sog. Hochlaufmoment T_H (Abb. 7. 6) abfällt und dann zum Kippmoment T_K wieder ansteigt.

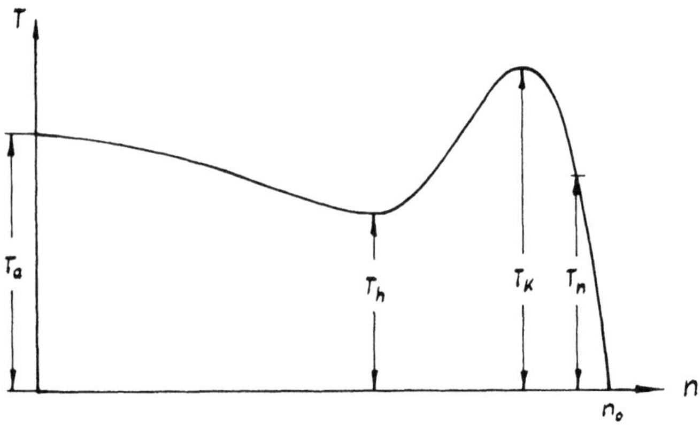

Abb. 7. 6

Dieser Abfall ist um so größer, je größer die Typenleistung der Maschine ist.

Der Drehmomentenverlauf läßt sich in weiten Grenzen durch Wahl der Querschnitte und der spezifischen Widerstände von Ober- und Unterkäfig bzw. durch passende Wahl des Streuschlitzes verändern.

Durch die Verkleinerung der Streureaktanz vergrößert sich der Kreisdurchmesser für s = 1 gegenüber dem des Schmiegungskreises, aber natürlich nicht auf den Wert des entsprechenden Einfachkäfigläufermotors (Abb. 7. 7).

Setzt man anstelle des Läuferwiderstandes R_2 in die Kreisgleichung (Stromgleichung) für den Motor mit Einfachkäfigläufer den Parallelwiderstand $\mathfrak{Z}_2(s)$ ein, so erhält man für den Primärstrom $\mathfrak{J}_1$ eine Ortskurve von der Form:

$$\mathfrak{J}_1 = \frac{\mathfrak{A} + \mathfrak{B} \cdot s + \mathfrak{C} s^2}{\mathfrak{D} + \mathfrak{E} s + \mathfrak{F} s^2} , \tag{7.22}$$

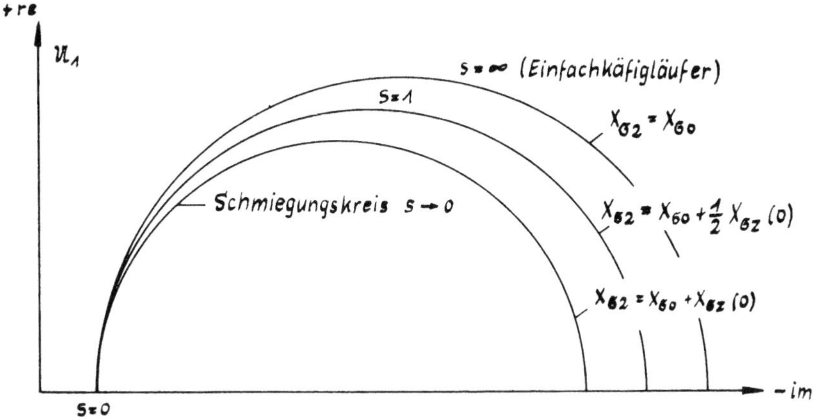

Abb. 7. 7

die man als bizirkulare Quartik bezeichnet. Die Ortskurve des Ständerstromes hat etwa den folgenden Verlauf (Abb. 7. 8).

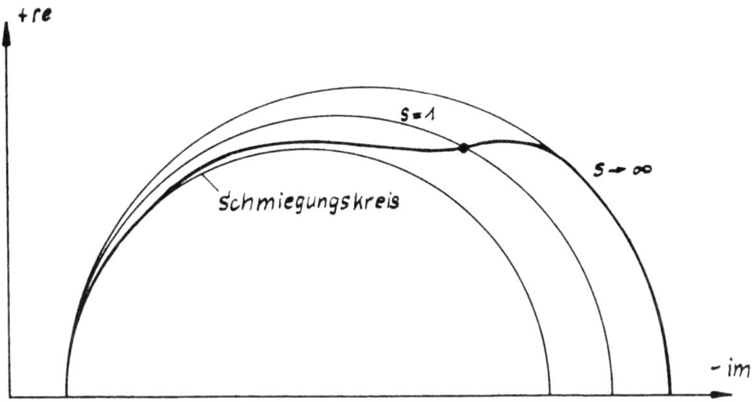

Abb. 7. 8

Die Auslegung von Doppelkäfigläufermotoren ist Sache der Berechner in den Fabriken. Sie können aber aus dem, was ich Ihnen schilderte, schon entnehmen, wie man in einem besonderen Fall vorzugehen hat. Wichtig zu wissen ist, daß man mit solchen Doppelkäfigläufern i. a. alle technisch erwünschten Daten bezüglich der Anzug- und Hochlaufmomente und der Anlaufströme erreichen kann. Nur bei sehr großen Maschinen kann es u. U. Schwierigkeiten geben. Man übersieht das am schnellsten, wenn man (ausgehend vom Leerlauf) einen Motor mit sehr kleinem Widerstand des Unterkäfigs betrachtet. Für kleine Schlüpfe muß der Strom $\mathfrak{J}_o$ im Oberkäfig praktisch verschwinden. Man kann sich den Oberkäfig dann wegdenken und hat einen Einfachkäfigläufer mit erhöhter Läuferstreureaktanz vor sich. Der Primärstrom dieses Motors wird sich dann auf einem Kreis bewegen (Abb. 7. 9), dem Schmiegungskreis für s → O. Da wir angenommen haben,

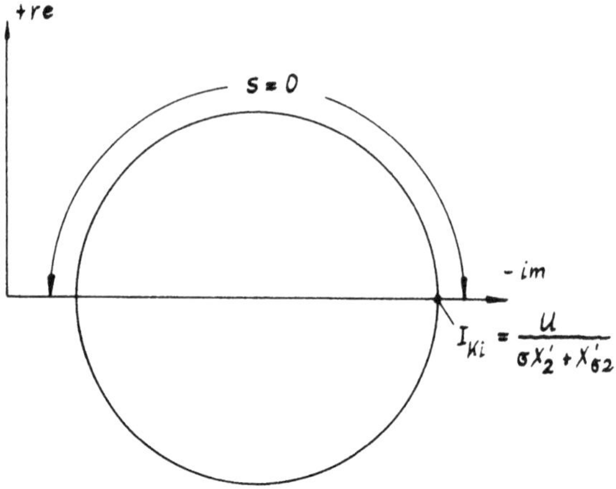

Abb. 7. 9

daß der Widerstand des Unterkäfigs außerordentlich klein ist, wird im Grenzfall $R_u \to 0$ der ganze Kreis mit dem Schlupf Null durchlaufen. Die Schlupfteilung zieht sich auf den ideellen Kurzschlußpunkt zusammen und der Motor wirkt wie eine Synchronmaschine. Seine Drehmomentkennlinie ist die in Abb. 7. 10 dargestellte "Nadelkennlinie".

Abb. 7. 10

Wird das diesem Kreis entsprechende Kippmoment überschritten, dann beginnt der Motor zu schlüpfen. Man kann dann unbedenklich $R_u = 0$ setzen und erhält das in Abb. 7. 11 dargestellte galvanische Ersatzbild, wenn man die gesamte Streuung in den Läuferkreis verlegt denkt und,

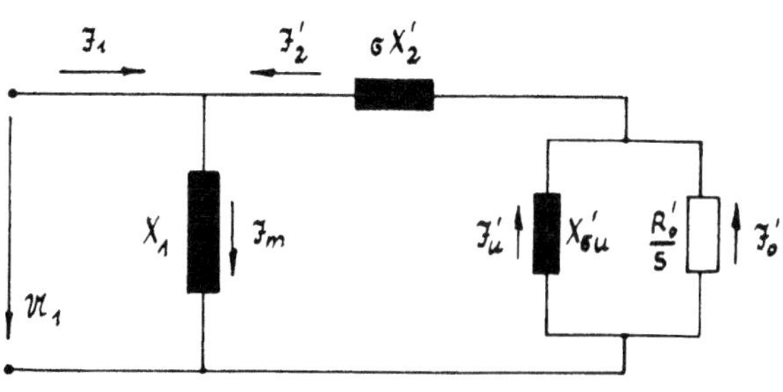

Abb. 7. 11

was bei großen Maschinen stets zulässig ist, den ohmschen Ständerwiderstand vernachlässigt. Die Läuferströme $\mathfrak{I}_u'$ und $\mathfrak{I}_o'$ weisen dann einen Zeitphasenunterschied von 90° auf. Aus dem Ersatzbild 7.11 ergibt sich der gesamte Läuferstrom $\mathfrak{I}_2'$ zu:

$$\mathfrak{I}_2' = -\frac{\mathfrak{U}_1}{j\sigma X_2' + \dfrac{R_o' j X_{\sigma u}'}{R_o' + js X_{\sigma u}'}} \quad . \tag{7.23}$$

$\mathfrak{I}_2'$ muß sich mit s als Parameter auf einem Kreis bewegen. Man kennt die Lage dieses Kreises, wenn zwei seiner Punkte und die Lage der Tangente für einen dieser Punkte bekannt sind. Für s = 0 wird:

$$\mathfrak{I}_2'(0) = -\frac{\mathfrak{U}_1}{j(\sigma X_2' + X_{\sigma u}')} \quad . \tag{7.24}$$

Das ist aber gerade der ideelle Kurzschlußpunkt des Schmiegungskreises für s = 0. Für s = ∞ erhalten wir:

$$\mathfrak{I}_2'(\infty) = -\frac{\mathfrak{U}_1}{j\sigma X_2'} \quad . \tag{7.25}$$

Und das entspricht dem ideellen Kurzschlußpunkt des Einfachkäfigläufers mit dem Oberkäfig. Differenziert man Gl. (7.23) nach dem Schlupf, so ergibt sich für $d\mathfrak{I}_2'/ds$ an der Stelle s = 0 ein reeller Wert, so daß der Kreis symmetrisch zur j -Achse liegt und damit sein Mittelpunkt auf der j -Achse liegt.

Der Strom im Unterkäfig ergibt sich zu:

$$\mathfrak{I}_u' = -\frac{R_o' \mathfrak{U}_1}{jR_o'(\sigma X_2' + X_{\sigma u}') - s\sigma X_2' X_{\sigma u}'} \quad . \tag{7.26}$$

Er ist von derselben Form wie $\mathfrak{I}_2'$ in Gl. (7.23) und bewegt sich daher auf einem Kreis, dessen Mittelpunkt ebenfalls auf der j -Achse liegt.

Für s = ∞ wird $\mathfrak{I}_u' = 0$ entsprechend dem normalen Leerlaufpunkt L_K des Einfachkäfigläufers. Für s = 0 wird dagegen:

$$\mathfrak{I}_u' = -\frac{\mathfrak{U}_1}{j(\sigma X_2' + X_{\sigma u}')} \tag{7.27}$$

entsprechend dem Leerlaufpunkt L_o des Oberkäfigs, der mit dem ideellen Kurzschlußpunkt des Unterkäfigs zusammenfällt. Der durch Gl. (7.26) beschriebene Kreis für $\mathfrak{I}_u$ ist mit dem Schmiegungskreis für s = 0 (Abb. 7.9) identisch.

Für positive Schlupfwerte bestreicht $\mathfrak{I}_u'$ die untere (generatorische) Hälfte des Schmiegungskreises. Da nun für $R_u' = 0$ $\mathfrak{I}_o'$ senkrecht auf $\mathfrak{I}_u'$ stehen muß, muß notwendig der Stromvektor $\mathfrak{I}_o'$ durch den Leerlaufpunkt L_o gehen (Abb. 7.12).

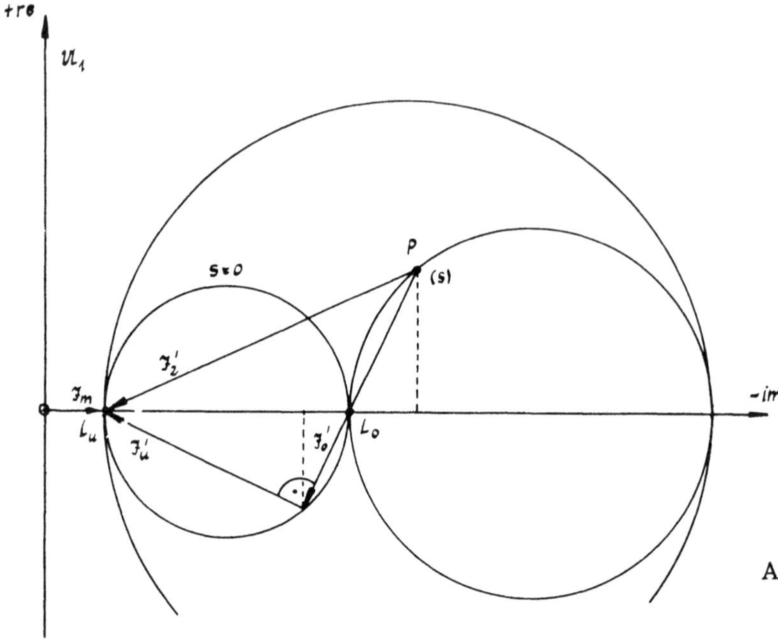

Abb. 7.12

Der gesamte Läuferstrom ergibt sich dann als geometrische Summe aus $\mathfrak{I}_u'$ und $\mathfrak{I}_o'$.

Nunmehr erkennen wir den Mechanismus der Drehmomentbildung eines großen Doppelkäfigläufermotors. Ausgehend vom Leerlauf s = 0 beschreiben $\mathfrak{I}_1$ und $\mathfrak{I}_u'$ den Schmiegungskreis, während $\mathfrak{I}_o'$ verschwindet. Dabei bleibt auf dem ganzen Schmiegungskreis s = 0. Beginnt der Motor nennenswert zu schlüpfen, so bildet sich auch ein Strom $\mathfrak{I}_o'$ im Oberkäfig aus. Dieser erzeugt ein mit zunehmendem Schlupf wachsendes positives Drehmoment. Der Strom im Unterkäfig durchläuft dagegen nunmehr die untere Hälfte des Schmiegungskreises und entwickelt dabei ein negatives oder bremsendes Moment. Die resultierende Drehmomentenkennlinie hat dann etwa den in Abb. 7.13 gezeigten Verlauf.

Daraus erkennt man deutlich, daß sich bei Maschinen mit großen Leistungen trotz relativ hoher Anzugmomente kurz vor Erreichen der synchronen Drehzahl ein tiefer Sattel ausbilden wird. Es ist also zu erwarten, daß bei belastetem Anlauf der Motor u. U. bei einem relativ kleinen Schlupf hängen bleiben kann. In Wirklichkeit ist natürlich $R_u \neq 0$, so daß der Sattel nicht bis auf die Nullinie heruntergeht. Der Oberkäfig beteiligt sich dann

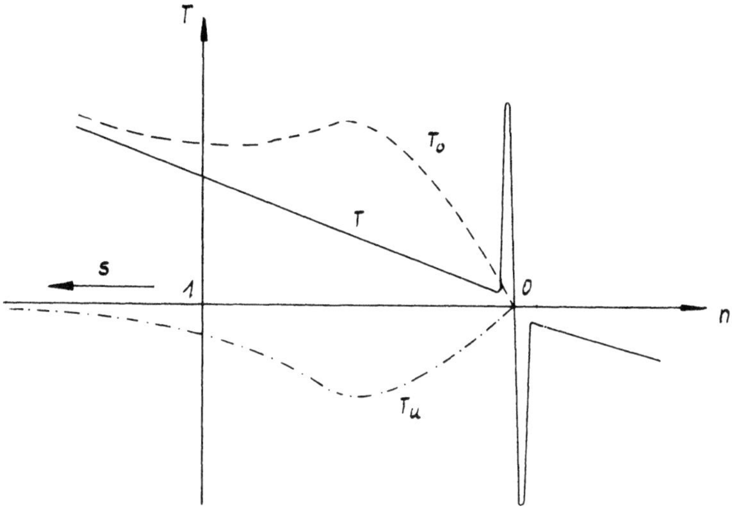

Abb. 7.13

schon auf dem Schmiegungskreis an der Drehmomentbildung. Das ist neben der Begrenzung der Stromaufnahme ein Grund dafür, für den Anlauf von sehr großen Maschinen Anwurfmotoren mit einer niedrigeren Polpaarzahl als die Hauptmotoren zu verwenden, die mit der Hauptmaschine auf der gleichen Welle sitzen und deren Ständerwicklung in Reihe mit der Hauptmaschine geschaltet wird. Bei richtiger Auslegung wird dann der Antrieb ein wenig über der synchronen Drehzahl des Hauptmotors hängenbleiben.

Wir wollen nunmehr zu der anderen Art von Maschinen mit Stromverdrängungsläufern übergehen, zu den Maschinen mit sog. Hoch- oder Keilstabläufern.

8. Drehstromasynchronmotor mit Hoch- bzw. Keilstabläufer

Die Wirkungsweise dieser Motoren ist grundsätzlich die gleiche wie beim Doppelstabläufer, da sie ebenfalls auf dem Prinzip der Stromverdrängung beruht. Denkt man sich einen Läuferstab in eine Anzahl von horizontal übereinander geschichteten Elementen zerlegt, so kann man den Hochstabläufer als Grenzfall eines Mehrfachkäfigläufers ansehen, bei dem nicht zwei, sondern unendlich viele Stäbe in einer Nut übereinander angeordnet sind. Es wird damit wieder erreicht, daß die Streureaktanz und insbesondere der ohmsche Widerstand in gewünschter Weise schlupfabhängig werden.

Wir wollen uns nun die physikalische Wirkungsweise der Hochstabläufermotoren klarmachen. Der in den Läuferstäben fließende Strom ruft in den Läufernuten ein Streufeld hervor, welches den Leiter seitlich durchsetzt (Abb. 8. 1a). Dieses Nutenquerfeld ändert sich zeitlich mit der Frequenz

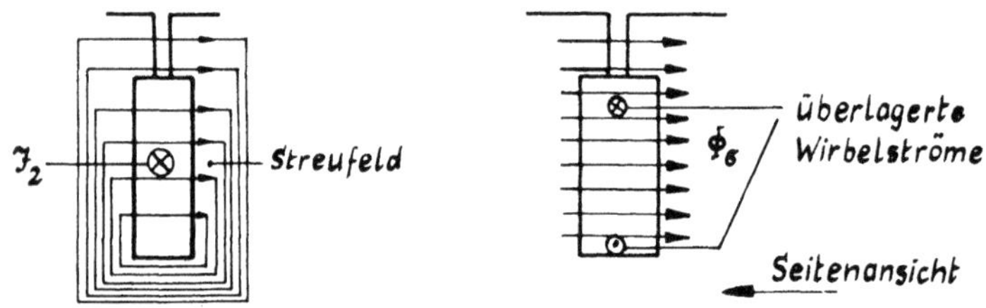

Abb. 8. 1a

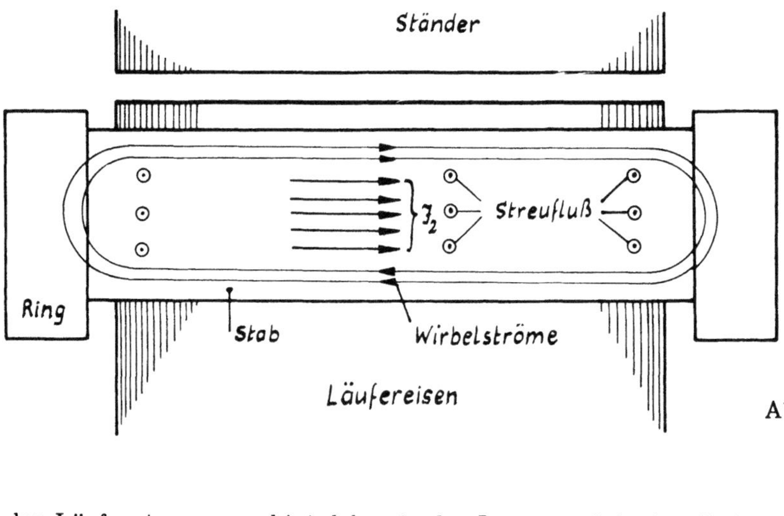

Abb. 8. 1b

des Läuferstromes und ist daher in der Lage, auch in dem Leiter selbst Spannungen zu induzieren, welche ihrerseits dann wieder entsprechende Wirbelströme zur Folge haben (Abb. 8. 1b).

Dem gleichmäßig über den Stabquerschnitt verteilten Läuferstrom überlagern sich bei höheren Frequenzen, wie sie im Anlauf auftreten, die Wirbelströme. Die obigen Abbildungen lassen erkennen, daß die Stromdichte im unteren Teil der Nut kleiner und im oberen Teil der Nut größer wird. Es scheint so, als ob der resultierende Läuferstrom zum Nutschlitz einseitig hin verdrängt wird, daher der Name Stromverdrängungsläufer. Eine Folge der nunmehr ungleichmäßigen Stromverteilung ist die, daß die Streuflußdichte in der Nut nicht mehr linear, sondern im unteren Teil langsamer und im oberen Teil der Nut dann erheblich stärker als linear ansteigt (Abb. 8.2).

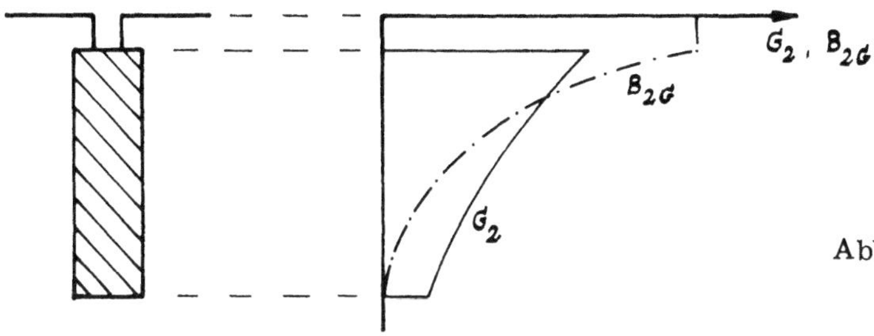

Abb. 8.2

Die Verteilung der Stromdichte G_2 und der Streuinduktion $B_{2\sigma}$ sind natürlich stark von der Frequenz des Läuferstromes abhängig.

Bei gleichem Läuferstrom - also bei gleichem Drehmoment ($T \sim \Phi I_2$) - ist diese ungleichmäßige Stromverteilung mit erhöhten ohmschen Verlusten im Vergleich zu den "Gleichstromverlusten" verbunden. Es tritt also eine Widerstandserhöhung auf, die wir uns ja zur Erzielung eines hohen Anlaufmomentes gewünscht haben. Die Berechnung der Widerstandserhöhung geht so vor sich. Man drückt den wirksamen ohmschen Widerstand R_2 durch den Gleichstromwiderstand R_{20} aus:

$$R_2 = \varphi R_{20} \quad , \tag{8.1}$$

wobei die Rechnung:

$$\varphi = h' \frac{\mathfrak{Sin}\, 2h' + \sin 2h'}{\mathfrak{Cof}\, 2h' - \cos 2h'} \tag{8.2}$$

ergibt. h' bezeichnet man als die wirksame Leiterhöhe (Abb. 8.3):

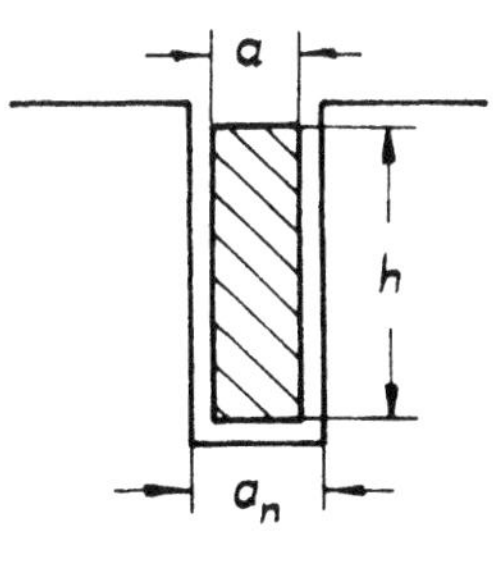

Abb. 8.3

$$h' = \alpha \cdot h = \sqrt{\pi \varkappa \mu_0 f \, a/a_n} \cdot h. \tag{8.3}$$

Sobald die wirksame Leiterhöhe den Wert 2 übersteigt, können wir näherungsweise setzen:

$$\varphi \approx h' = \sqrt{\pi \varkappa \mu_0 f \, a/a_n} \cdot h. \tag{8.4}$$

Die Widerstandserhöhung ist dann der Leiterhöhe direkt proportional; der wirksame Widerstand R_2 wird allerdings von der Leiterhöhe unabhängig, weil $R_{20} \approx \varrho \frac{l}{a \cdot h}$ ist.

Eine solche einseitige Stromverdrängung tritt im wesentlichen nur bei den im Eisen eingebetteten Stabteilen auf. In den frei in der Luft liegenden Stücken und den Ringen ist mit dem Gleichstromwiderstand zu rechnen.

Verbunden mit der Stromverdrängung ist - wie schon erwähnt - eine Konzentration des Streufeldes in dem oberen Teil der Nut. Die Nutstreureaktanz wird ebenfalls schlupfabhängig. Die Rechnung liefert für die Nutenstreuinduktivität einer Rechtecknut:

$$L_\sigma = \lambda L_{\sigma 0} = \frac{3}{2h'} \cdot \frac{\mathfrak{Sin}\, 2h' - \sin 2h'}{\mathfrak{Cof}\, 2h' - \cos 2h'} \cdot L_{\sigma 0} \quad . \tag{8.5}$$

($L_{\sigma 0}$ = Gleichstromstreuinduktivität der Nut.) Diese wirksame Streuinduktivität berechnet man zweckmäßig aus der gesamten magnetischen Energie des Nutenquerfeldes. Für große Werte von h' geht λ asymtotisch gegen $3/(2h')$.

Man kann den Effekt der Stromverdrängung noch erheblich steigern, wenn man den Leiter - bzw. Nutquerschnitt nicht rechteckförmig, sondern keilförmig ausführt (Abb. 8.4).

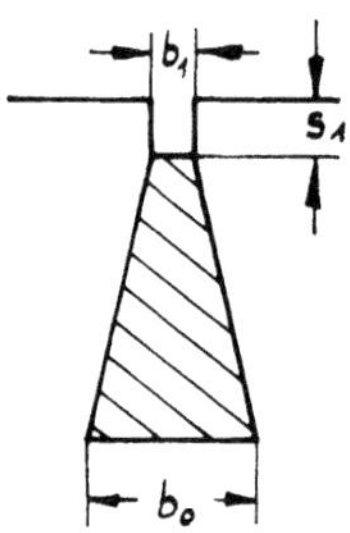

Abb. 8.4

Die Stabbreite nimmt mit zunehmender Leiterhöhe ab, so daß die schmale Leiterkante am Nutfenster und die breite Seite am Nutgrund liegt. Genauso wie bei dem rechteckigen Stabquerschnitt zieht sich der Leiterstrom auf etwa dieselbe obere Zone zurück. Der Querschnitt dieser Zone ist aber oben durch die Keilform stark geschwächt, so daß das Widerstandsverhältnis φ noch ganz erheblich anwächst. Ein weiterer Vorteil des Keilstabes liegt darin, daß er beim Anlauf infolge der Fliehkraftwirkung fest gegen die Nutwandungen gedrückt wird und daß damit der Wärmeübergang zum umgebenden Eisen wesentlich verbessert wird. Diese Keilform ist damit der Rechteckform weit überlegen. Allerdings hat der Rechteckstab den Vorteil, daß er billiger hergestellt werden kann.

Gegenüber dem Doppelkäfigläufer hat der Hochstabläufer den Vorteil eines einfacheren Aufbaus und einer einfacheren Fertigung sowie einer besseren Wärmeabfuhr.

Wir wollen uns nun etwas genauer mit der Wirkungsweise der Hochstabläufer befassen.

Dazu werden die folgenden Maschinenabmessungen eingeführt (Abb. 8.5).

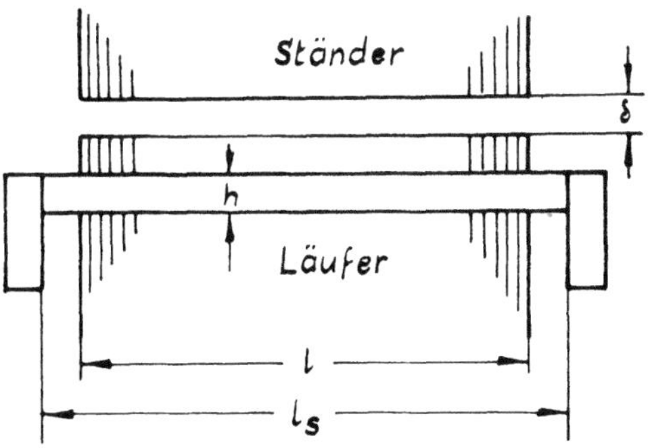

Abb. 8.5

Dann können wir für den wirksamen Läuferwiderstand schreiben:

$$R_2 = R_2(0) + r_s \cdot \frac{l}{l_s} \left(\varphi(s) - 1 \right) \quad . \tag{8.6}$$

(r_s = Gleichstromwiderstand des gesamten Stabes; φ (s) = Faktor der Widerstandserhöhung.)

Darin bedeutet:

$$R_2(0) = r_s + \frac{2 r_R}{\left(2 \sin {}^{p \cdot \pi}/_{N_2}\right)^2} \tag{8.7}$$

der Gleichstromwiderstand je Masche der Läuferwicklung.

Entsprechend gilt für die wirksame Streureaktanz des Läufers:

$$X_{2\sigma} = X_{2\sigma}(0) + X_{\sigma Z}(0) \cdot \lambda(s) \quad . \tag{8.8}$$

$X_{2\sigma}(0)$ ist darin die dem Streuschlitz oberhalb des Keilstabes (vgl. Abb. 8.4) entsprechende Streureaktanz einschließlich der Ringstreuung, der doppeltverketteten Streuung und der Schrägungsstreuung.

$$X_{\sigma z} = X_{\sigma z}(0) \cdot \lambda(s) \tag{8.9}$$

ist die Streureaktanz des im Eisen (l) eingebetteten Stabteils. Diese von den in Luft ($l_s - l$) befindlichen Stabteilen herrührende zusätzliche Streureaktanz ist dagegen stets vernachlässigbar. Die die Änderung von R_2 und $X_{\sigma z}$ mit dem Schlupf s beschreibenden Funktionen φ (s) und λ (s) habe ich Ihnen für den Rechteckstab bereits angegeben. Die wirksame oder numerische Rückenhöhe h' wollen wir in der Form:

$$h' = \alpha_0 \sqrt{s} \cdot h \tag{8.10}$$

schreiben, wobei α_0 auf die Netzfrequenz bezogen ist:

$$\alpha_0 = \sqrt{\pi \varkappa \mu_0 f} \quad . \tag{8.11}$$

Hierbei soll angenommen werden, daß der Rechteckstab die Nut voll ausfüllt ($a = a_n$). Für mäßig warmes Kupfer und f = 50 Hz ist $\alpha_0 = 1\ \text{cm}^{-1}$. Der Kehrwert von α_0 entspricht der sog. Eindringtiefe.

Für große Werte von h' ($h' > 2$) ist:

$$\varphi \approx \alpha_0 \sqrt{s}\, h \qquad \text{und} \qquad \lambda = \frac{3}{2 \alpha_0 \sqrt{s}\, h} \quad . \tag{8.12}$$

Legen wir diesen Fall zugrunde, so gilt im Anlauf- und Bremsbereich:

$$R_2 \approx R_2(0) + r_s \frac{l}{l_s} (\alpha_0 h \sqrt{s} - 1) \tag{8.13}$$

und:

$$s \cdot X_{\sigma z} \approx s\, X_{2\sigma}(0) + X_{\sigma z}(0) \cdot \frac{3}{2 \alpha_0 h} \sqrt{s} \quad . \tag{8.14}$$

Der Stabwiderstand ist:

$$r_s = \frac{1}{\varkappa} \frac{l_s}{b \cdot h} \tag{8.15}$$

Die Streureaktanz des im Bereich des Leiters liegenden Nutteils ist:

$$X_{\sigma z}(0) = 2\pi f \mu_0 \cdot \frac{h \cdot l}{3 b} \quad . \tag{8.16}$$

Aufgrund dieser Beziehungen ist der frequenzabhängige Teil des Stabwiderstandes bei großem Schlupf gleich der zusätzlichen Streureaktanz:

$$r_s \frac{l}{l_s} \alpha_0 h \sqrt{s} = X_{\sigma z}(0) \cdot \frac{3}{2 \alpha_0 h} \sqrt{s} \quad , \tag{8.17}$$

während bei Nennlast ($s \ll 1$):

$$R_2 \approx R_2(0)$$

und:

$$s X_{2\sigma} \approx s\left(X_{2\sigma}(0) + X_{\sigma z}(0)\right)$$

ist.

Man kann nun $X_{\sigma z}(0)$ als die zur Erzielung einer nennenswerten Stromverdrängung erforderliche Zusatzreaktanz auffassen. Dann ist der beim Anlauf ($s = 1$) erzielte ohmsche Widerstandsgewinn:

$$R_2(1) - R_2(0) \quad .$$

Das Verhältnis:

$$\frac{X_{\sigma z}(0)}{R_2(1) - R_2(0)} = \frac{2}{3} \frac{(\alpha_0 h)^2}{(\alpha_0 h) - 1} = \frac{2}{3} \frac{h'^2}{h' - 1}$$

gibt an, welcher Anteil $X_{\sigma z}(0)$ sich beim Hochstabläufer in drehmomentbildenden Wirkwiderstand verwandelt.

So wird z. B. für $h' = 3$:

$$\frac{X_{\sigma z}(0)}{R_2(1) - R_2(0)} = 3$$

oder:

$$R_2(1) - R_2(0) = \frac{1}{3} X_{\sigma z}(0) .$$

Es verwandelt sich dabei also 1/3 von $X_{\sigma z}(0)$ in Wirkwiderstand. Beim Doppelnutläufer ist es im günstigsten Fall sogar die Hälfte.

Das galvanische Ersatzschaltbild sieht natürlich im Prinzip genauso aus wie das des Einfachkäfigläufers (Abb. 8. 6):

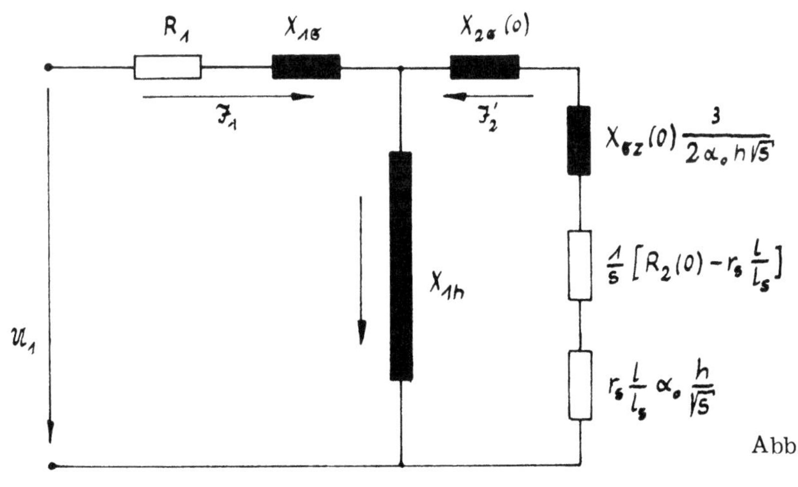

Abb. 8. 6

Die sich aus den Spannungsgleichungen für Läufer und Ständer ergebende Stromortskurve des Ständerstromes ist durch zwei Kreise gekennzeichnet. Das sind die Schmiegungskreise für große und für kleine Schlupfwerte.

Für kleine Schlupfwerte erhält man, wie beim stromverdrängungsfreien Käfigläufer, einen Kreis mit dem Parameter s. Dieser Kreis hat allerdings einen geringeren Durchmesser wie der eines vergleichbaren Käfigläufers. Die Ursache hierfür liegt in der vergrößerten Nutstreuung, die ja bei kleinen Schlupfwerten, d. h. kleinen Läuferfrequenzen voll wirksam ist.

Bei großen Schlupfwerten ergibt sich der Ständerstrom unter Vernachlässigung des ohmschen Ständerwiderstandes zu:

$$\mathfrak{J}_1 = \mathfrak{U}_1 \frac{\left(r_s' \frac{L}{L_s} \alpha_0 h\right)(1+j) + j\left(X_{1h} + X_{2\sigma}'(0)\right)\sqrt{s}}{\left(r_s' \frac{L}{L_s} \alpha_0 h\right)(X_{1h}+X_{1\sigma})(j-1) - \left[X_{1h} X_{1\sigma} + X_{2\sigma}'(0)\cdot(X_{1h}+X_{1\sigma})\right]\sqrt{s}} \qquad (8.18)$$

Er ist von der Form:

$$\mathfrak{J}_1 = \frac{\mathfrak{A} + \mathfrak{B}\sqrt{s}}{\mathfrak{C} + \mathfrak{D}\sqrt{s}} \quad .$$

Man erhält also wiederum einen Kreis, allerdings nunmehr mit dem Parameter $\sqrt{s}$. Der Mittelpunkt dieses Schmiegungskreises liegt dabei unterhalb der imaginären Achse.

Wir erhalten dann in etwa die folgenden Stromortskurve (Abb. 8. 7).

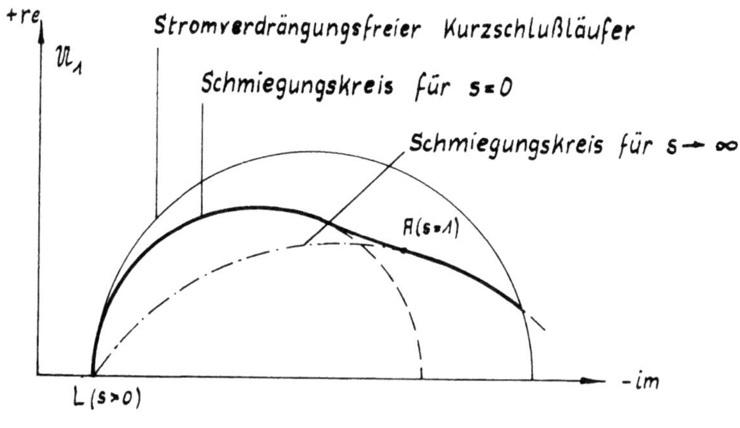

Abb. 8. 7

Einer der Nachteile des Hochstabläufers ist die vorhin erwähnte Abnahme der Nutstreureaktanz. Die Ursache hierfür liegt eben in dem Prinzip der Stromverdrängung begründet. Mit der Abnahme der Streureaktanz ist nämlich eine unerwünschte Vergrößerung des Kurzschlußstromes verbunden.

Bei kleineren Schlupfwerten nimmt die Streureaktanz zu und erreicht eben wegen der hohen und schmalen Nuten Werte, die erheblich über denen der stromverdrängungsfreien Maschinen mit ihren breiteren und niedrigeren Nuten liegen.

Das erhöhte Anzugmoment wird mit einem kleineren Kippmoment und einem geringeren Leistungsfaktor bei Nennlast erkauft. Sie können das direkt aus der Stromortskurve ablesen, in die zum Vergleich die Ortskurve des stromverdrängungsfreien Kurzschlußläufers eingetragen ist.

Oft muß man bei niederpoligen Maschinen zusätzliche Streustege im Läufer anordnen, eben um den Kurzschlußstrom in den gewünschten Werten zu halten. Die diesen Streustegen entsprechende Induktivität ist natürlich frequenzunabhängig, da sie ja frei von Strom sind. Durch diese zusätzliche Streuinduktivität wird die Schwankung der Läuferstreuung stark abgeschwächt.

Maschinen mit großer Polzahl, d. h. kleinen Polteilungen, leiden von Natur aus an einer zu großen Streuung. In diesem Fall verzichtet man natürlich auf zusätzliche Streustege.

Hinsichtlich der konstruktiven Einzelheiten, der Berechnung und Auslegung von Stromverdrängungsläufern verweise ich auf das Buch von NÜRNBERG, "Die Asynchronmaschine".

Als nächstes bringe ich die Drehzahlsteuerung des Drehstromasynchronmotors. Sie ist sein "wunder Punkt"; denn dieser Motor ist nun einmal im Nennbetrieb an die Nähe der synchronen Drehzahl gebunden.

9. Drehzahlstellen

Die Verfahren für die Steuerung der Drehzahlen von Induktionsmaschinen lassen sich aus der Formel für die Drehzahl entnehmen. Bezeichnen wir die Netzfrequenz mit f , die Polpaarzahl mit p und den Schlupf mit s, so ist die Drehzahl:

$$n = \frac{f}{p}(1-s) .$$

Daraus folgt, daß man diese Drehzahl ändern kann durch

1. Änderung der Netzfrequenz
2. Änderung der Polpaarzahl
3. Änderung des Schlupfes
   (Einschalten von Widerständen in den Läuferkreis, Regelspannung im Läuferkreis).

Die Wahl des zweckmäßigsten Verfahrens hängt von den speziellen Anforderungen ab, die an den Antrieb gestellt werden. Sie ist darüber hinaus eine wirtschaftliche Frage. Ganz allgemein kann man sagen, daß der Drehstromasynchronmotor von Hause aus schlecht für eine Änderung der Drehzahl geeignet ist; ganz im Gegensatz zum Gleichstromnebenschlußmotor, der dafür geradezu prädestiniert ist.

Wir beginnen mit der Drehzahlsteuerung durch Widerstände im Läuferkreis. Sie setzt einen Motor mit Schleifringläufer und dauernd aufliegenden Bürsten voraus. Dann kann man die Drehzahl nahezu stufenlos steuern, wenn man nur den Steuerwiderstand entsprechend feinstufig wählt. Diese Anordnung beruht also auf einer Änderung des Schlupfes s. Sie ist daher mit erhöhten Läuferverlusten verbunden, da die Schlupfenergie im Steuerwiderstand in Wärme umgesetzt wird. Die Drehzahl wird dann bei stärkerer Drehzahlverminderung stark lastabhängig (Abb. 9.1).

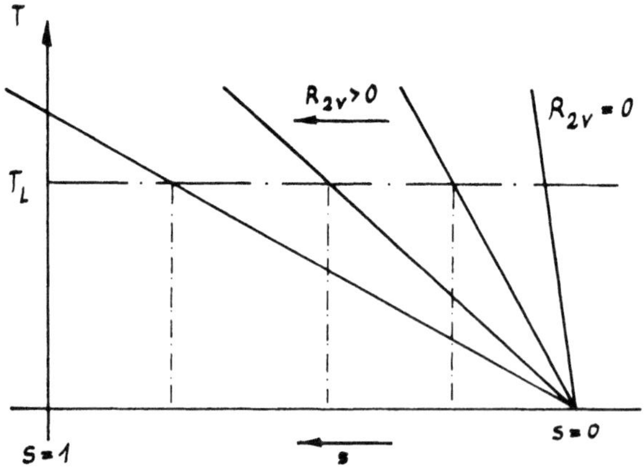

Abb. 9.1

Sie wissen ja, daß das Drehmoment vom Verhältnis R_2/s abhängt. Das Nebenschlußverhalten geht dann mehr und mehr verloren und geht schließlich in eine Art Verbundverhalten über.

Bei Drehzahlsteuerung mit konstantem Lastmoment T_L bleibt die Drehfeldleistung P_D und damit in erster Näherung auch die vom Netz aufgenommene Leistung P_1 konstant. Die vom Motor mechanisch abgegebene Leistung P_m ändert sich proportional mit der Drehzahl n und die Differenz $P_D - P_m$ wird im Läuferkreis in Wärme umgesetzt. Die nebenstehende Abb. 9.2 zeigt die Aufteilung der Drehfeldleistung in mechanische Leistung und Läuferstromwärmeverluste für den Fall eines konstanten Gegenmomentes T_L.

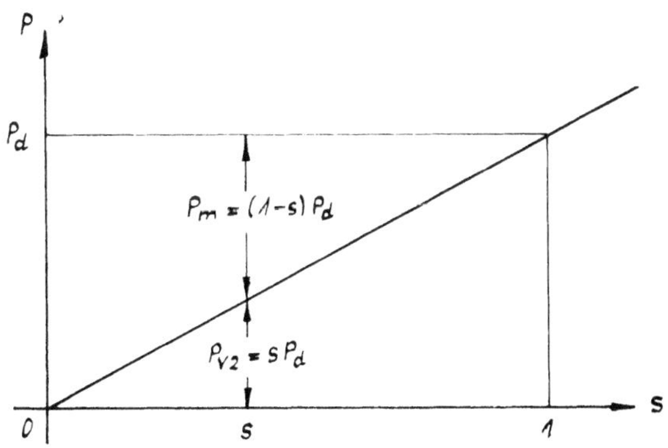

Abb. 9.2

Diese Methode ist sehr unwirtschaftlich, da bei einer Drehzahlabsenkung von 50 % die Hälfte der aufgenommenen Energie in den Steuerwiderständen in Wärme umgesetzt wird. Der Wirkungsgrad ändert sich daher bei der Drehzahlsteuerung mit konstantem Drehmoment ungefähr proportional mit der Drehzahl $n_{reg.}$ und wir erhalten:

$$\eta_{reg.} = \frac{P_m}{P_1} = \frac{P_m}{P_{mn}} \left(\frac{P_{mn}}{P_1} \right) = \frac{n_{reg.}}{n_n} \eta_n \quad . \tag{9.1}$$

Bei der Wahl der Motortypenleistung ist dann zu beachten, daß die Stromwärmeverluste wegen der schlechteren Belüftung und wegen der erhöhten Eisenverluste im Läufer bei verringerter Drehzahl gegenüber den bei Nennbetrieb zulässigen Werten herabgesetzt werden müssen. Das bedingt eine Herabsetzung des zulässigen Drehmoments, des Läuferstroms und der Nennleistung. Man muß also eine größere Type wählen. Die nächste Abb. 9.3 zeigt die zulässigen Läuferströme, Drehmomente und Leistungen für eine Drehzahlregelung bis zu 50 % der Nenndrehzahl.

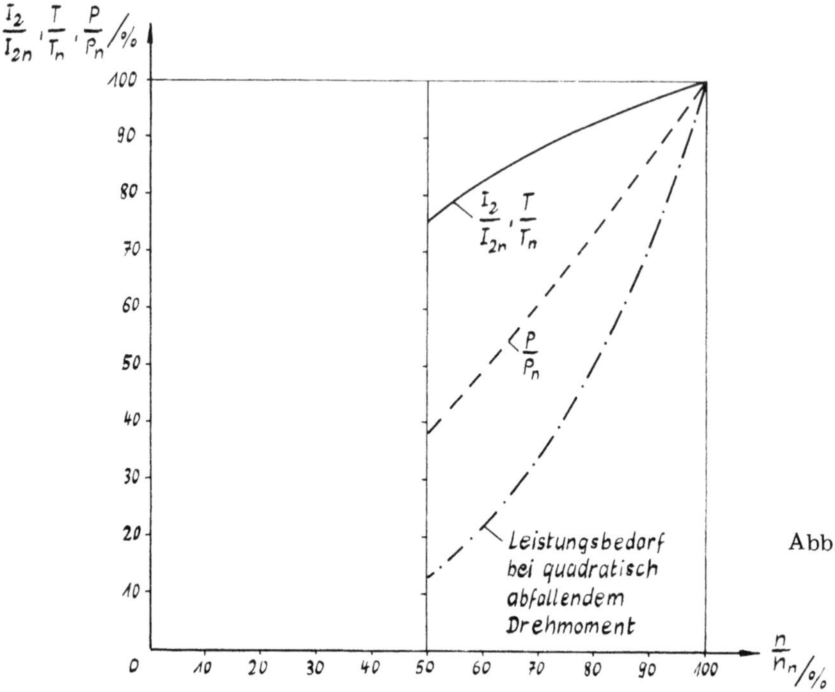

Abb. 9.3

Bei einer Drehzahlabsenkung um 25 %, also auf 75 % der Nenndrehzahl, muß das Drehmoment um etwa 10 % herabgesetzt werden. Der Motor kann dann bei 75 % der Nenndrehzahl nur noch 67 % seiner Nennleistung abgeben. Auf die Wahl einer größeren Type kann verzichtet werden, wenn die Drehzahländerung nur kurzfristig erfolgt oder wenn der Motor fremdbelüftet wird. Ein stetig variabler Stellwiderstand im Läuferkreis läßt sich entsprechend Abb. 9.4 mit Hilfe von Thyristoren verwirklichen. Der Thyristor liegt parallel zu einem Widerstand R und dient in diesem Fall als elektronischer Schalter. Der Sinn der vorliegenden Schaltanordnung ist der, in Abhängigkeit vom gewünschten Läuferstrom bzw. vom geforderten Drehmoment den Thyristor intermittierend kurzzuschließen, und zwar z. B. derart, daß

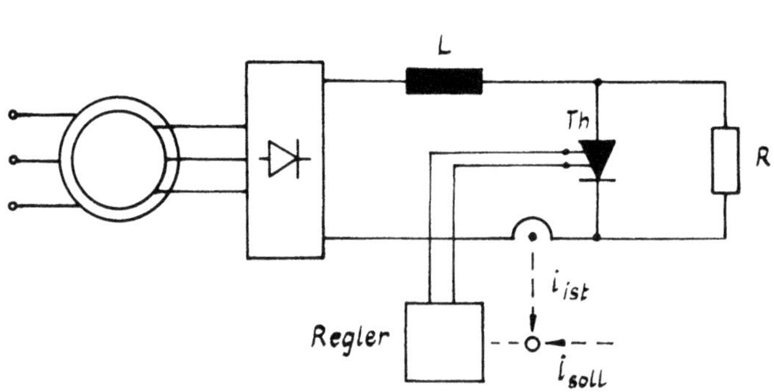

Abb. 9.4

sich eine Zweipunktregelung des Läufergleichstroms ergibt. Der wirksame Widerstand R^* läßt sich dann durch das Verhältnis der Ein- und Ausschaltzeit T_1 und T_2 in der Form:

$$R^* = \frac{T_2}{T_1 + T_2} R$$

angeben. Durch Variation von T_1 / T_2 kann dann also R^* zwischen den beiden Grenzwerten $R^* = 0$ und $R^* = R$ quasistetig verstellt werden.

Schaltet man die dem Schlupf proportionale gleichgerichtete Läuferspannung auf eine stellbare Gegengleichspannung, die von einer Maschinen- oder Stromrichteranordnung (Wechselrichter) erzeugt wird, so läßt sich die Schlupfleistung über geeignete mechanische oder statische Umformer je nach Schaltung entweder in mechanische Leistung umsetzen oder aber ins Netz zurückliefern.

Eine weitere Möglichkeit zur Variation der Drehzahl ist die Änderung der Maschinenpolzahl. Eine derartige Änderung ist allerdings nur in groben Stufen denkbar. Sie hat eine große technische Bedeutung, insbesondere bei Werkzeugmaschinen, erlangt. Da nimmt man eben den Nachteil des Käfigläufers, an eine synchrone Drehzahl gebunden zu sein, in Kauf, da er der narrensicherste Motor ist.

Bei den polumschaltbaren Motoren sind zwei verschiedene Ausführungen möglich:

1. Anordnung mit getrennten Ständerwicklungen
2. Anordnung einer einzigen Ständerwicklung, wobei dann die Drehzahl durch eine Umschaltung von Wicklungsteilen erreicht wird. Man spricht dann von sog. Einwicklungsschaltungen.

Beide Ausführungen können natürlich miteinander kombiniert werden. Da eine solche Umschaltung auch im Läufer vorgenommen werden muß, können Sie sich denken, daß man polumschaltbare Motoren normalerweise als Käfigläufermotoren baut; denn der Käfigläufer kann ja, wenn seine Nutenzahl N_2 richtig gewählt ist, im Gegensatz zum Schleifringläufer mit mehreren Polpaarzahlen zusammen arbeiten.

Wir betrachten zunächst eine Maschine mit getrennten Ständerwicklungen. Im allgemeinen beschränkt man sich auf die Anordnung von 2 Wicklungen. Beim Entwurf ist aber darauf zu achten, daß sich diese beiden Wicklungen nicht gegenseitig beeinflussen.

Die Wicklungen werden wegen der unterschiedlichen Streuung im allgemeinen so angeordnet, daß die niederpolige Wicklung mit der höheren Drehzahl am Nutengrund und die hochpolige Wicklung mit der kleinen synchronen Drehzahl an der Bohrung liegt (Abb. 9.5). Im umgekehrten Fall würde sich eine zu große Nutstreuung für die hochpolige Wicklung ergeben, die an sich schon eine höhere Streuung aufweist. Man kann sich das leicht am Energie-

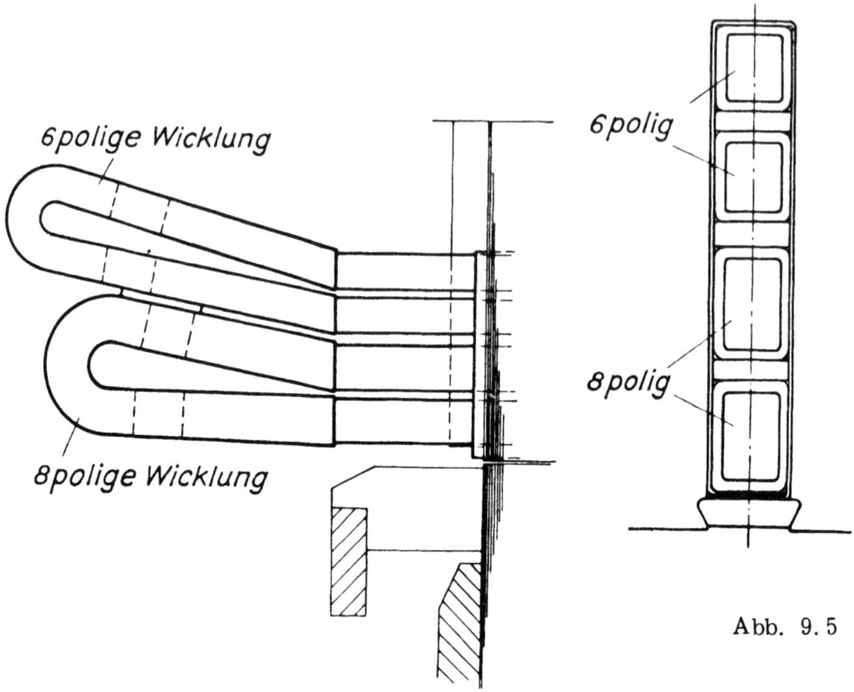

Abb. 9.5

inhalt des Nutenstreufeldes klar machen, der ja bekanntlich ein Maß für die Nutstreuinduktivität ist.

Mit dieser Ausführungsform der übereinanderliegenden Wicklungen kann man sich den unterschiedlichen Leistungen und Anlaufbedingungen am besten anpassen. Da jedoch im Betrieb immer nur eine der beiden Wicklungen ausgenutzt werden kann, muß natürlich stets eine Leistungseinbuße bezüglich der Modellgröße in Kauf genommen werden. Je nach Größe und Polzahl beträgt die mit diesen polumschaltbaren Motoren erzielbare Typenleistung nur etwa die Hälfte bis 2/3 der Leistung von normalen Motoren mit nur einer Drehzahl.

Die Ausnutzung der Modelle läßt sich nun durch Verwendung von sog. Einwicklungsschaltungen wesentlich verbessern. Diese sind dadurch gekennzeichnet, daß die einzelnen Wicklungsstränge in bestimmter Weise unterteilt sind und jeweils außerhalb des Motors so miteinander verbunden werden, daß die gewünschte Polzahl entsteht.

Die bekannteste und einfachste Einwicklungsschaltung stammt von dem schwedischen Ingenieur DAHLANDER aus dem Jahre 1897. Sie kommt nur für ein Drehzahlverhältnis 1 : 2 infrage. Das Prinzip der Schaltung besteht in folgendem:
Wenn man eine Reihe von Spulen oder Spulengruppen, die in gleichen Abständen voneinander liegen, gleichsinnig mit Strom speist, so erregt jede von ihnen einen Fluß gleicher Polarität (Abb. 9.6).

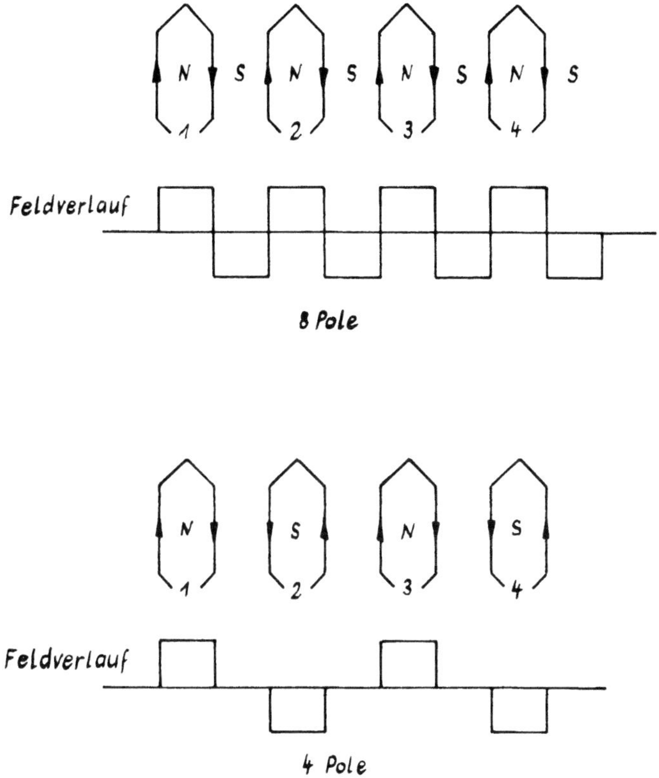

Abb. 9. 6

Die Gesamtzahl der sich ausbildenden Pole ist also 2-mal so groß wie die Zahl der sie erregenden Spulengruppen / Strang.

Kehrt man nun in der 2. und 4. Spulengruppe die Stromrichtungen um, so ändert sich auch die Polarität des Flusses in diesen Spulen. Aus dem Feldbild können Sie erkennen, daß die Polzahl auf die Hälfte abgesunken ist.

Man versieht also z. B. eine Maschine mit einer normalen 4-poligen Einschichtwicklung und bekommt je Wicklungsstrang 2 Spulengruppen. Schaltet man die beiden Hälften gleichsinnig in den Stromkreis ein, so bilden sich vier Pole aus. Kehrt man dagegen die Stromrichtung in einer um, so entsteht eine 2-polige Anordnung.

Es zeigt sich jedoch, daß die Feldkurve leider nur in dem Fall der höherpoligen Schaltung einwandfrei ist. Bei dem niederpoligen Betrieb treten starke zusätzliche Oberfelder auf, die magnetisiert werden müssen, die die doppeltverkettete Streuung vergrößern und die damit die Überlastbarkeit beeinträchtigen, bzw. den Leistungsfaktor verschlechtern. Das erkennen Sie aus der folgenden Abb. 9. 7.

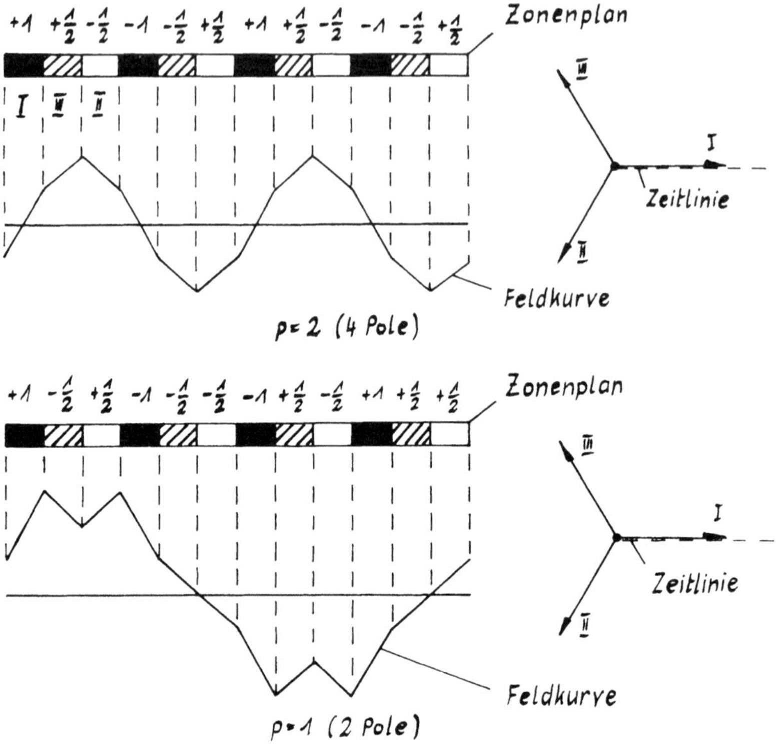

Abb. 9.7

Dahlanderschaltung mit Einschichtwicklung ($q = \infty$)

Bei der zweipoligen Schaltung treten starke Einbuchtungen in der Feldkurve auf, die den Anlauf u. U. stark beeinträchtigen können.

Aus diesem Grund führt man die DAHLANDER-Schaltung nicht als Einschicht-, sondern stets als Zweischichtwicklung aus und erreicht damit eine wesentliche Verbesserung der Feldkurve. In der nächsten Abb. 9.8 sehen Sie eine DAHLANDER-Schaltung mit Zweischichtwicklung und dem Polverhältnis 2 : 4.

Für die Ausbildung des höherpoligen Feldes wählt man den Durchmesserschritt. Entsprechend ergibt sich bei der Ausbildung des niederpoligen Feldes ein Wicklungsschritt von 90° elektrisch. Das Feld sieht dann wesentlich besser aus als das der früheren Einschichtwicklung. Es nähert sich schon gut der gewünschten Sinusform.

Durch Umschalten von einer auf die andere Polpaarzahl ändern sich magnetische Flüsse, Drehmomente und Leistungen in einem ganz bestimmten Verhältnis. Durch entsprechende Schaltung in Stern oder Dreieck kann man

Technische Ausführung der Dahlanderschaltung mit Zweischichtwicklung ($q = \infty$)

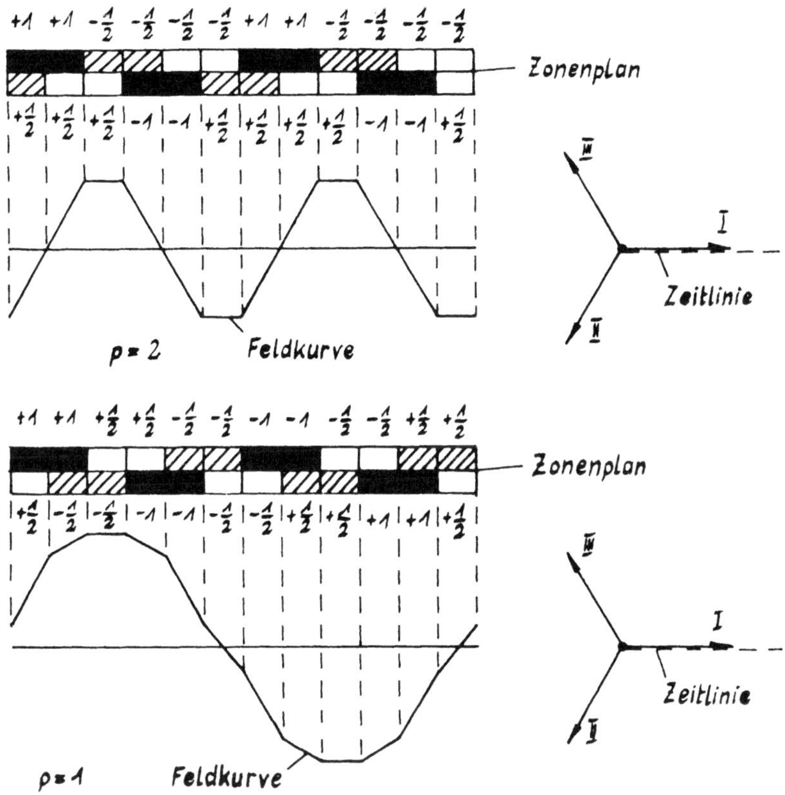

Abb. 9.8

dieses Verhältnis beeinflussen und damit die Wicklung bestimmten Betriebsbedingungen anpassen. Dabei können grundsätzlich die folgenden drei Fälle unterschieden werden:

1. Konstantes Drehmoment, wobei sich die Leistung proportional mit der synchronen Drehzahl ändert. Das ist der Fall bei Werkzeugmaschinen.

2. Konstante Leistung. Dann ändert sich das Drehmoment im umgekehrten Verhältnis der Drehzahl. Diese Schaltung findet bei Walzwerksantrieben Verwendung.

3. Das Drehmoment ändert sich quadratisch mit der Drehzahl und die Leistung mit der 3. Potenz der Drehzahl. Diese Schaltung wird bei Antriebsmotoren für Pumpen und Ventilatoren verwendet.

Wie das im einzelnen zu machen ist, werden Sie gleich sehen. Das Schema aller höherpoligen Maschinen in DAHLANDER-Schaltung geht durch entsprechende Verlängerung der eben aufgezeichneten Feldkurve hervor.

Wir wollen uns nun die Feldverhältnisse bei der Zweischichtwicklung noch etwas näher ansehen. Im Fall der Schaltung für 2 Pole liegt eine normale schrittverkürzte Zweischichtwicklung mit 60^0 Zonenbreite vor. Es treten weder gradzahlige noch durch 3 teilbare Oberfeldordnungszahlen auf. Ihre Ordnungszahlen ergeben sich aus der Ihnen bekannten Beziehung zu:

$$\nu_1 = p_1 (2mg_1 + 1) = p_1 (6g_1 + 1) \quad ; \quad g_1 = \pm 1, \pm 2, \ldots$$

Das sind die sog. Drehstromordnungszahlen.

Bei der höherpoligen Schaltung liegt der Fall anders. Hier haben wir eine Zonenbreite von 120^0 elektrisch. Es treten dann Oberfelder mit den Ordnungszahlen:

$$\nu_2 = p_2 (mg_2 + 1) = p_2 (3g_2 + 1) \quad ; \quad g_2 = \pm 1, \pm 2, \ldots$$

auf. Es sind demnach nunmehr auch Oberwellen mit gradzahligen Ordnungszahlen möglich. Das würde eine Unsymmetrie unter den einzelnen Polen bedeuten und die Feldkurve erheblich verschlechtern. Wie kann man sich davon freimachen? Durch entsprechende Schrittverkürzung! Wir müssen die Spulenweite W so wählen, daß in der 4-poligen Schaltung der Schrittverkürzungsfaktor $\xi_{s\nu}$ für die Oberfelder mit gradzahligen Ordnungszahlen verschwindet. Der Schrittverkürzungsfaktor hat ja allgemein den Wert:

$$\xi_{s\nu} = \sin\left(\frac{\nu}{p}\,\frac{W}{\tau}\,\frac{\pi}{2}\right) .$$

Daraus folgt, daß wir die Spulenweite W gleich der Polteilung τ_2 der höherpoligen Wicklung machen müssen. Dann löschen sich alle Wellen mit gradzahligen Polpaarzahlen aus, und wir erhalten die gewünschte Polsymmetrie.

In der nächsten Abb. 9.9 zeige ich Ihnen noch einmal die Durchflutungsverteilung in der Oberschicht.

Sie erkennen dann, daß insgesamt 6 Gruppen von Spulen auftreten, in denen man die Spulen aller 3 Wicklungsstränge bei jeder Polzahl zusammenfassen kann.

Die hohe Polzahl $2p_2$ (hier 4) erhält man bei gleichsinniger Stromrichtung in den Gruppen 1,2 und 3,4 und 5,6. Bei der kleinen Polzahl $2p_1$ (hier 2) werden die Gruppen 2, 4, 6 umgekehrt vom Strom durchflossen.

In Abb. 9.9 ist die wichtigste DAHLANDER-Schaltung gezeigt. Diese Wicklung ist für die hohe Polzahl in Dreieck und für die niedrige Polzahl in Stern, oder besser gesagt, in Doppelstern geschaltet. In dieser Schaltung entwickelt der Motor bei beiden Polzahlen etwa das gleiche Drehmoment.

Die Verkettung der Stränge in Stern, Dreieck, Doppelstern oder Doppeldreieck ist völlig frei wählbar. Sie hängt von dem gewünschten Leistungsverhältnis ab.

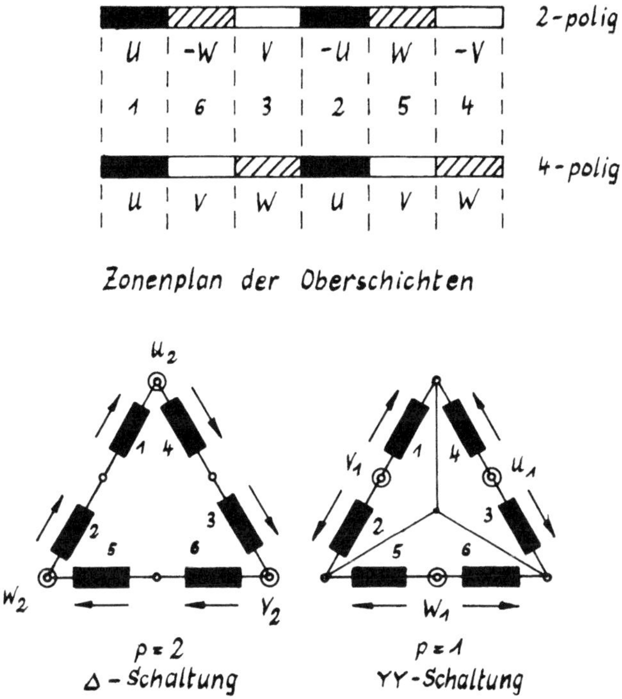

Abb. 9.9

Die wichtigsten Umschaltungen zeigt Abb. 9.10.

Schaltung	Klemmenanschlüsse	Schaltbild	geeignet für:
8/4 Pole normale Dahlanderschaltung Δ / YY	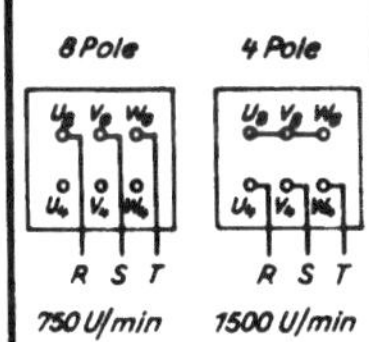	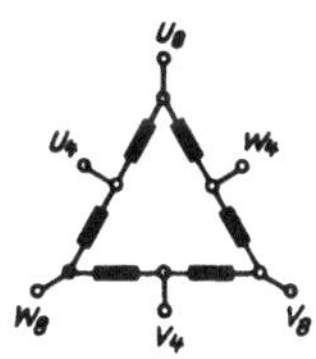	konstantes Drehmoment
8/4 Pole umgekehrte Dahlanderschaltung YY / Δ	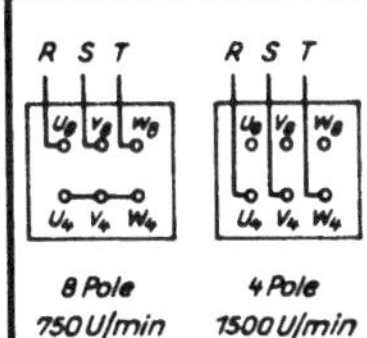	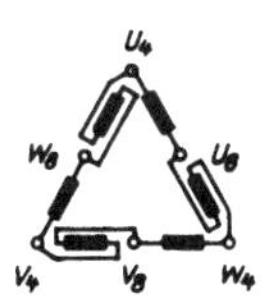	konstante Leistung
8/4 Pole Y / YY	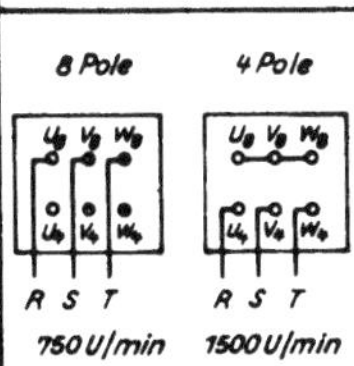	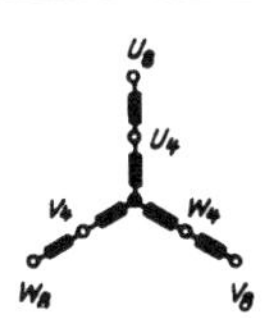	mit der Drehzahl etwa quadratisch sich änderndes Drehmoment

Abb. 9.10

Man wählt:

1. für konstantes Moment die schon erwähnte Dreieck- (kleine Drehzahl) Doppelsternschaltung
2. für konstante Leistung die Doppelstern-Dreieck-Schaltung
3. für quadratisch ansteigendes Moment die Stern-Doppelsternschaltung.

Dabei ist zu beachten, daß bei der Umschaltung von einer Polzahl auf die andere stets zwei Netzzuleitungen miteinander vertauscht werden müssen. Anderenfalls würde sich die Drehrichtung des Motors umkehren. Das geht schon aus der Zonenfolge UVW bei 2 Polen und UWV bei 4 Polen hervor. Schließt man daher das Netz bei 4 Polen rechtsläufig an, so muß man es bei 2 Polen linksläufig anlegen. Man hat hierauf bei der Klemmenbezeichnung bzw. beim Schaltungsschema zu achten.

Wir wollen nun die Ausnutzung der Wicklungen bei den beiden Polzahlen der DAHLANDER-Schaltungen miteinander vergleichen und uns auf die im vorigen Bild gezeigten drei wichtigsten Schaltungen beschränken.

Die höhere Polzahl bekommt weiterhin den Index 2, die niedrige den Index 1. Es ist also:

$$2p_2 = 2 \cdot 2p_1$$

Wir beginnen mit der Betrachtung der Wicklungsfaktoren ξ für die Grundwellen.

Bei der kleinen Polzahl $2p_1$ beträgt die relative Spulenweite nur $W/\tau_1 = 0,5$. Der Sehnungsfaktor hat daher für die Grundwelle den Wert:

$$\xi_{s1} = 0,707 \quad .$$

Den Zonenfaktor der ungesehnten Wicklung setzen wir im Mittel:

$$\xi_{z1} = 0,96 \quad .$$

Mithin ist der Wicklungsfaktor für die niedrige Polzahl:

$$\xi_1 = 0,96 \cdot 0,707 = 0,68$$

Der Zonenfaktor bei der hohen Polzahl ist das 0,866-fache des normalen, da die Zonenbreite 120° elektrisch statt 60° elektrisch (normal) beträgt. Der Sehnungsfaktor hat hier den Wert 1, da die relative Spulenweite gleich 1 ist (Durchmesserschritt). Mithin ist der Wicklungsfaktor bei $2p_2$-Polen:

$$\xi_2 = 0,96 \cdot 0,866 \cdot 1 = 0,83.$$

Diese Wicklungsfaktoren gelten für alle drei Schaltungen.

Von Interesse sind nun die Leistungsverhältnisse, die Verhältnisse der Drehmomente und der Luftspaltflüsse beim Übergang von der hohen zur niedrigen Polzahl unter Berücksichtigung des Wirkungsgrades η und der Leistungsfaktoren $\cos\varphi$. Als Richtung möge immer gelten: hohe Polzahl → niedrige Polzahl bzw. kleine Drehzahl → hohe Drehzahl. Wir legen dabei gleiche Stromdichte bei beiden Polzahlen zugrunde, ohne Rücksicht auf die Verschlechterung der Belüftungsverhältnisse bei der hohen Polzahl. Dann ergeben sich nach NÜRNBERG die in Abb. 9.11 gezeigten Zahlenwerte:

I ist dabei der Strom in jeder Teilgruppe; U_N ist die Netzspannung. Der Faktor:

$$v_{21} = \frac{\eta_2 \cos\varphi_2}{\eta_1 \cos\varphi_1}$$

ist meistens kleiner als 1 und liegt etwa zwischen 0,7 und 0,8. Infolgedessen erweist sich die Schaltung B als brauchbar für konstante Leistung, Schaltung A für nahezu konstantes Moment und Schaltung C für steigende Leistung.

Schaltung		Leistungsverhältnis	Drehmomentverhältnis
A	Δ / YY $(p_2) \rightarrow (p_1)$	$\frac{P_2}{P_1} = \frac{3U_n I\,(\eta_2 \cos\varphi_2)}{3\,U_n/\sqrt{3}\;2I\,(\eta_1 \cos\varphi_1)}$ $= 0{,}866\; v_{21}$	$\frac{T_2}{T_1} = \frac{P_2\,\omega_1}{P_1\,\omega_2} = 1{,}73\; v_{21}$
	Werkzeugmaschinen	steigende Leistung	etwa gleiches Moment
B	YY / Δ	$\frac{P_2}{P_1} = \frac{3 \cdot U_n/\sqrt{3} \cdot 2I}{3U_n\, I} \cdot v_{21}$ $= 1{,}15\; v_{21}$	$\frac{T_2}{T_1} = 2{,}3\; v_{21}$
	Walzwerkantriebe	etwa gleiche Leistung	abfallendes Moment
C	Y / YY	$\frac{P_2}{P_1} = \frac{3\,U_n/\sqrt{3} \cdot I}{3\,U_n/\sqrt{3}\; 2I} \cdot v_{21}$ $= 0{,}5\; v_{21}$	$\frac{T_2}{T_1} = 1 \cdot v_{21}$
	Gebläse, Pumpen	steigende Leistung	ansteigendes Moment

Abb. 9.11

Polumschaltbare Drehstrommotoren mit mehr als 2 Drehzahlen erhält man dadurch, daß man bei 2 getrennten Ständerwicklungen eine oder beide in DAHLANDER-Schaltung ausführt. Auf diese Weise lassen sich bis zu 4 Drehzahlen noch wirtschaftlich in einem Motor vereinigen.

Neben der DAHLANDER-Schaltung gibt es noch andere Einwicklungsschaltungen, die sich von ihr dadurch unterscheiden, daß die Wicklungsstränge mehr als 2-fach unterteilt sind. Ich erwähne die KREBS-Schaltung und die MANDI-Schaltung, die beide im mehrfach erwähnten Buch von NÜRNBERG, "Die Asynchronmaschine", beschrieben sind. Die Anwendung der meisten derartigen Schaltungen scheitert an der großen Klemmenzahl und an den durch Oberfelder hervorgerufenen Sätteln bzw. den damit verbundenen magnetischen Geräuschen.

Soviel zu den polumschaltbaren Motoren. Abschließend sollen kurz die Möglichkeiten der Drehzahlsteuerung durch Frequenzänderung betrachtet werden.

Durch die moderne Entwicklung der Thyristortechnik ist man heute bereits in der Lage, mit wirtschaftlich vertretbarem Aufwand statische Umrichter zu bauen, die es gestatten, Drehstromasynchronmotoren in einem sehr weiten Drehzahlbereich zu steuern. Auf diese Weise erhält man einen Antrieb, der die betrieblichen Vorteile des Käfigläufermotors mit der guten Drehzahlsteuerbarkeit eines Gleichstromnebenschlußmotors vereinigt.

Soll der Asynchronmotor über dem ganzen Steuerbereich seine Überlastbarkeit, d. h. also sein Kippmoment, behalten, so müssen Frequenz und Größe der speisenden Spannung einander so zugeordnet werden, daß der magnetische Fluß im Luftspalt in etwa immer dem Nennwert entspricht. Dazu ist es wiederum notwendig, daß die Maschinenspannung strom- und frequenzabhängig zugeführt wird.

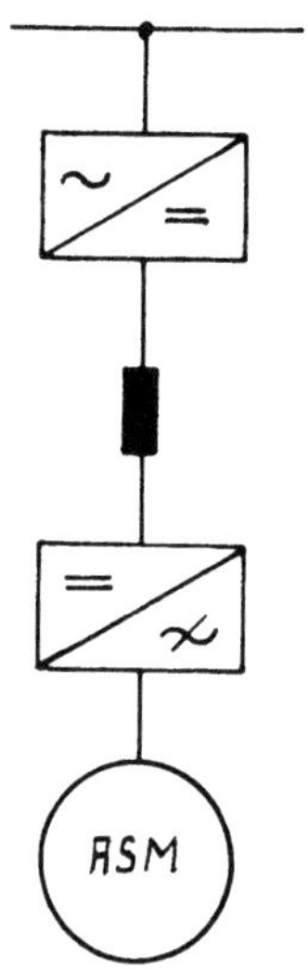

Abb. 9.12a

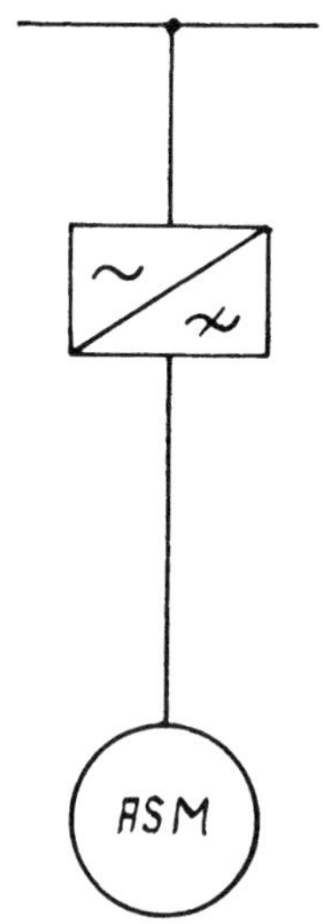

Abb. 9.12b

Es gibt i. w. zwei verschiedene Möglichkeiten für den Aufbau eines kollektorlosen Stromrichtermotors. Abb. 9.12a zeigt die grundsätzliche Anordnung eines Umrichters mit Zwischenkreis und Abb. 9.12b schematisch den sog. direkten Umrichter. Bei dem ersteren ist ein Gleichstromzwischenkreis vorhanden, durch den das speisende Netz und der Motor entkoppelt sind. Direkte Umrichter gestatten lediglich eine Herabsetzung der Speisefrequenz; es ist also nicht möglich, damit über die synchronen Drehzahlen zu fahren. Auf den Aufbau, die Wirkungsweise und die Löschvorgänge der einzelnen z. Z. angewandten Umrichterschaltungen kann im Rahmen dieser Vorlesung nicht näher eingegangen werden. Wir wollen uns im nächsten Abschnitt mit den unsymmetrischen Schaltungen von Asynchronmaschinen befassen.

10. Unsymmetrische Schaltungen

In der Antriebstechnik ist es nicht nur erwünscht, daß ein Elektromotor bei der Nenndrehzahl sein Nennmoment abgeben kann, sondern darüber hinaus, daß sich seine Drehmoment-Drehzahlkennlinie den Anforderungen des Betriebes möglichst gut anpaßt. Diese Drehmomentkennlinien bestimmen nach dem dynamischen Grundgesetz das dynamische Verhalten des Antriebs, also das Anlaufen, Bremsen und Umsteuern, darüber hinaus aber auch das thermische Verhalten des Motors.

Eine Änderung der Drehmomentkennlinie eines fertigen Motors ist nur mit einem verhältnismäßig großen Aufwand zu erreichen, und zwar i. a. durch eine Umschaltung. Derartige Umschaltungen können auf zwei verschiedene Arten vorgenommen werden: Entweder durch einen Eingriff in das Innere des Motors gleich bei der Herstellung (z. B. Polumschaltung) oder durch nachträgliche äußere Umschaltung am Klemmenbrett. Der letztere Weg ist natürlich wirtschaftlicher und läßt sich bei normalen Motoren stets ausführen. Dann ist aber der Motor i. a. nicht mehr symmetrisch mit dem Netz verbunden. Man gelangt zu den sog. unsymmetrischen Ständerschaltungen, bei denen entweder die Netzanschlüsse und (oder) die Verbindungen der einzelnen Wicklungsstränge untereinander unsymmetrisch sind (Abb. 10. 1).

Die Verwendung solcher unsymmetrischer Schaltungen erstreckt sich auf Drehstrom- und Einphasenmotoren mit Käfig- und Schleifringläufern. Sie können auch ungewollt durch Betriebsschäden des Netzes oder der Wicklungen auftreten.

Abb. 10. 2 zeigt ein Beispiel für die unsymmetrische Schaltung einer Gruppe von Maschinen, die sog. ARNO-Phasenspalterschaltung. Auch bei Speisung eines Motors aus einem symmetrischen Netz kommt es zu einer Unsymmetrie, wenn aus bestimmten Gründen in den Netzzuleitungen Scheinwiderstände verschiedener Größe liegen. Die Unsymmetrien sind nicht auf den Ständer beschränkt, sie können auch im Läufer vorkommen; und schließlich kann auch der Fall eintreten, daß das Netz und die Netzanschlüsse symmetrisch sind, die einzelnen Wicklungsstränge aber Unsymmetrien aufweisen (z. B. unterschiedliche Windungszahlen).

Der projektierende Ingenieur muß imstande sein, für beliebige Formen solcher Unsymmetrien das Spannungs-, Strom- und Drehmomentverhalten vorauszusagen. Ferner muß das Erwärmungsverhalten (Verluste, Schaltwärme) angegeben werden können. Über die technische Verwendbarkeit entscheiden aber noch andere Einflüsse, z. B. das Auftreten von Pendelmomenten und Rüttelkräften sowie der Aufwand an Schaltmaterial.

Wir wollen im folgenden zunächst einmal den besonders einfachen Fall eines Drehstrommotors mit symmetrischen Wicklungssträngen betrachten, dessen Ständer unsymmetrisch geschaltet ist. Es wird sich zeigen, daß

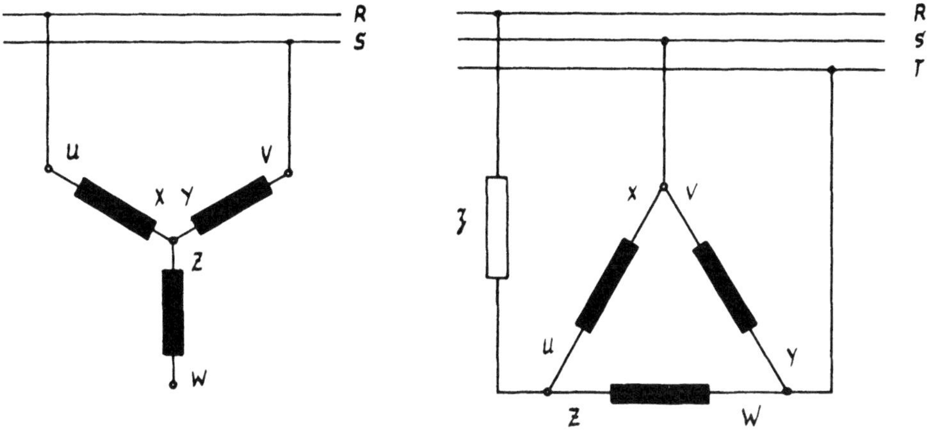

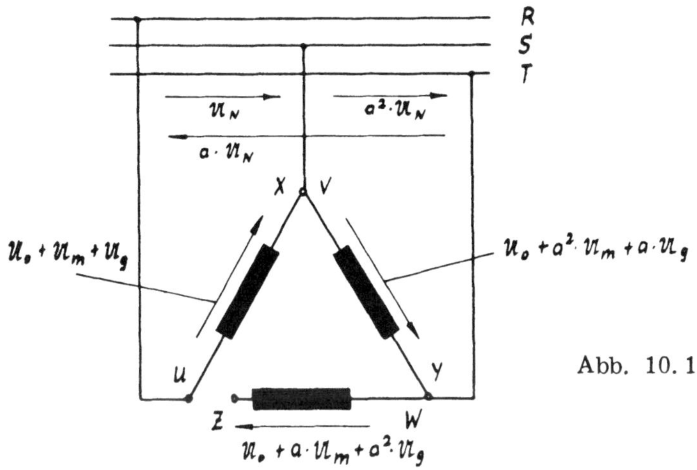

Abb. 10. 1

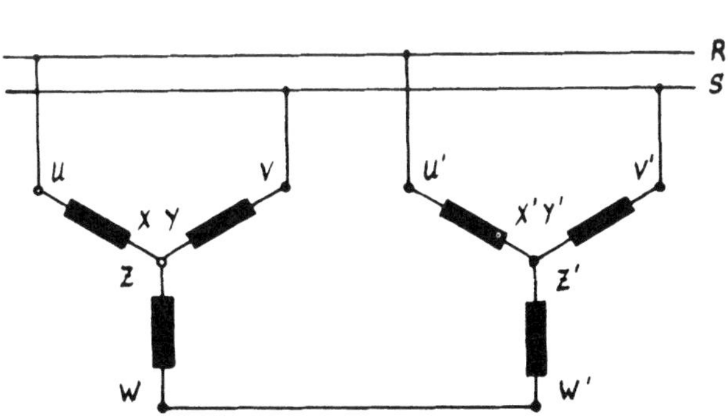

Abb. 10. 2

wir alle übrigen, oben erwähnten Varianten der Unsymmetrie auf diesen einfachen Fall zurückführen können. Das Verhalten eines symmetrisch gewickelten Motors mit unsymmetrischer Schaltung der Ständerwicklung läßt sich dabei übersehen, wenn man das Drehmoment, die Netz- und die Strangströme für jeden beliebigen Schlupf s angeben kann. Diese Größen hängen von den Klemmenspannungen ab, die sich an den einzelnen Wicklungssträngen ausbilden. Es ist also zunächst einmal festzustellen, wie sich ein Drehstromasynchronmotor verhält, an dessen Wicklungssträngen drei beliebige, aber gleichfrequente Spannungen liegen. Das gelingt analytisch oder graphisch mit Hilfe der von KARAPETOFF und FORTESCUE entwickelten Methode der symmetrischen Komponenten.

10. 1. Die Methode der symmetrischen Komponenten

Diese Methode ermöglicht es, ein beliebig vorgegebenes unsymmetrisches dreiphasiges Spannungssystem U_A, U_B, U_C auf drei symmetrische Spannungssysteme zurückzuführen (Abb. 10. 3a). Ein solches unsymmetrisches Spannungssystem ist experimentell leicht zu erzeugen, und zwar mit Hilfe von drei gleichpoligen, beliebig erregten Einphasensynchrongeneratoren, deren Polräder auf einer gemeinsamen Welle sitzen und deren Ständer beliebig gegeneinander verdrehbar sind (Abb. 10. 3b). Es gelingt aber noch auf eine andere Weise, die den Gedankengang FORTESCUES ganz klar erkennen läßt. Ein beliebiges unsymmetrisches Spannungssystem nach

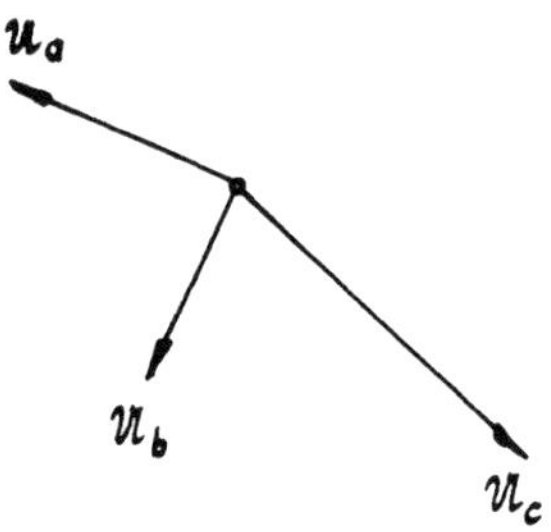

Abb. 10. 3a

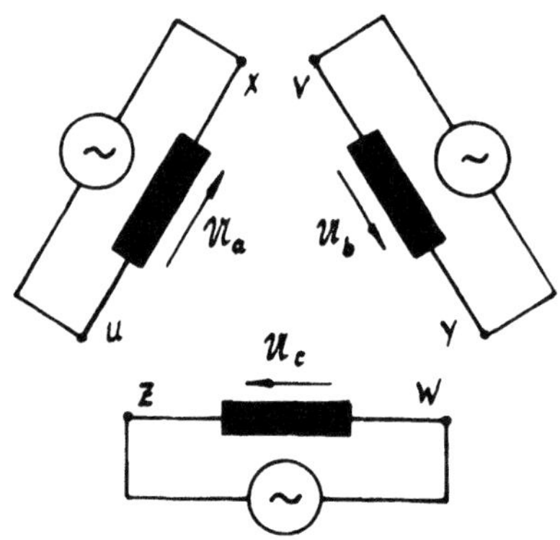

Abb. 10. 3b

Abb. 10. 3a kann man nämlich auch mit Hilfe von zwei Drehstromsynchrongeneratoren und einem Wechselstromgenerator gleicher Polzahl herstellen. Die Größe und Phasenlage der von diesen Generatoren erzeugten Einzelspannungen lassen sich durch verschiedene Erregung und Verdrehung der Ständer herstellen, wenn man die Polräder aller Generatoren auf eine gemeinsame Welle aufkeilt. Wir bezeichnen die Drehstromgeneratoren und die von ihnen erzeugten Spannungen mit den Buchstaben m und g und den Einphasengenerator und seine Spannung mit dem Buchstaben o und schalten sie in der in Abb. 10.3c dargestellten Weise zusammen. Dann er-

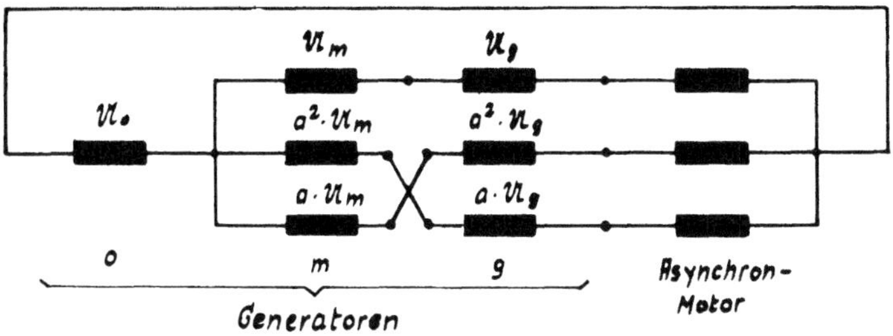

Abb. 10.3c

zeugt der Drehstromgenerator m ein symmetrisches Spannungssystem der Spannung $\mathfrak{U}_m$ mit der Phasenfolge des normalen symmetrischen Netzes: $\mathfrak{U}_m$, $a^2 \mathfrak{U}_m$, $a \mathfrak{U}_m$, wobei die Symbole a und a^2 die Bedeutung:

$$a = e^{+j\,2\pi/3}, \quad a^2 = e^{+j\,4\pi/3}, \quad (a^3 = 1, \quad a^{-1} = e^{-j\,2\pi/3} \text{ usw.}) \tag{10.1}$$

besitzen. Diese Phasenfolge wollen wir als positiv bezeichnen. Der Drehstromgenerator g erzeugt ein symmetrisches Spannungssystem mit der Spannung $\mathfrak{U}_g$ von entgegengesetzter (negativer) Phasenfolge: $\mathfrak{U}_g$, $a \mathfrak{U}_g$, $a^2 \mathfrak{U}_g$, während der Einphasengenerator in allen 3 Wicklungssträngen des Motors gleich große und gleichphasige Spannungen $\mathfrak{U}_o$ erzeugt. In dem mit der Summe dieser drei Spannungssysteme gespeisten symmetrisch angeschlossenen Drehstromasynchronmotor mit symmetrischen Wicklungssträngen entsteht im Luftspalt unter der Einwirkung des Spannungssystems $\mathfrak{U}_m$, $a^2 \mathfrak{U}_m$, $a \mathfrak{U}_m$ (Abb. 10.4a) ein sog. mitlaufendes Drehfeld von der Maschinenpolpaarzahl p (mit den zugehörigen Oberfeldern), unter der Einwirkung des Spannungssystems $\mathfrak{U}_g$, $a \mathfrak{U}_g$, $a^2 \mathfrak{U}_g$ (Abb. 10.4b) ein sog. gegenlaufendes Drehfeld mit ebenfalls p Polpaaren (mit den entsprechenden Oberfeldern) und die Speisung aller 3 Wicklungsstränge mit gleich großen und gleichphasigen Spannungen $\mathfrak{U}_o$ (Abb. 10.4c) hat für den Fall, daß sich

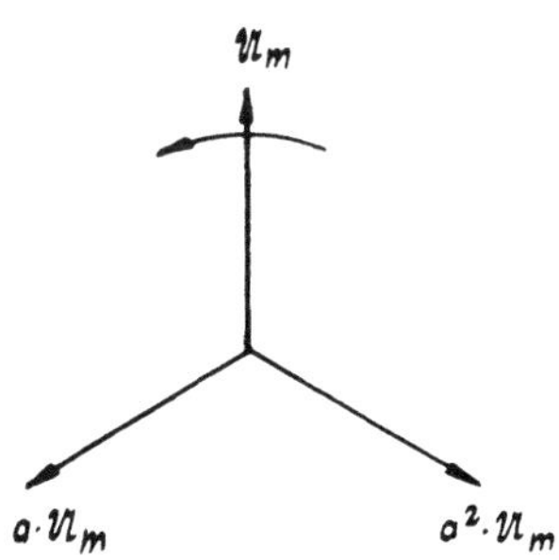

Abb. 10.4a

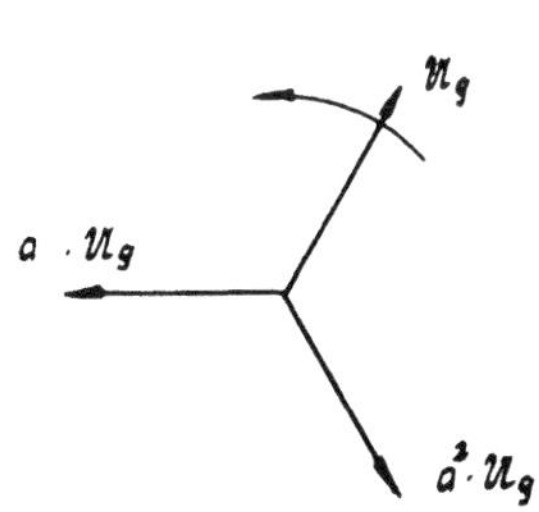

Abb. 10.4b

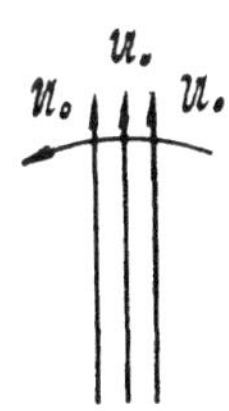

Abb. 10.4c

die ihnen entsprechenden Ströme überhaupt ausbilden können, zur Folge, daß ein Wechselfeld von der 3-fachen Polpaarzahl entsteht. Das erkennt man unmittelbar aus der in Abb. 10. 5 dargestellten Verteilung der Durchflutungen. Ein solches Spannungssystem bezeichnet man als Nullsystem, weil die Phasenverschiebung zwischen allen 3 Spannungen gleich Null ist.

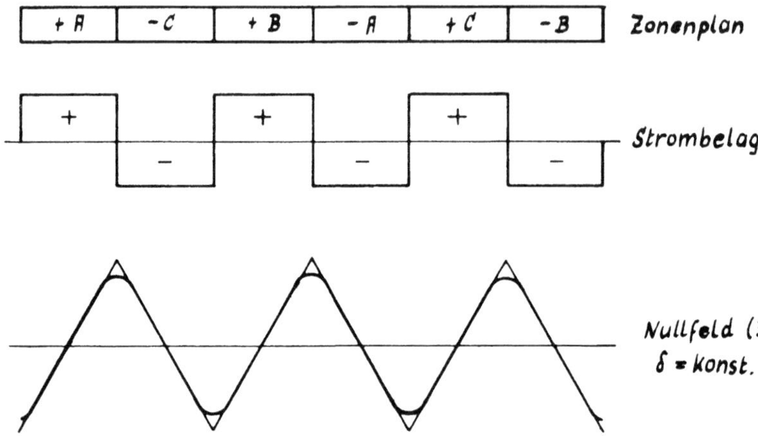

Abb. 10. 5

Man kann sich daher das den Wicklungssträngen des Motors zugeführte unsymmetrische Spannungssystem $\mathfrak{U}_A$, $\mathfrak{U}_B$, $\mathfrak{U}_C$ aus 3 symmetrischen Spannungssystemen, dem Mitsystem ($\mathfrak{U}_m$), dem Gegensystem ($\mathfrak{U}_g$) und dem Nullsystem ($\mathfrak{U}_0$), aufgebaut denken.

Wicklungsstrang	A	B	C
Klemmenspannung	$\mathfrak{U}_A$	$\mathfrak{U}_B$	$\mathfrak{U}_C$
Nullsystem	$\mathfrak{U}_0$	$\mathfrak{U}_0$	$\mathfrak{U}_0$
Mitsystem	$\mathfrak{U}_m$	$a^2\mathfrak{U}_m$	$a\,\mathfrak{U}_m$
Gegensystem	$\mathfrak{U}_g$	$a\,\mathfrak{U}_g$	$a^2\,\mathfrak{U}_g$

Die als symmetrische Spannungskomponenten bezeichneten Vertreter $\mathfrak{U}_0$, $\mathfrak{U}_m$, $\mathfrak{U}_g$ der drei symmetrischen Spannungssysteme lassen sich aus den Gleichungen:

$$\begin{aligned} 1\cdot\mathfrak{U}_0 + 1\cdot\mathfrak{U}_m + 1\cdot\mathfrak{U}_g &= \mathfrak{U}_A\,, \\ 1\cdot\mathfrak{U}_0 + a^2\mathfrak{U}_m + a\,\mathfrak{U}_g &= \mathfrak{U}_B\,, \\ 1\cdot\mathfrak{U}_0 + a\,\mathfrak{U}_m + a^2\mathfrak{U}_g &= \mathfrak{U}_C \end{aligned} \qquad (10.\,2)$$

in elementarer Weise ermitteln. Es ergibt sich:

$$
\begin{aligned}
\mathfrak{U}_0 &= \tfrac{1}{3}\left(\mathfrak{U}_A + \mathfrak{U}_B + \mathfrak{U}_C\right) \quad , \\
\mathfrak{U}_m &= \tfrac{1}{3}\left(\mathfrak{U}_A + a\,\mathfrak{U}_B + a^2\,\mathfrak{U}_C\right) \quad , \\
\mathfrak{U}_g &= \tfrac{1}{3}\left(\mathfrak{U}_A + a^2\,\mathfrak{U}_B + a\,\mathfrak{U}_C\right) \quad .
\end{aligned}
\qquad (10.3)
$$

Die Gl. (10. 3) liefert dann gleichzeitig auch die Vorschrift für eine graphische Ermittlung der symmetrischen Spannungskomponenten. Insbesondere erkennt man leicht, daß das Nullsystem nicht vorkommt, wenn die Summe der drei Phasenspannungen verschwindet, d. h. wenn sich das aus ihnen gebildete Dreieck schließt.

Wir wollen diese Methode nun gleich einmal auf eine unsymmetrische Ständerschaltung anwenden und wählen dazu die in Abb. 10. 6 dargestellte J-K-Schaltung. Hier ist offensichtlich die Phasenspannung an der Phase A gleich der verketteten Spannung des Netzes $\mathfrak{U}_N$. Wir bezeichnen sie mit $\mathfrak{U}_A$. Die Spannungen an den beiden übrigen Wicklungssträngen sind gleich: $\mathfrak{U}_B = \mathfrak{U}_C = a^2\,\mathfrak{U}_N$.

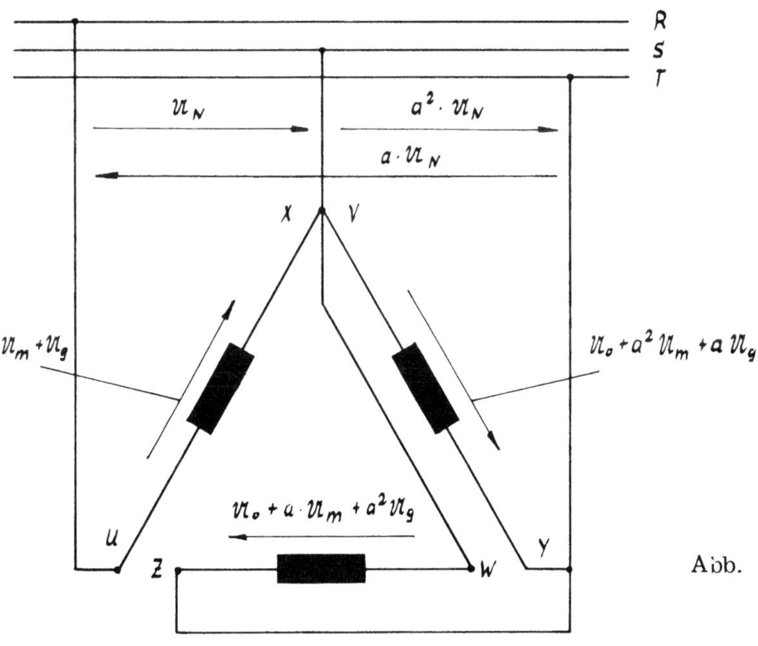

Abb. 10. 6

Durch Einsetzen in die Gl. (10. 3) erhalten wir:

$$\mathfrak{U}_o = \frac{\mathfrak{U}_N}{a(1-a)} \; ,$$

$$\mathfrak{U}_m = \frac{\mathfrak{U}_N}{1-a} \; , \qquad (10.4)$$

$$\mathfrak{U}_g = \frac{\mathfrak{U}_N}{1-a} \; .$$

Leider sind nun aber die Klemmenspannungen an den einzelnen Wicklungssträngen nicht immer von vornherein als bekannt anzusehen. Ein Beispiel hierfür ist die in Abb. 10. 7 dargestellte V-Schaltung. Wir kennen zwar

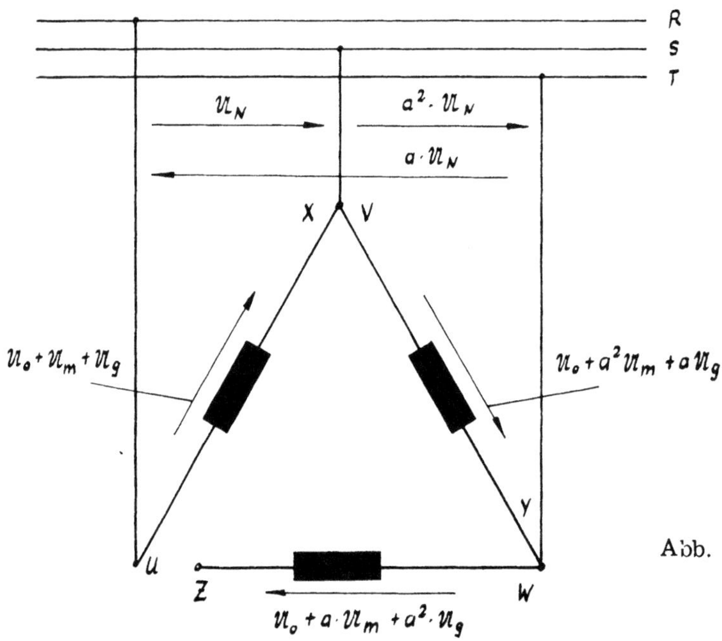

Abb. 10. 7

die Spannung an den Strängen A und B: $\mathfrak{U}_A = \mathfrak{U}_N$ und $\mathfrak{U}_B = a^2 \, \mathfrak{U}_N$, nicht aber die Spannung $\mathfrak{U}_C$ an dem offenen Strang C. Hier wissen wir nur, daß der Strom in diesem Strang verschwinden muß. Um dieser allgemeinsten Aufgabe beikommen zu können, müssen wir uns klarmachen, daß einem jeden symmetrischen Spannungssystem ein symmetrisches Stromsystem entsprechen muß. Das ist für das mit- und gegenlaufende Spannungssystem unmittelbar einzusehen.

Allgemein gilt:

$$
\begin{aligned}
\mathfrak{I}_0 &= \mathfrak{Y}_0 \cdot \mathfrak{U}_0 \quad , \\
\mathfrak{I}_m &= \mathfrak{Y}_m \cdot \mathfrak{U}_m \quad , \\
\mathfrak{I}_g &= \mathfrak{Y}_g \cdot \mathfrak{U}_g \quad .
\end{aligned}
\tag{10.5}
$$

Darin sind $\mathfrak{Y}_0$, $\mathfrak{Y}_m$ und $\mathfrak{Y}_g$ die entsprechenden Scheinleitwertskomponenten je Wicklungsstrang. Den Scheinleitwert $\mathfrak{Y}_m$ des mitlaufenden Spannungssystems kann man unmittelbar aus dem Primärstromdiagramm des Motors in symmetrischer Schaltung entnehmen, wobei dann die Nennphasenspannung durch die Spannung $\mathfrak{U}_m$ zu ersetzen ist. Er ist eine Funktion des Schlupfes s bzw. der Drehzahl. Bei Speisung des Motors mit dem Spannungssystem $\mathfrak{U}_g$ von negativer Phasenfolge bildet sich ein gegenlaufendes Drehfeld aus. Infolgedessen tritt bei einer Drehzahl, die dem Schlupf s des mitlaufenden Drehfeldes entspricht, im Läufer die Frequenz $(2 - s) \cdot f$ auf. Es ist daher:

$$\mathfrak{Y}_g(s) = \mathfrak{Y}_m(2-s) \quad . \tag{10.6}$$

Der Scheinleitwert $\mathfrak{Y}_0$ für das Nullsystem ist nicht so einfach zu berechnen. Wir können ihn jedoch leicht experimentell ermitteln, und zwar dadurch, daß wir alle 3 Ständerstränge des Motors in Reihe schalten und das Primärstromdiagramm für die in Abb. 10.8 gezeigte Nullschaltung

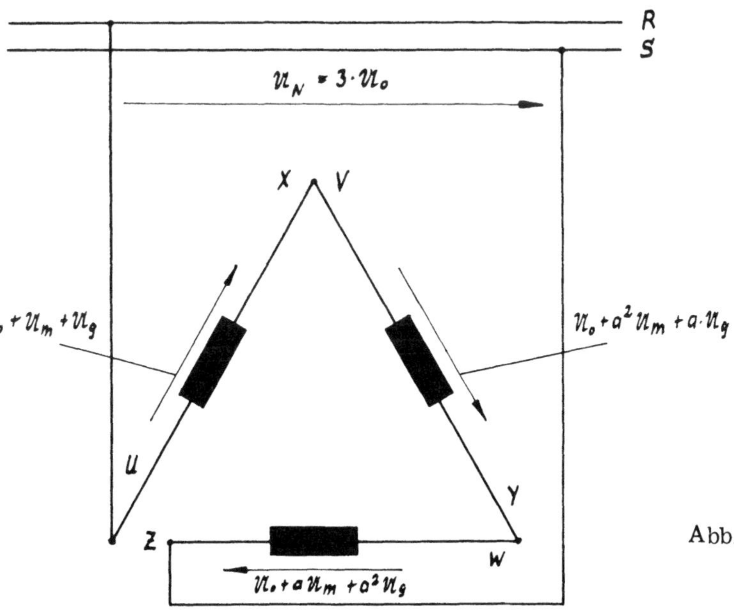

Abb. 10.8

ermitteln. In diesem Fall ist:

$$\mathfrak{U}_0 = \frac{\mathfrak{U}_N}{3} \quad . \tag{10.7}$$

Die Berechnung von $\mathfrak{Y}_0$ ist Sache der Spezialisten.

Damit sind wir nunmehr in der Lage, auch die Strangströme eines Drehstromasynchronmotors für eine beliebige unsymmetrische Ständerschaltung vorauszuberechnen. Es ist:

$$\begin{aligned}
\mathfrak{I}_A &= \mathfrak{I}_0 + \mathfrak{I}_m + \mathfrak{I}_g = \mathfrak{Y}_0 \cdot \mathfrak{U}_0 + \mathfrak{Y}_m \cdot \mathfrak{U}_m + \mathfrak{Y}_g \cdot \mathfrak{U}_g \quad ,\\
\mathfrak{I}_B &= \mathfrak{I}_0 + a^2 \mathfrak{I}_m + a\,\mathfrak{I}_g = \mathfrak{Y}_0 \cdot \mathfrak{U}_0 + a^2\, \mathfrak{Y}_m \cdot \mathfrak{U}_m + a\, \mathfrak{Y}_g \cdot \mathfrak{U}_g \quad ,\\
\mathfrak{I}_C &= \mathfrak{I}_0 + a\,\mathfrak{I}_m + a^2 \mathfrak{I}_g = \mathfrak{Y}_0 \cdot \mathfrak{U}_0 + a\, \mathfrak{Y}_m\, \mathfrak{U}_m + a^2\, \mathfrak{Y}_g \cdot \mathfrak{U}_g \quad .
\end{aligned} \tag{10.8}$$

Kennt man die Ströme in den einzelnen Wicklungssträngen, so kann man die Netzströme leicht mit Hilfe der KIRCHHOFFschen Knotenpunktregel ermitteln.

Nunmehr sind wir in der Lage, die symmetrischen Strom- und Spannungskomponenten für die in Abb. 10. 7 dargestellte V-Schaltung anzugeben. Die zugehörigen Bestimmungsgleichungen lauten:

$$\begin{aligned}
1 \cdot \mathfrak{U}_0 + 1 \cdot \mathfrak{U}_m + 1 \cdot \mathfrak{U}_g &= \mathfrak{U}_A = \mathfrak{U}_N \quad ,\\
1 \cdot \mathfrak{U}_0 + a^2 \cdot \mathfrak{U}_m + a \cdot \mathfrak{U}_g &= \mathfrak{U}_B = a^2 \cdot \mathfrak{U}_N \quad .
\end{aligned}$$

Nun muß aber der Strom im Strang C verschwinden:

$$1 \cdot \mathfrak{I}_0 + a \cdot \mathfrak{I}_m + a^2 \cdot \mathfrak{I}_g = \mathfrak{I}_C = 0 \quad .$$

Drückt man die symmetrischen Stromkomponenten durch die symmetrischen Spannungskomponenten aus, so erhält man als dritte Bestimmungsgleichung:

$$\mathfrak{Y}_0 \cdot \mathfrak{U}_0 + a \cdot \mathfrak{Y}_m \cdot \mathfrak{U}_m + a^2 \cdot \mathfrak{Y}_g \cdot \mathfrak{U}_g = 0 \quad ,$$

aus der sich die gesuchten Spannungskomponenten zu:

$$\begin{aligned}
\mathfrak{U}_0 &= -\frac{a\, \mathfrak{Y}_m\, \mathfrak{U}_N}{\mathfrak{Y}_0 + \mathfrak{Y}_m + \mathfrak{Y}_g} \quad ,\\
\mathfrak{U}_m &= +\frac{(\mathfrak{Y}_0 + \mathfrak{Y}_g)\, \mathfrak{U}_N}{\mathfrak{Y}_0 + \mathfrak{Y}_m + \mathfrak{Y}_g} \quad ,\\
\mathfrak{U}_g &= -\frac{a^2\, \mathfrak{Y}_m\, \mathfrak{U}_N}{\mathfrak{Y}_0 + \mathfrak{Y}_m + \mathfrak{Y}_g} \qquad \text{ergeben.}
\end{aligned} \tag{10.9}$$

In diesem Fall sind die symmetrischen Spannungskomponenten vom Schlupf bzw. von der Drehzahl abhängig. Damit haben wir aber schon den allgemeinsten Fall einer unsymmetrischen Ständerschaltung behandelt.

Die im Läufer auftretenden Ströme lassen sich für das mit- und für das gegenlaufende Stromsystem z. B. aus dem Primärstromdiagramm für Nennspannung entnehmen. Man muß sie natürlich im Verhältnis U_m / U_N bzw. U_g / U_N umrechnen.

Die in der Ständerwicklung auftretenden Stromwärmeverluste:

$$P_{V1} = R_1 \left(I_A^2 + I_B^2 + I_C^2 \right) \tag{10.10}$$

ergeben sich durch Einsetzen der symmetrischen Komponenten nach einer elementaren Umrechnung zu:

$$P_{V1} = 3R_1 \left(I_0^2 + I_m^2 + I_g^2 \right) \; . \tag{10.11}$$

Wir müssen jetzt nur noch das Drehmomentverhalten des Motors bei unsymmetrischer Schaltung der Ständerwicklung vorausbestimmen. In diesem Zusammenhang besinnen wir uns darauf, daß i. a. nur der zeitliche Mittelwert des Drehmoments interessiert. Dieser ist nun gerade der Summe der Drehmomente, die sich bei Speisung des Motors mit den drei symmetrischen Spannungssystemen einzeln ergeben würde, gleich. Das läßt sich mathematisch sehr einfach beweisen, ist aber auch physikalisch zu verstehen, wenn man bedenkt, daß die einzelnen Drehfelder und die Läuferstrombeläge sich nicht stören. So haben ja z. B. die Läuferstromsysteme verschiedene Schlupffrequenzen.

Wir bezeichnen mit T_0 das Drehmoment, das der Motor in der Nullschaltung, also bei Reihenschaltung der 3 Ständerwicklungsstränge, bei der Netzspannung U_N entwickelt, mit T_m das Drehmoment bei Speisung mit einem mitlaufenden Spannungssystem von der Größe $U_m = U_N$ und mit T_g das Drehmoment bei Speisung mit einem gegenlaufenden Spannungssystem $U_g = U_N$. Dann bildet sich bei Speisung mit dem unsymmetrischen Spannungssystem U_A, U_B, U_C, dessen symmetrische Spannungskomponenten die Werte U_0, U_m, U_g besitzen, das asynchrone Drehmoment (zeitlicher Mittelwert):

$$T = T_0 \left(\frac{3U_0}{U_N} \right)^2 + T_m \left(\frac{U_m}{U_N} \right)^2 + T_g \left(\frac{U_g}{U_N} \right)^2 \tag{10.12}$$

aus. T_m und T_g kann man dem Primärstromdiagramm des Motors bei Speisung mit der Netzspannung U_N entnehmen oder, wenn man die Oberfeldwirkungen berücksichtigen will, aus einer experimentell aufgenommenen Drehmomentenkennlinie. Für T_g gilt dann, wie ohne weiteres verständlich:

$$T_g(s) = -T_m(2-s) \qquad (10.13)$$

(vgl. Abb. 10.9). T_0 läßt sich ebenfalls berechnen - wenn auch nicht so

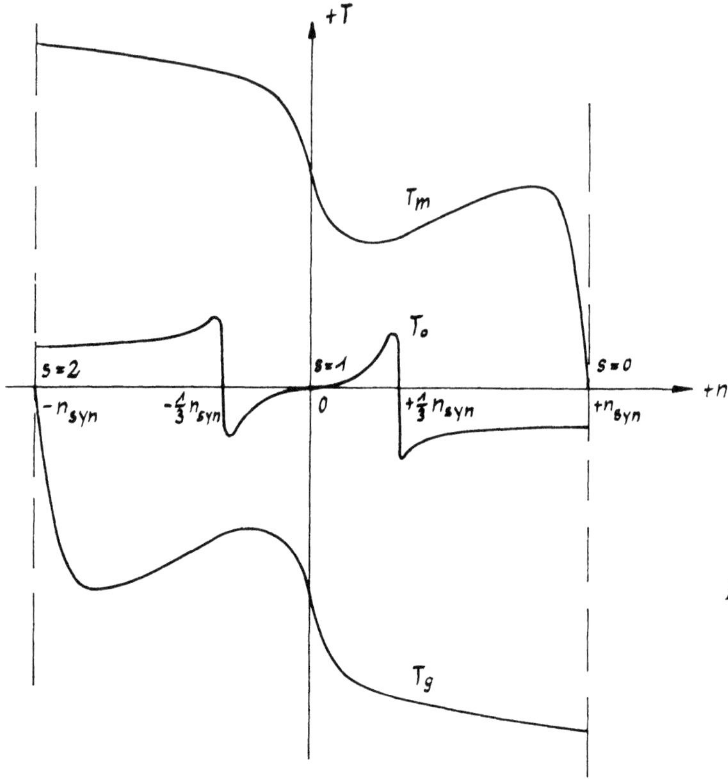

Abb. 10.9

einfach - besser ist es, T_0 experimentell zu ermitteln gleich zusammen mit $\mathfrak{Y}_0$.

Die in der Drehmomentgleichung auftretenden quadratischen Gewichte wollen wir als Spannungsfaktoren bezeichnen. Wir haben die folgenden Komponenten zu unterscheiden:

1. die symmetrischen Spannungskomponenten $\mathfrak{U}_0$, $\mathfrak{U}_m$, $\mathfrak{U}_g$.
2. die symmetrischen Stromkomponenten $\mathfrak{J}_0$, $\mathfrak{J}_m$, $\mathfrak{J}_g$.
3. die symmetrischen Scheinleitwertskomponenten $\mathfrak{Y}_0$, $\mathfrak{Y}_m$, $\mathfrak{Y}_g$.

3a. bzw. ihre Kehrwerte, die symmetrischen Scheinwiderstände $\mathfrak{Z}_0$, $\mathfrak{Z}_m$, $\mathfrak{Z}_g$.

4. die symmetrischen Drehmomentkomponenten T_0, T_m, T_g.

Während die unter 1. und 2. angegebenen Komponenten häufig nur von der Art der Schaltung abhängen, gehen in die unter 3. und 4. angegebenen stets auch die Eigenschaften des Motors, insbesondere die des Läufers, ein.

Wir haben bei den bisherigen Überlegungen stillschweigend vom Superpositionsprinzip Gebrauch gemacht. Die Praxis hat gezeigt, daß das zulässig ist.

Die Schlagkraft dieser Methode der symmetrischen Komponenten soll nun am Beispiel der eh-Dreieckschaltung (Abb. 10. 10) nachgewiesen werden. Diese Schaltung wird z. B. zum Bremsen von Drehstromasynchronmaschinen verwendet. Bei ihr sind die symmetrischen Spannungskomponenten durch die Schaltung festgelegt. Es ist nämlich:

$$\mathfrak{U}_A = \mathfrak{U}_N \quad , \quad \mathfrak{U}_B = 0 \quad , \quad \mathfrak{U}_C = -\mathfrak{U}_N \quad ,$$

und daraus folgt sofort:

$$\begin{aligned} \mathfrak{U}_0 &= 0 \quad , \\ \mathfrak{U}_m &= \frac{\mathfrak{U}_N}{1-a} \quad , \\ \mathfrak{U}_g &= -a\,\frac{\mathfrak{U}_N}{1-a} \quad . \end{aligned} \tag{10. 14}$$

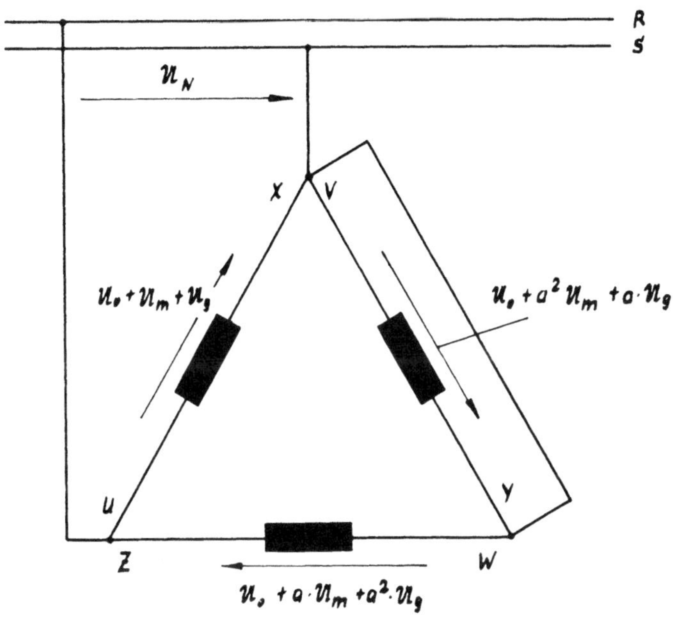

Abb. 10. 10

In diesem Fall sind die symmetrischen Komponenten des mit- und gegenlaufenden Spannungssystems gleich groß. Das Drehmoment der eh-Δ-Schaltung ist daher:

$$T_{eh} = \frac{1}{3}\left(T_m + T_g\right) = \frac{1}{3}\left(T_m(s) - T_m(2-s)\right) . \tag{10. 15}$$

(vgl. Abb. 10. 11).

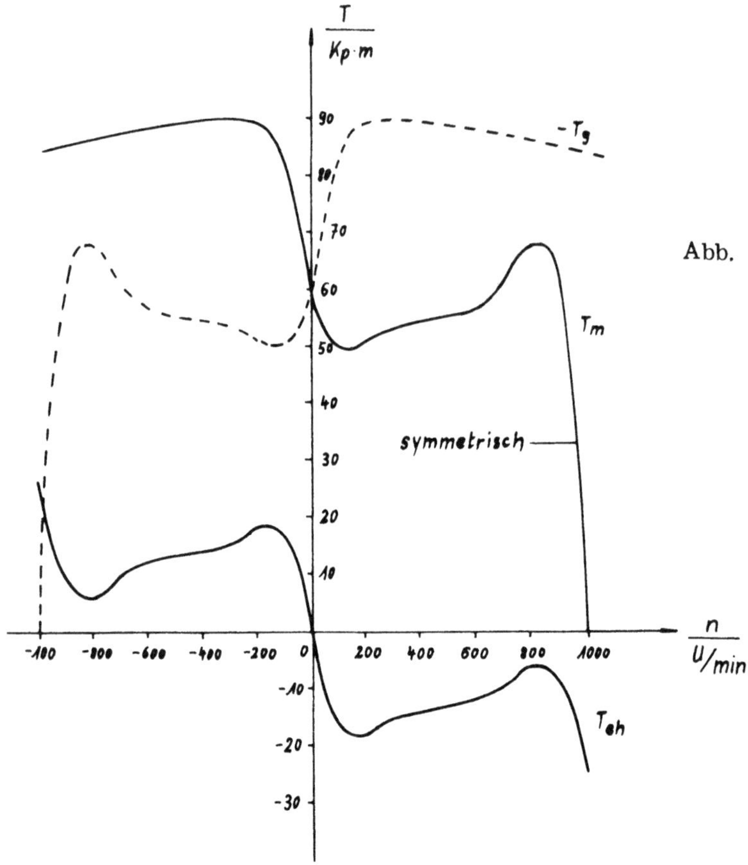

Abb. 10. 11

Wir sind damit in der Lage, das Strom- und Drehmomentverhalten einer beliebigen unsymmetrischen Schaltung der Ständerwicklung vorauszuberechnen. Dabei ergibt sich eine merkwürdige Tatsache:
Durch eine unsymmetrische Ständerschaltung ist das Strom- und Drehmomentverhalten eines Motors mit symmetrischen Wicklungssträngen eindeutig festgelegt. Diese selbstverständliche Feststellung läßt sich aber merkwürdigerweise nicht umkehren; denn ein bestimmter Drehmomentverlauf kann u. U. durch ganz verschiedene Schaltungen erzwungen werden. Das sollte man von vornherein nicht vermuten.

Wir haben gesehen, wie leicht diese Methode der symmetrischen Komponenten zu handhaben ist und wie schnell man zu Aussagen über das Strom- und Drehmomentverhalten gelangt. Will man noch schneller zum Ziel kommen, dann muß man die Forderungen etwas zurückschrauben. Wenn man z. B. nur wissen will, was im Stillstand und damit auch beim Anlaufen und bei Betrieb gegen das Drehfeld passiert, dann empfiehlt es sich, die beiden folgenden einfachen geometrischen Hilfssätze zu merken:

a) Der Satz von der Drehmomentfläche

Das Anzugmoment eines symmetrisch gespeisten Drehstromasynchronmotors ist dem Quadrat der Phasenspannung proportional. Desgl. ist auch der Flächeninhalt des von den 3 Phasenspannungen aufgezogenen gleichseitigen Dreiecks ein Maß für das Anzugmoment des mit- bzw. gegenlaufenden Systems (Abb. 10. 12a).

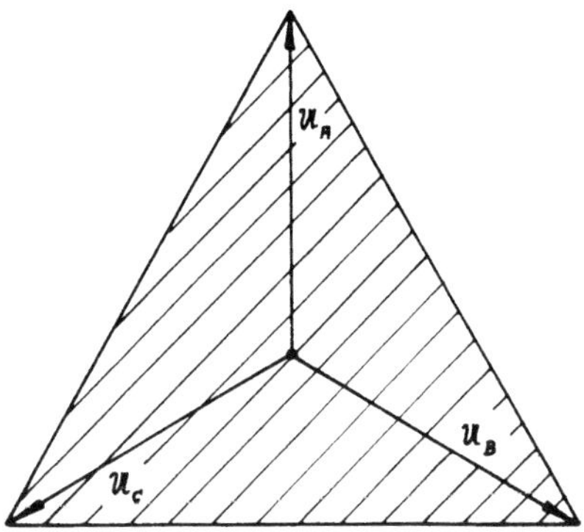

Abb. 10. 12a

Es ist daher:

$$T_m = k \cdot F_m \qquad \text{bzw.} \qquad T_g = k \cdot F_g \quad ,$$

während das Anzugmoment für das Nullsystem verschwindet. Für das resultierende Anzugmoment gilt:

$$T_{res} = k \cdot (F_m - F_g) \ .$$

Es läßt sich nun beweisen, daß auch bei beliebigen Phasenspannungen der Flächeninhalt F des von den 3 Phasenspannungen $\mathfrak{U}_A$, $\mathfrak{U}_B$, $\mathfrak{U}_C$ aufgespannten Dreiecks gleich der Differenz F_m - F_g ist, also:

$$F = F_m - F_g \quad ,$$

(vgl. Abb. 10. 12b).

Abb. 10. 12b

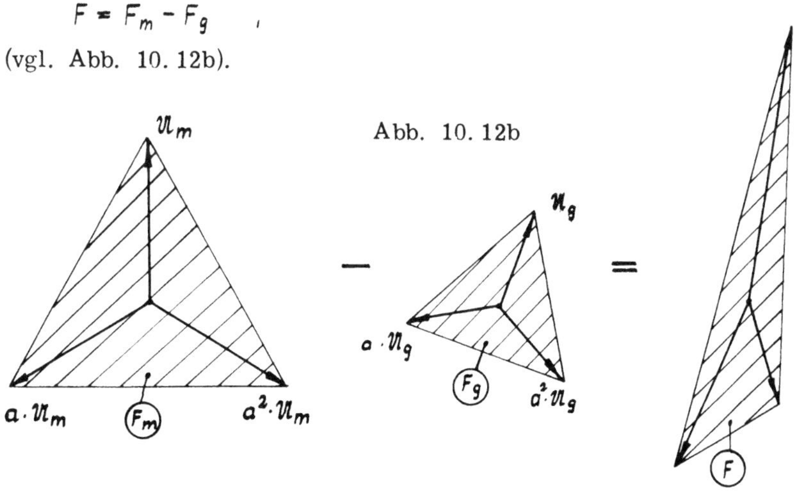

Liegen daher die Endpunkte der 3 Phasenspannungsvektoren $\mathfrak{U}_A$, $\mathfrak{U}_B$, $\mathfrak{U}_C$ auf einer Geraden, dann verschwindet die von ihnen aufgezogene Fläche und damit das Anzugmoment der betr. Schaltung. Der Drehwille des Motors bei einer unsymmetrischen Ständerschaltung entspricht dem des mitlaufenden Drehfeldes, wenn die Phasenfolge der Phasenspannungsvektoren positiv ist, also gleich der des mitlaufenden Spannungssystems. Diese Aussage gilt mit guter Annäherung auch noch im Schlupfbereich: $\infty \geqq s \geqq 0,5$.

b) Der Satz über die Kurzschlußströme

Bei unsymmetrischen Schaltungen ohne Nullsystem wird im Stillstand ($s = 1$) wegen $Y_m(1) = Y_g(1)$:

$$\mathfrak{J}_A = \mathfrak{J}_m + \mathfrak{J}_g = \mathfrak{Y}_m(1) \cdot (\mathfrak{U}_m + \mathfrak{U}_g) = \mathfrak{Y}_m(1)\,\mathfrak{U}_A \quad ,$$
$$\mathfrak{J}_B = a^2 \mathfrak{J}_m + a\,\mathfrak{J}_g = \mathfrak{Y}_m(1) \cdot (a^2 \mathfrak{U}_m + a\,\mathfrak{U}_g) = \mathfrak{Y}_m(1)\,\mathfrak{U}_B \quad ,$$
$$\mathfrak{J}_C = a\,\mathfrak{J}_m + a^2 \mathfrak{J}_g = \mathfrak{Y}_m(1) \cdot (a\,\mathfrak{U}_m + a^2 \mathfrak{U}_g) = \mathfrak{Y}_m(1)\,\mathfrak{U}_C \quad .$$

Das System der Strangströme $\mathfrak{J}_A$, $\mathfrak{J}_B$, $\mathfrak{J}_C$ geht also im Stillstand (und damit angenähert auch im Schlupfbereich von etwa $\infty \geqq s \geqq 0,5$) durch eine Drehstreckung (mit dem Kurzschlußphasenwinkel φ_1) aus dem System der Strangspannungen $\mathfrak{U}_A$, $\mathfrak{U}_B$, $\mathfrak{U}_C$ hervor.

Aufgrund dieser beiden Sätze lassen sich nunmehr unsymmetrische Schaltungen in ihrer Wirkungsweise ohne jede Rechnung übersehen, und zwar auch dann, wenn man die Phasenspannungen nicht unmittelbar aus den Schaltbildern entnehmen kann.

Wir wollen noch kurz die Verluste und die Schaltwärme bei unsymmetrischen Ständerschaltungen untersuchen.

Wir hatten bereits gesehen, daß die im stationären Betrieb in der Ständerwicklung auftretenden Stromwärmeverluste durch die symmetrischen Stromkomponenten ausgedrückt werden können:

$$P_{V1} = 3R_1\,(I_0^2 + I_m^2 + I_g^2) \; .$$

Bezeichnet man die stationären Läuferstromwärmeverluste für das mit- und gegenlaufende System mit P_{V2m} und P_{V2g} und die für das Nullsystem mit P_{V20}, so wird:

$$P_{V2} = P_{V20}\left(\frac{3U_0}{U_N}\right)^2 + P_{V2m}\left(\frac{U_m}{U_N}\right)^2 + P_{V2g}\left(\frac{U_g}{U_N}\right)^2 . \qquad (10.16)$$

Weit mehr als die im stationären Betrieb auftretenden Gesamtverluste interessieren die Wärmemengen, die beim Anlaufen, Bremsen und Umsteuern entstehen. Wir hatten ja schon gesehen, daß die sog. Schaltwärme u. U. eine ganz erhebliche Rolle spielt. Ganz allgemein ist die in der Läuferwicklung zwischen den Schlüpfen s_a und s_e entwickelte Wärmemenge:

$$Q_2 = \int_{s_a}^{s_e} P_{V2}(s) \frac{dt}{ds} ds . \tag{10.17}$$

Die Schlupfänderung $\frac{ds}{dt}$ läßt sich hierbei durch das dynamische Grundgesetz:

$$-J \omega_0 \frac{ds}{dt} = T - T_g \tag{10.18}$$

ausdrücken. Setzt man den Wert für P_{V2} aus Gl. (10.16) in die Gl. (10.17) ein, so erhält man für eine unsymmetrische Schaltung ohne Nullkomponente:

$$Q_2 = Q_{2H0} \int_{s_a}^{s_e} \frac{|s \cdot T_m(s)| \left|\frac{U_m}{U_N}\right|^2 + |(2-s) \cdot T_m(2-s)| \left|\frac{U_g}{U_N}\right|^2}{T_m(s) \left|\frac{U_m}{U_N}\right|^2 - T_m(2-s) \left|\frac{U_g}{U_N}\right|^2 - T_g} ds . \tag{10.19}$$

Berechnet man hiernach z. B. die Läuferbremswärme ($s_a = 0$, $s_e = 1$) für die eh-Δ-Schaltung, so kommt man zu wesentlich höheren Werten als bei der normalen Gegenstrombremsung. Man muß also die u. U. beträchtliche Erhöhung der Schaltwärme in unsymmetrischen Schaltungen bei der Projektierung stets rechnerisch überprüfen, und zwar insbesondere dann, wenn es sich um hohe Schalthäufigkeiten handelt.

Einen wichtigen Sonderfall der Asynchronmaschinen bilden die sog. Einphaseninduktionsmotoren. Sie machen den größten Anteil aller Kleinmotoren aus. In diesem Zusammenhang interessiert uns in erster Linie der einphasige Betrieb von Drehstromasynchronmotoren.

10.2. Einphasiger Betrieb von Drehstromasynchronmaschinen

Die Vorgänge in solchen einphasig geschalteten Induktionsmaschinen lassen sich am einfachsten durch die Drehfeldtheorie erklären. Dabei denkt man sich die von den Ständerwicklungssträngen erzeugten Wechselfelder in zwei gegenlaufende Drehfelder zerlegt, die im Läufer die Kreisfrequenzen $s\omega$ und $(2 - s)\omega$ hervorrufen.

Unterbricht man bei einem in Y geschalteten Drehstrommotor eine Netzzuleitung (Abb. 10.13), so läuft er i. a. mit erhöhtem Schlupf weiter und nimmt bei gleicher Belastung einen höheren Netzstrom auf.

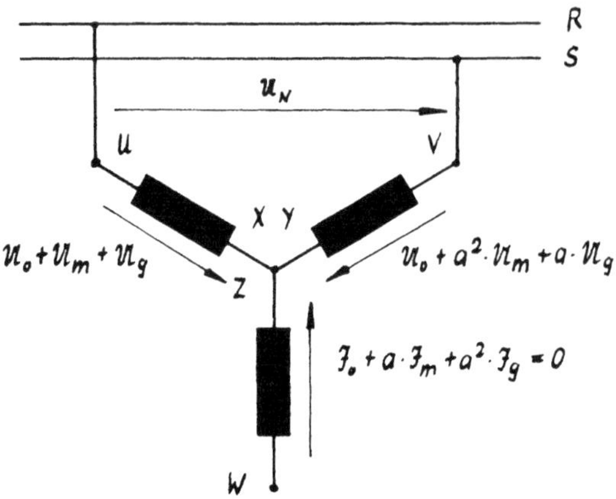

Abb. 10.13

Mit Rücksicht auf die Y-Schaltung verschwindet das Nullsystem der Spannungen und Ströme ($\mathfrak{U}_0 = 0$, $\mathfrak{I}_0 = 0$, $T_0(s)\cdot\left|3U_0/U_N\right|^2 = 0$). Die symmetrischen Spannungskomponenten folgen aus:

$$\mathfrak{U}_m(1-a^2) + \mathfrak{U}_g(1-a) = \mathfrak{U}_N \qquad \text{und}$$

$$\mathfrak{I}_c = a\,\mathfrak{I}_m + a^2\,\mathfrak{I}_g = a\,\mathfrak{Y}_m\,\mathfrak{U}_m + a^2\,\mathfrak{Y}_g\,\mathfrak{U}_g$$

zu: $$\mathfrak{U}_0 = 0\,,$$

$$\mathfrak{U}_m = -\frac{\mathfrak{Y}_g}{\mathfrak{Y}_m+\mathfrak{Y}_g}\cdot\frac{a\,\mathfrak{U}_N}{1-a} = -\frac{\mathfrak{Z}_m}{\mathfrak{Z}_m+\mathfrak{Z}_g}\cdot\frac{a\cdot\mathfrak{U}_N}{1-a}\,,$$

$$\mathfrak{U}_g = +\frac{\mathfrak{Y}_m}{\mathfrak{Y}_m+\mathfrak{Y}_g}\cdot\frac{\mathfrak{U}_N}{1-a} = +\frac{\mathfrak{Z}_g}{\mathfrak{Z}_m+\mathfrak{Z}_g}\cdot\frac{\mathfrak{U}_N}{1-a}\,.$$

Diese sind also drehzahl- bzw. schlupfabhängig. Die zugehörigen symmetrischen Stromkomponenten sind:

$$\mathfrak{I}_0 = 0\,,$$

$$\mathfrak{I}_m = -\frac{1}{\mathfrak{Z}_m+\mathfrak{Z}_g}\cdot\frac{a\cdot\mathfrak{U}_N}{1-a}\,,$$

$$\mathfrak{I}_g = +\frac{1}{\mathfrak{Z}_m+\mathfrak{Z}_g}\cdot\frac{\mathfrak{U}_N}{1-a}\,,$$

und wir erkennen, daß bei einphasigem Netzanschluß die beiden gegenlaufenden Ständerstromsysteme unabhängig von der Drehzahl dem absoluten Betrage nach stets gleich groß sind. Nicht gleich groß sind dagegen, wie leider im Schrifttum häufig betont wird, die beiden Luftspaltdrehfelder

der Maschinenpolpaarzahl! Voraussetzung hierfür wäre nämlich $\mathfrak{U}_g = \mathfrak{U}_m$. Das trifft vielmehr für die eh-Schaltung zu. Bei einphasigem Anschluß ist das nur im Stillstand der Fall. Man darf daher das Drehmoment des Motors nicht etwa aus der Differenz $T_m(s) - T_m(2-s)$ bilden.

Der Netzstrom des Einphasenmotors ist:

$$\mathfrak{I}_N = \mathfrak{I}_m + \mathfrak{I}_g = \frac{\mathfrak{U}_N}{\mathfrak{Z}_m + \mathfrak{Z}_g} = \frac{\mathfrak{U}_N}{\mathfrak{Z}_m(s) + \mathfrak{Z}_m(2-s)} \quad . \tag{10.20}$$

Durch Einsetzen der Werte für $\mathfrak{Z}_m(s)$ und $\mathfrak{Z}_m(2-s)$ erhält man nach einigen elementaren Umrechnungen:

$$\mathfrak{I}_N = \frac{\mathfrak{A} + \mathfrak{B}s(2-s)}{\mathfrak{C} + \mathfrak{D}s(2-s)}$$

und damit ein Kreisdiagramm mit s (2 - s) als Parameter. Die Schlupfgerade ist linear in s (2 - s) geteilt. $\mathfrak{A}$, $\mathfrak{B}$, $\mathfrak{C}$ und $\mathfrak{D}$ sind dabei komplexe Zahlen. Aus dieser Gleichung kann man das galvanische Ersatzschema (Abb. 10.14) unseres einphasig geschalteten Drehstrommotors unmittelbar ablesen. Es entsteht aus der Reihenschaltung der Ersatzbilder des normalen Drehstrommotors für den Schlupf s und den Schlupf 2 - s. Man kann daraus sehr rasch erkennen, welchen Strom der Motor für s = 0 bzw.

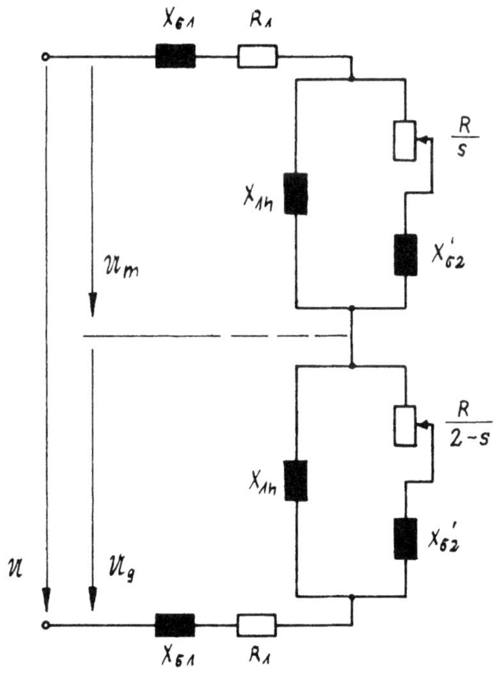

Abb. 10.14

für s = 1 bzw. s = ∞ aufnimmt. Dieses galvanische Ersatzbild kann man sich aus einer Reihenschaltung zweier gleicher mechanisch gekuppelter Drehstrommotoren realisiert denken, die an einem Netz mit der Klemmenspannung U_N hängen, von denen der eine mit dem Schlupf s und der andere mit dem Schlupf 2 - s arbeitet (Abb. 10. 15).

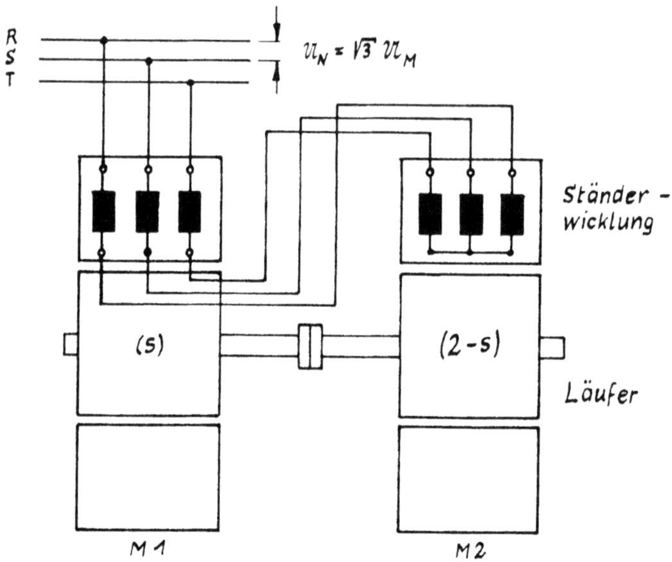

Abb. 10. 15

Es empfiehlt sich dabei stets, sich nicht nur auf den Formalismus der Methode zu beschränken, sondern gleichzeitig immer damit, wenn eben möglich, physikalische Vorstellungen zu verknüpfen! Das sieht beim Einphasenmotor etwa so aus:

Im normalen Betrieb ist der Schlupf s sehr klein. Wir wählen den Grenzfall s = 0. Dann ist näherungsweise: $\mathfrak{Z}_m(0) \approx jX_1$ bzw. $\mathfrak{Z}_g(0) = \mathfrak{Z}_m(2) = j\sigma X_1$ und $\mathfrak{I}_N(0) \approx \mathfrak{U}_N / jX_1(1+\sigma)$. Wegen $|\mathfrak{U}_N| = U_n \cdot \sqrt{3}$ wird der Leerlaufstrom des Einphasenmotors etwa $\sqrt{3}/(1+\sigma)$ mal so groß wie der des Drehstrommotors, aus dem er hervorgegangen ist. Andererseits wird für s = 1: $\mathfrak{I}_N(1) = \mathfrak{U}_N / 2\,\mathfrak{Z}_m(1)$. Der Anlaufstrom ist daher $\sqrt{3}/2$-mal so groß wie für den Drehstrommotor.

Auskunft über die Luftspaltfelder der Maschinenpolzahl geben uns die symmetrischen Spannungskomponenten. Im normalen Betrieb (s $\rightarrow$ 0) wird:

$$\frac{\mathfrak{U}_m}{\mathfrak{U}_N} = \frac{1}{\sqrt{3}}\,\frac{\mathfrak{Z}_m(0)}{\mathfrak{Z}_m(0)+\mathfrak{Z}_g(0)} = \frac{1}{\sqrt{3}}\cdot\frac{\mathfrak{Z}_m(0)}{\mathfrak{Z}_m(0)+\mathfrak{Z}_m(2)} \approx \frac{1}{\sqrt{3}}\cdot\frac{1}{1+\sigma} .$$

Das mitlaufende Drehfeld ist daher nahezu genausogroß wie bei normalem dreiphasigemNetzanschluß. Dagegen wird:

$$\frac{U_g}{U_N} = \frac{1}{\sqrt{3}} \frac{Z_g(0)}{Z_m(0) + Z_g(0)} = \frac{1}{\sqrt{3}} \frac{Z_m(2)}{Z_m(0) + Z_m(2)} = \frac{1}{\sqrt{3}} \frac{\sigma}{1+\sigma} \quad ,$$

und das gegenlaufende Drehfeld verschwindet fast völlig bis auf einen der Streuung σ entsprechenden Rest. Es wird durch das Läuferstromsystem der Kreisfrequenz $(2 - s)\,\omega$ abgedämpft. Infolgedessen bilden sich zwischen den Klemmen U, V, W des Motors bei kleinen Schlüpfen nahezu die gleichen Spannungen aus wie im symmetrischen Betrieb. Die kleinen Änderungen dieser Spannungen gegenüber den symmetrischen Netzspannungen kann man zur Betätigung von Schaltapparaten für den Schutz der Motoren benutzen. Durch Messung der Phasenspannung U_c am offenen Wicklungsstrang bietet sich eine Methode zur experimentellen Ermittlung des BEHN-ESCHENBURGschen Streukoeffizienten σ, d. h. das Verhältnis des Leerlaufstroms zum ideellen Kurzschlußstrom. Es läßt sich leicht nachweisen, daß mit ausreichender Genauigkeit für einen leerlaufenden Drehstrommotor bei einphasigem Netzanschluß:

$$\sigma \approx \frac{1 - \left| \frac{U_A}{U_N} \sqrt{3} \right|}{1 + \left| \frac{U_A}{U_N} \sqrt{3} \right|}$$

gilt. Dieser Wert von σ entspricht bei Motoren mit Doppelkäfig- und Stromverdrängungsläufern dem Schmiegungskreis.

Ferner läßt sich zeigen, daß bei einem in Dreieck geschalteten Motor in einem Wicklungsstrang beim Übergang zum Einphasenbetrieb eine etwa 15 % größere Stromänderung auftritt als bei Sternschaltung. Daher wird dieser Strang etwa 30 % höher thermisch belastet als bei einer in Y geschalteten Maschine. Die Dreieckschaltung ist also in bezug auf die Unterbrechung eines Wicklungsstranges thermisch benachteiligt.

Auch bei einem im Dreieck geschalteten Motor bildet sich bei Abschalten einer Netzzuleitung kein Nullsystem aus.

Das Drehmoment bei einphasigem Netzanschluß wird:

$$T_e = T_m(s) \left| \frac{Y_g}{Y_m + Y_g} \right|^2 - T_m(2-s) \left| \frac{Y_m}{Y_m + Y_g} \right|^2 =$$

$$= T_m(s) \left| \frac{Y_m(2-s)}{Y_m(s) + Y_m(2-s)} \right|^2 - T_m(2-s) \left| \frac{Y_m(s)}{Y_m(s) + Y_m(2-s)} \right|^2 . \qquad (10.21)$$

Es verschwindet wegen $T_m(1) = T_g(1)$ und $\vartheta_m(1) = \vartheta_g(1)$, also aus Symmetriegründen, im Stillstand (Abb. 10.16). Es ist dann auch leicht einzusehen, daß das Kippmoment des Motors bei einphasigem Netzanschluß im Gegensatz zum symmetrischen Betrieb ganz wesentlich vom Läuferwiderstand abhängt (Abb. 10, 17), weil sich im Drehmomentverlauf der Drehmomentanteil des gegenlaufenden Feldes ja nach Größe von R_2 in ganz verschiedener Weise bemerkbar macht. Aus diesem Grunde werden z. B. Einphasenmotoren stets nur mit Einfachkäfigläufern ausgerüstet und nicht

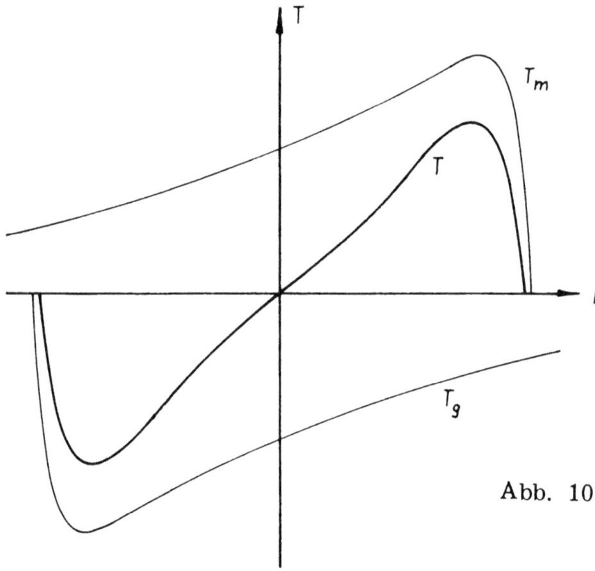

Abb. 10. 16

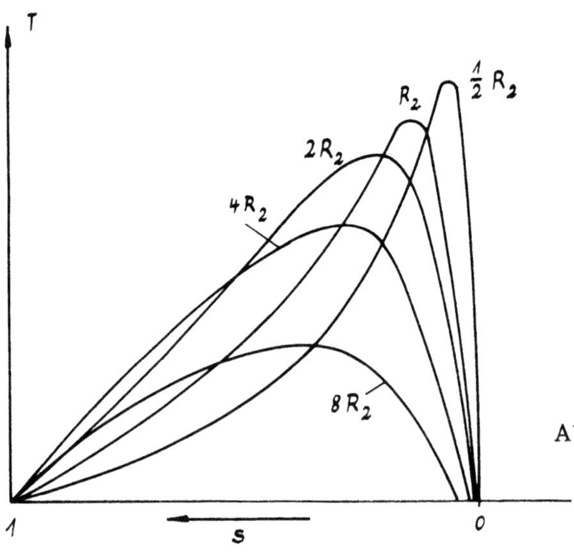

Abb. 10. 17

mit Doppelkäfig- oder Stromverdrängungsläufern. Ist R_2 genügend groß, so wirkt die Maschine als Bremse.

Fordert man, daß ein einphasig ans Netz angeschlossener Motor von selbst anlaufen kann, so muß man dafür sorgen, daß eins der beiden Felder der Maschinenpolpaarzahl überwiegt. Bei kleinem Motor genügt das Anwerfen von Hand (sog. Anwurfmotoren). Der Motor läuft dann, wie man aus der Drehmomentkurve in Abb. 10. 16 erkennt, in der Richtung an, in der man ihn anwirft. Wir wollen uns an dieser Stelle auf Anlaufschaltungen beschränken, denen Drehstrommodelle zugrunde liegen, d. h. wir wollen einen normalen Drehstromasynchronmotor als selbstanlaufenden Einphasenmotor betreiben. In diesem Fall kommen i. w. die beiden in Abb. 10. 18 dargestellten Schaltungen infrage, bei denen $\mathfrak{z}$ einen Anlaß-

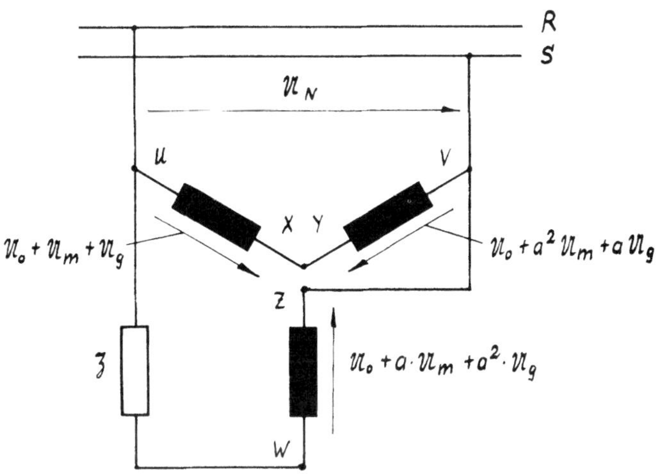

Abb. 10. 18a

scheinwiderstand bedeutet, mit dessen Hilfe es gelingt, den Motorklemmen ein möglichst symmetrisches Spannungssystem zuzuführen. Man bezeichnet die miteinander verbundenen Wicklungsstränge A und B als Haupt- oder Arbeitsphase und den mit $\mathfrak{z}$ in Reihe geschalteten Strang C als Hilfsphase.

In der Schaltung nach Abb. 10. 18a kann ein Nullsystem auftreten, das bei 1/3 der synchronen Drehzahl einen asynchronen Sattel hervorruft. Bei der Auslegung von Einphasenmotoren genügt es nicht allein, das Anzugmoment durch einen passenden Anlaufscheinwiderstand so groß wie eben möglich zu machen, man muß vielmehr auch darauf achten, daß das Hochlaufmoment, also das kleinste im Anlaufbereich auftretende Drehmoment, noch einen ausreichenden Wert aufweist. Die bisher vorliegende Theorie der unsymmetrischen Ständerschaltungen gestattet es, alle technisch interessierenden Voraussagen zu machen. So können wir z. B. mühelos das Strom- und Drehmomentverhalten des Motors für einen gegebenen Scheinwiderstand $\mathfrak{z}$ in Abhängigkeit vom Schlupf angeben. Wir wollen uns hierbei auf die Schaltung in Abb. 10. 18b beschränken, die man als verkürzte STEINMETZ-Schaltung bezeichnet.

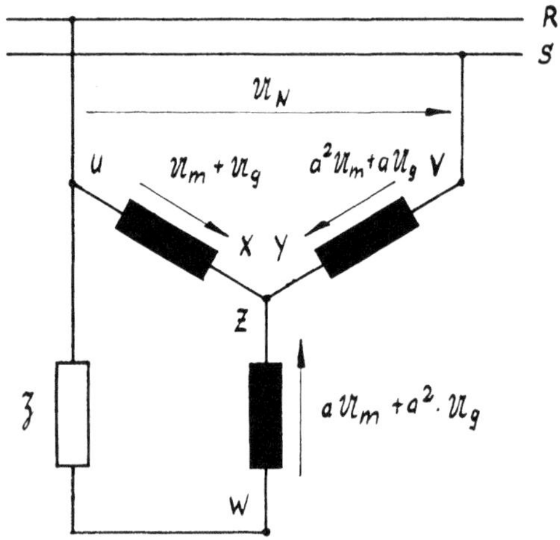

Abb. 10. 18b

Ein Nullsystem kann bei ihr wegen des Sternpunktes nicht auftreten. Wir benötigen also nur 2 Spannungsgleichungen. Für den Pfad RUXVS gilt:

$$(\mathfrak{U}_m + \mathfrak{U}_g) - (a^2 \mathfrak{U}_m + a\,\mathfrak{U}_g) = \mathfrak{U}_N$$

und für den Pfad UXZWU:

$$(\mathfrak{U}_m + \mathfrak{U}_g) - (a\,\mathfrak{U}_m + a^2 \mathfrak{U}_g) - \mathfrak{z}\,(\mathfrak{Y}_m \cdot a\,\mathfrak{U}_m + \mathfrak{Y}_g \cdot a^2 \mathfrak{U}_g) = 0$$

Daraus folgen die symmetrischen Spannungskomponenten mit $\mathfrak{Y} = 1/\mathfrak{z}$ zu:

$$\mathfrak{U}_0 = 0 \quad ,$$

$$\mathfrak{U}_m = - \frac{\mathfrak{Y}(1-a) + \mathfrak{Y}_g}{3\mathfrak{Y} + \mathfrak{Y}_m + \mathfrak{Y}_g} \; \frac{a \cdot \mathfrak{U}_N}{1-a} \quad ,$$

$$\mathfrak{U}_g = + \frac{\mathfrak{Y}(1-a^2) + \mathfrak{Y}_m}{3\mathfrak{Y} + \mathfrak{Y}_m + \mathfrak{Y}_g} \; \frac{\mathfrak{U}_N}{1-a} \quad .$$

Die Ströme in den einzelnen Wicklungssträngen sind:

$$\mathfrak{I}_A = \mathfrak{Y}_m \mathfrak{U}_m + \mathfrak{Y}_g \mathfrak{U}_g = \frac{\mathfrak{Y}_m \mathfrak{Y}_g - a\,\mathfrak{Y}\,(\mathfrak{Y}_m + \mathfrak{Y}_g)}{3\mathfrak{Y} + \mathfrak{Y}_m + \mathfrak{Y}_g} \cdot \mathfrak{U}_N$$

$$\mathfrak{I}_B = \mathfrak{I}_N = -\frac{\mathfrak{Y}_m \mathfrak{Y}_g + \mathfrak{Y}\,(\mathfrak{Y}_m + \mathfrak{Y}_g)}{3\mathfrak{Y} + \mathfrak{Y}_m + \mathfrak{Y}_g} \cdot \mathfrak{U}_N$$

$$\mathfrak{I}_C = -\frac{\mathfrak{Y}\,(a\,\mathfrak{Y}_m + \mathfrak{Y}_g)}{3\mathfrak{Y} + \mathfrak{Y}_m + \mathfrak{Y}_g} \cdot a\,\mathfrak{U}_N$$

Die Spannung am Anlaufwiderstand ist:

$$\mathfrak{U}_Z = \mathfrak{I}_C \cdot \mathfrak{Z} = -\frac{a\,\mathfrak{Y}_m + \mathfrak{Y}_g}{3\mathfrak{Y} + \mathfrak{Y}_m + \mathfrak{Y}_g} \cdot a\,\mathfrak{U}_N$$

und das Drehmoment ergibt sich zu:

$$T_e = T_m(s) \left| \frac{(1-a)\,\mathfrak{Y} + \mathfrak{Y}_g}{3\mathfrak{Y} + \mathfrak{Y}_m + \mathfrak{Y}_g} \right|^2 - T_m(2-s) \left| \frac{(1-a^2)\,\mathfrak{Y} + \mathfrak{Y}_m}{3\mathfrak{Y} + \mathfrak{Y}_m + \mathfrak{Y}_g} \right|^2 .$$

Insbesondere wird im Stillstand (s = 1):

$$\begin{aligned} T_e(1) &= T_m(1) \left\{ \left| \frac{(1-a)\,\mathfrak{Y} + \mathfrak{Y}_m(1)}{3\mathfrak{Y} + 2\,\mathfrak{Y}_m(1)} \right|^2 - \left| \frac{(1-a^2)\,\mathfrak{Y} + \mathfrak{Y}_m(1)}{3\mathfrak{Y} + 2\,\mathfrak{Y}_m(1)} \right|^2 \right\} = \\ &= T_m(1) \left\{ \frac{|(1-a)\,\mathfrak{Z}_m(1) + \mathfrak{Z}|^2 - |(1-a^2)\,\mathfrak{Z}_m(1) + \mathfrak{Z}|^2}{|3\,\mathfrak{Z}_m(1) + 2\,\mathfrak{Z}|^2} \right\} . \end{aligned} \qquad (10.22)$$

Setzt man hierin:

$$\mathfrak{Z} = R + jX = Z e^{j\varphi} , \quad \varphi = \arccos \frac{R}{Z} , \quad Z = \sqrt{R^2 + X^2}$$

$$\mathfrak{Z}_m(1) = R_m(1) + jX_m(1) = Z_m(1)\, e^{j\varphi_1} \qquad (10.23)$$

$$\varphi_1 = \arccos \frac{R_m(1)}{Z_m(1)} , \quad Z_m(1) = \sqrt{R_m^2(1) + X_m^2(1)}$$

wobei $R_m(1)$ und $X_m(1)$ dem Primärstromdiagramm des Motors in symmetrischer Schaltung zu entnehmen sind oder direkt aus den Maschinendaten berechnet werden können, dann erhält man das bezogene Anzugmoment zu:

$$\frac{T_e(1)}{T_m(1)} = \frac{2 \cdot \sqrt{3} \sin(\varphi_1 - \varphi) \, Z/Z_m(1)}{9 + 12 \cos(\varphi_1 - \varphi) \, Z/Z_m(1) + 4 \left(Z/Z_m(1)\right)^2} . \tag{10.24}$$

In Abb. 10.19 ist $T_e(1)/T_m(1)$ über $Z/Z_m(1)$ mit $\cos(\varphi_1 - \varphi)$ als Parameter aufgetragen. In dieser Darstellung ist eine besondere Art der Fallunterscheidung bezüglich ohmscher, induktiver und kapazitiver Anlaßwiderstände nicht nötig. Der Maximalwert des bezogenen Anzugmoments ergibt sich unabhängig vom Parameter $\cos(\varphi_1 - \varphi)$ für:

$$Z = \frac{3}{2} Z_m(1) , \tag{10.25}$$

wie man durch Differentiation leicht feststellen kann. Er hat den Wert:

$$\left(\frac{T_e(1)}{T_m(1)}\right)_{max} = \left| \frac{\sqrt{3} \sin(\varphi_1 - \varphi)}{6 \left[1 + \cos(\varphi_1 - \varphi)\right]} \right| . \tag{10.26}$$

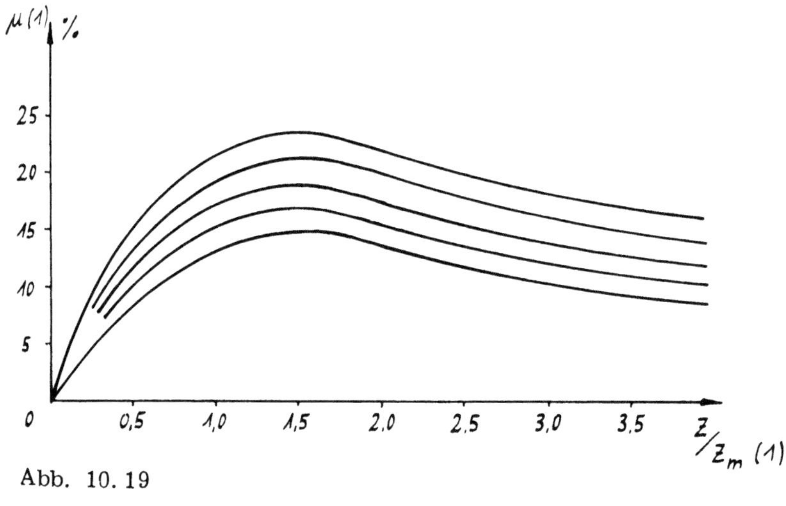

Abb. 10.19

Man kann daraus leicht feststellen, wann sich z. B. ein ohmscher oder induktiver Anlaufwiderstand lohnt. I. a. erhält man die größten Anzugmomente mit kapazitiven Anlaufwiderständen.

In diesem Zusammenhang interessiert auch noch der auf den Kurzschlußstrom des normalen Drehstrommotors $I_1(1)$ bezogene Netzstrom:

$$\frac{I_{Ne}(1)}{I_1(1)} = \sqrt{3}\sqrt{\frac{4+4\cos(\varphi_1-\varphi)\cdot Z/Z_m(1)+\left(Z/Z_m(1)\right)^2}{9+12\cos(\varphi_1-\varphi)\cdot Z/Z_m(1)+4\left(Z/Z_m(1)\right)^2}} \quad . \qquad (10.27)$$

Über die Drehmomentausbeute pro Ampere Netzstrom gibt die sog. Anlaufgüte Auskunft. Man kann sie z. B. durch das Verhältnis des bezogenen Anzugmoments zum bezogenen Anlaufstrom definieren. Bei dieser Schaltung wird die maximale Anlaufgüte für $Z/Z_m(1) = 2$ erreicht. Ein Hinweis bezüglich der Drehmomentkennlinien von Einphaseninduktionsmotoren ist wichtig. Auffällig kleine Drehmomente im unteren Drehzahlbereich sind durchaus nicht immer das Merkmal einer bestimmten Schaltung. Die Ursache hierfür ist häufig im Läufer zu suchen. Bei mangelhafter Isolation der meist aus Aluminium gegossenen Läuferkäfige gegenüber den Läuferblechen wird das Drehmoment im Bremsbereich u. U. gegenüber dem im Motorbereich erheblich verstärkt.

Nur die Spannungsfaktoren bzw. die symmetrischen Spannungskomponenten sind i. w. eine Eigenart der verwendeten Schaltung. Im Gegensatz dazu werden die symmetrischen Drehmomentkomponenten von der Auslegung (Wahl der Nutenzahlen) und der Fertigung des Läufers abhängen.

Generell treten bei unsymmetrischer Ständerschaltung Pendelmomente mit der doppelten Netzfrequenz auf. Man macht sich das am einfachsten anhand der beiden gegenlaufenden Felder und den ihnen entsprechenden Strombelägen klar. Wie unter 12. 1 später gezeigt wird, läßt sich das Drehmoment mit Hilfe des BIOT-SAVARTschen Gesetzes aus Induktionsstrombelagswellen gleicher Polzahl ermitteln. So hat z. B. das mitlaufende Luftspaltfeld die Polpaarzahl $p_b = +p$ und die Netzkreisfrequenz ω ; der gegenlaufende Strombelag die Polpaarzahl $p_a = -p$ und ebenfalls die Kreisfrequenz ω . Entsprechend Gl. (12. 5) tritt daher ein Pendelmoment mit der Kreisfrequenz $\omega_p = \omega_b + \omega_a = 2\omega$ auf. Entsprechendes gilt für das gegenlaufende Feld und den mitlaufenden Strombelag. M. a. W. das mitlaufende Luftspaltfeld gelangt nämlich nach einem Umlauf von 180^0 elektrisch bereits in die gleiche relative Lage zum gegenlaufenden Ständerstrombelag.

Die Methode der symmetrischen Komponenten läßt sich ohne weiteres auf unsymmetrische Schaltungen von Maschinengruppen übertragen. Da Berechnungen dieser Art im Grunde nichts Neues bieten, sei auf die betr. Fachliteratur verwiesen. Etwas Neues bietet dagegen die Anwendung der symmetrischen Komponenten auf die unsymmetrischen Schaltungen der Läuferwicklung.

10.3. Unsymmetrische Läuferwicklung

Unsymmetrien in der Läuferwicklung können durch ungewollte Schadensfälle, z. b. durch Lunker bei gegossenen Läufern oder durch schlechte Lötstellen oder auch absichtlich, z. B. bei Verwendung unsymmetrischer Anlasser, auftreten. Sie machen sich durch Pendelmomente der doppelten Schlupffrequenz und u. U. durch Erschütterungen und Geräusche bemerkbar, also durch Luft- und Körperschall, insbesondere dann, wenn man eine Drillresonanz des Antriebes durchläuft. Jeder elektrische Antrieb bildet infolge seiner Drehmassen und der stets vorhandenen Drillsteifigkeit der zwischen Motor und Antriebsmaschine befindlichen Wellenstücke und Kupplungen ein drehschwingungsfähiges System. Zur Berechnung der Größe und Frequenz der Pendelmomente muß man die Ständer- und Läuferströme kennen. Sie ergeben sich aus den Spannungsgleichungen mit Hilfe der Methode der symmetrischen Komponenten, was uns keine neuerlichen Informationen liefert.

Wir wollen uns nun klarmachen, wie es zu Pendelmomenten mit der doppelten Schlupffrequenz kommt. Bei einer Unsymmetrie im Läufer bildet sich u. a. eine gegenlaufende Strombelagswelle von der Winkelgeschwindigkeit $s\omega/-p$ relativ zum Läufer aus. Es ist für diese Welle so, als wenn die Ordnungszahl gleich - p ist. Ihre räumliche Winkelgeschwindig keit ist:

$$\omega_m + \left(\frac{s\omega}{-p}\right) = \frac{\omega}{p}(1-2s) .$$

Die vom Ständer aus beurteilte Frequenz ist dann $(-p) \cdot \omega/p\ (1 - 2s) = \omega\ (2s - 1)$. Ein Pendelmoment kommt nun durch das Zusammenwirken des mitlaufenden Luftspaltfeldes mit der Ordnungszahl $p_b = +p$ und der Kreisfrequenz $\omega_b = \omega$ und der Läuferstrombelagswelle $p_a = -p$ und der Kreisfrequenz $\omega_a = (2s - 1)\omega$ zustande. Entsprechend Gl. (12.5) ergibt sich dann die Pendelfrequenz zu:

$$\omega_p = \omega_a + \omega_b = 2s\omega.$$

Dieser Läuferstrombelag erzeugt ein entsprechendes Luftspaltfeld, welches wiederum in der Ständerwicklung Ströme mit der Kreisfrequenz $(2s - 1)\omega$ bzw. $|(1 - 2s)|\omega$ hervorruft. Der netzfrequente Ständerstrom wird infolgedessen mit der doppelten Schlupffrequenz moduliert, so daß man nennenswerte Unsymmetrien im Läufer auch an den Schwankungen der Amperemeter beobachten kann.

Ich möchte noch eine weitere Erscheinung erwähnen, die bei einer Unsymmetrie im Läuferkreis auftritt; es ist das sog. GOERGES-Phänomen. Das gegenlaufende Feld des Läufers induziert den Ständer mit der Kreisfrequenz $(2s - 1)\omega$ und bildet mit den abdämpfenden Ständerstrombelägen ein asynchrones Drehmoment. Dieses verschwindet bei $s = 1/2$, da dann die entsprechende "Ständerschlupffrequenz" verschwindet. Infolgedessen überlagert sich dem asynchronen Moment des mitlaufenden Feldes das asynchrone Moment des gegenlaufenden Feldes entsprechend der in Abb. 10. 20dargestellten Weise.

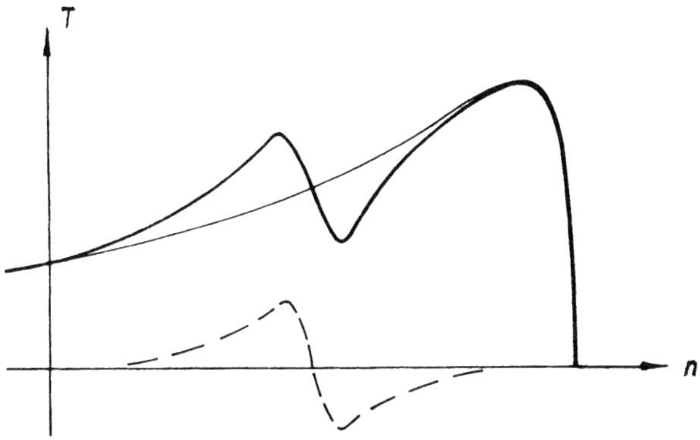

Abb. 10. 20

Es kann zu einer u. U. recht beträchtlichen Einsattelung der Drehmomentkurve kommen, die bis unter die Nullinie reichen kann.

Mehr kann ich in diesem Zusammenhang nicht über unsymmetrische Schaltungen und Betriebsweisen vortragen.

11. Sonderbetriebsarten

Hat man erst einmal das physikalische Verhalten eines Drehstromasynchronmotors verstanden, so ist es relativ leicht, auch seine verschiedenen Sonderanwendungen als Generator, Drehregler, Frequenzumformer, elektrische Welle und Gleichstrombremse zu verstehen. Wir beginnen mit dem Asynchrongenerator.

11. 1. Asynchrongenerator

Wird ein am starren Netz hängender Drehstromasynchronmotor mit $n > n_0$ angetrieben, so ändern der Schlupf s, das Drehmoment T und die mechanische Leistung ihr Vorzeichen. Der Ständer liefert dann elektrische Wirkleistung ins Netz ($P_1 \approx P_\delta = T \cdot \omega_0$). Das Netz stellt den erforderlichen Blindstrom bereit (Abb. 11. 1). Der Läufer solcher Asynchrongeneratoren

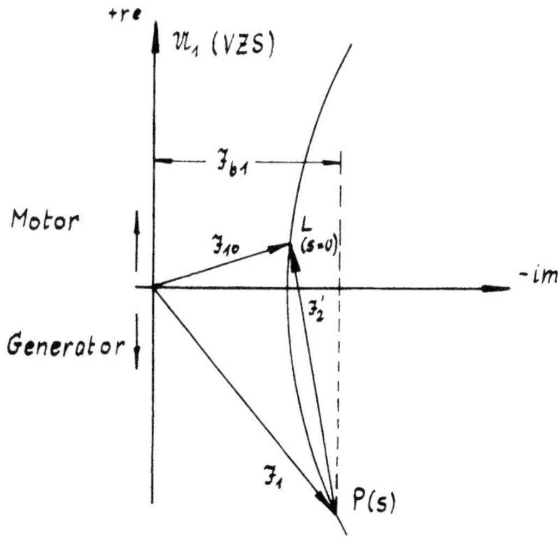

Abb. 11. 1

wird normalerweise als Einfachkäfigläufer ausgeführt. Anfahrschwierigkeiten treten ja in diesem Falle nicht auf, weil der Generator von der Antriebsmaschine (meist Wasserturbinen bis auf etwa die synchrone Drehzahl n_0) angefahren wird. Das Zuschalten ans Netz erfolgt dann ohne besondere Synchronisierungseinrichtung. Da die Spannung U_1 und die Frequenz f durch das Netz vorgeschrieben sind (also durch die parallel geschalteten Synchrongeneratoren), sind keine Regelorgane erforderlich. Anwendungsgebiet: vorwiegend kleine und mittlere, bedienungslose und ferngesteuerte Wasserkraftanlagen.

Die Drehstromasynchronmaschine kann aber auch als selbständiger Generator arbeiten, wenn sein Blindstrom I_{bl} durch parallel geschaltete Kondensatoren bereitgestellt wird (Abb. 11. 2). In diesem Fall ist eine Selbsterregung auf einen stationären Betriebszustand (U_1, f, I_{Last}) möglich.

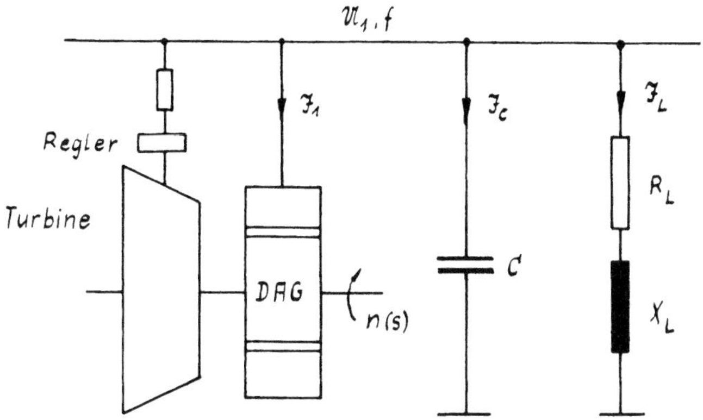

Abb. 11.2

Man übersieht das am einfachsten für den Fall des unbelasteten Generators ($I_L = 0$), bei dem s = 0 ist und die sich einstellende Frequenz gleich der Drehzahlfrequenz f_n = p . n ist. Die Netzspannung U_1 (je Phase) ergibt sich dann als Schnitt der gekrümmten "Magnetisierungskennlinie" $U_1 = f(I_m)$ mit der Kondensatorgeraden $I_c = 2\pi f C' U_1$ (Abb. 11.3). Die zur

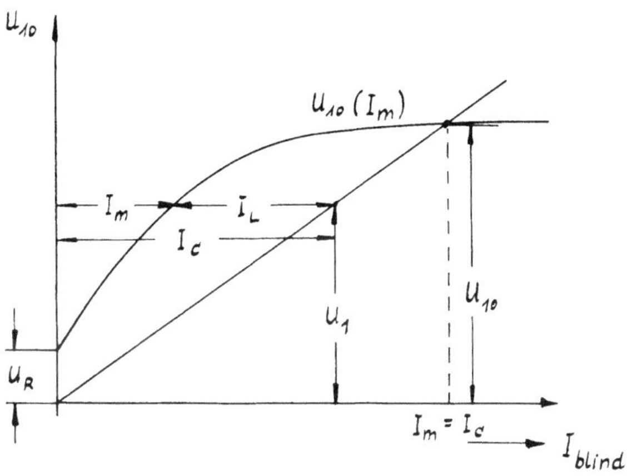

Abb. 11.3

Einleitung der Selbsterregung erforderliche Remanenzspannung U_R ist i. a. immer vorhanden. Sie kann, falls nötig, einfach durch kurzzeitiges Anlegen einer Starterbatterie an die Ständerklemmen erzeugt werden.

Auch im Fall einer reinen Blindlast ($\cos \varphi = 0$) ist s = 0, f = f_n = p . n und es wird $I_c = I_m + I_L$. Es stellt sich dann nur eine entsprechend kleinere Klemmenspannung ein (vgl. Abb. 11.3). Die äußere Lastkennlinie läßt sich dann punktweise aus Abb. 11.3 entnehmen (Abb. 11.4). Es ergibt sich dabei ein von C abhängiger Maximalstrom I_L und eine Minimalreaktanz X_L der Last, unterhalb denen keine Selbsterregung mehr eintritt und der Generator seine Spannung verliert.

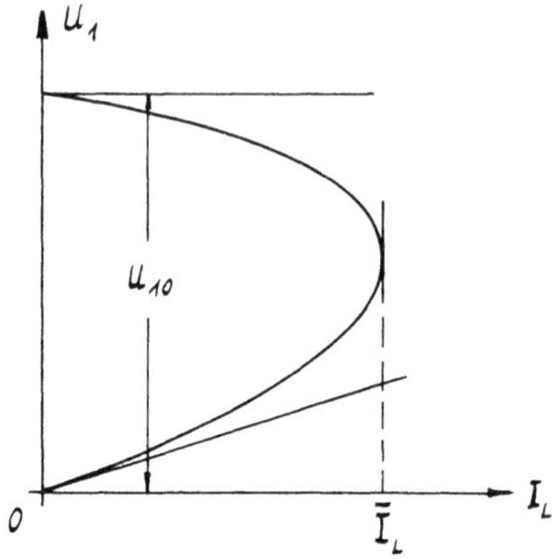

Abb. 11.4

Auch der allgemeine Belastungsfall ($\cos \varphi \neq 0$) läßt sich leicht übersehen. Es muß dann natürlich noch eine Wirkstrombilanz aufgestellt werden. Bei großen Überlastungen, also z. B. bei einem Netzkurzschluß, bricht die Klemmenspannung einfach zusammen. Es erfolgt dann keine Stromabgabe mehr. Die Anpassung an normale listenmäßige Kondensatoren kann z. B. über Spartransformatoren erzielt werden.

Vorteile gegenüber den normalerweise verwendeten Synchrongeneratoren sind:

1. kleine und mittlere Asynchronmaschinen sind wesentlich billiger als Synchronmaschinen (Polrad, Erregermaschine)
2. es wird nur ein Drehzahlregler benötigt
3. da keine Bürsten und Schleifringe vorhanden sind, ist auch keine Wartung (bis auf die Lager) erforderlich
4. ein Parallelschalten mehrerer solcher Asynchrongeneratoren ist ohne Frequenz- und Phasenvergleich möglich und
5. es besteht keine Pendelgefahr.

Als nächstes betrachten wir den Betrieb als Drehtransformator oder, wie man auch sagt, als Drehsteller.

11. 2. Drehsteller

Bewirkt man z. B. durch eine selbsthemmende Schnecke, daß der Läufer einer Drehstromasynchronmaschine zwar um einen Winkel γ verdreht werden kann, aber im Stillstand (s = 1) verbleibt, so läßt sich der Zeiger der Läuferspannung gegenüber dem der Ständerspannung verdrehen. Die Verwendung einer selbsthemmenden Schnecke ist notwendig, da der Drehsteller ein Anzugmoment wie jeder Asynchronmotor entwickelt. Es sind verschiedene Schaltungen möglich. Wir betrachten im folgenden den läufergespeisten Drehsteller.

Die Läuferwicklung eines Schleifringläufermotors liege z. B. in Sternschaltung am Primärnetz (Abb. 11.5). Die Ständerwicklungsstränge seien mit dem Netz in Reihe geschaltet. Diese Schaltung hat den Vorteil, daß nur drei Netzanschlüsse benötigt werden.

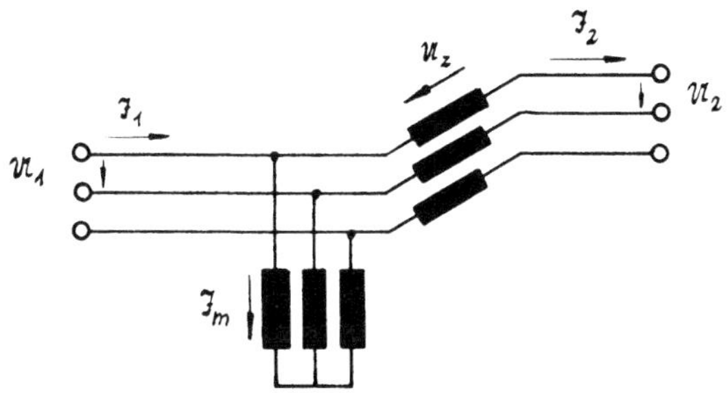

Abb. 11.5

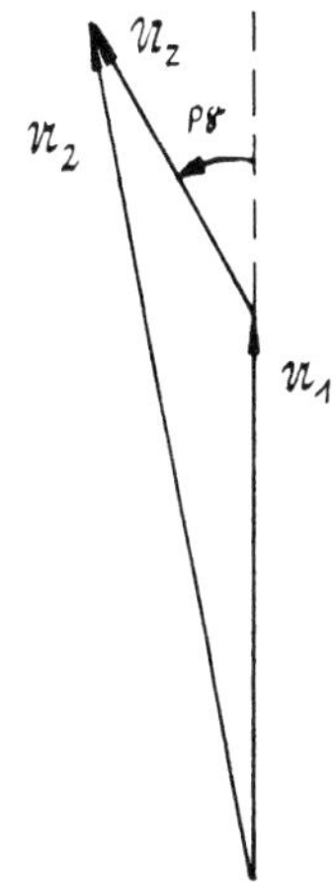

Abb. 11.6

Die in der Ständerwicklung induzierte Spannung $\mathfrak{U}_z$ hat entsprechend der räumlichen Verdrehung um den Winkel γ im Leerlauf ($I_2 = 0$) eine zeitliche Phasenverschiebung $p\gamma$ gegenüber der Primärspannung (hier der Läuferspannung) $\mathfrak{U}_1$ (Abb. 11.6). Wird der Läufer im Sinne des Drehfeldes gedreht, so erscheint die Zusatzspannung $\mathfrak{U}_z$ im Zeigerdiagramm mit einer Phasenverschiebung von $+ p\gamma$ gegenüber der Läuferspannung $\mathfrak{U}_1$. Bei einer Verdrehung des Läufers gegen das Drehfeld eilt die Zusatzspannung um den entsprechenden Verdrehungswinkel nach. Es ist bei der hier betrachteten läufergespeisten Maschine zu beachten, daß der Drehwille der positiven Richtung des Drehfeldes entgegengerichtet ist! Für die Strangspannungen gilt:

$$\mathfrak{U}_2 = \mathfrak{U}_1 + \mathfrak{U}_z \tag{11.1}$$

bzw. nach dem Cosinussatz:

$$U_2 = \sqrt{U_1^2 + U_z^2 + 2U_1U_z\cos p\gamma}. \tag{11.2}$$

Die Ausgangsspannung $\mathfrak{U}_2$ kann also durch Verdrehen des Läufers gegenüber dem Ständer in den Grenzen $U_1 \pm U_z$ stetig eingestellt werden (Abb. 11.7).

Um die Verhältnisse bei Belastung rasch zu übersehen, vernachlässigen wir die ohmschen und die Streublindwiderstände. Dann lauten die Spannungsgleichungen:

$$\mathfrak{U}_1 = jX_1\mathfrak{I}_1 + jX_{12}\mathfrak{I}_2 e^{-jp\gamma} = jX_1\mathfrak{I}_m \tag{11.3}$$

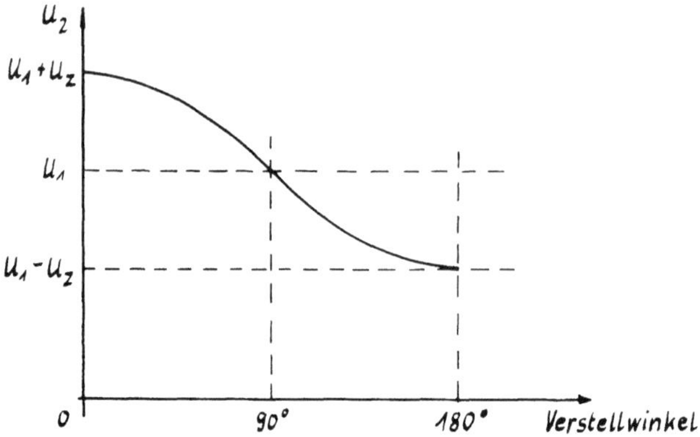

Abb. 11.7

für den als primär bezeichneten Läufer, wobei:

$$\mathfrak{I}_m = \mathfrak{I}_1 + \mathfrak{I}_2' e^{-jp\gamma} \tag{11.4}$$

den Magnetisierungsstrom bedeutet und:

$$\mathfrak{I}_2' = \mathfrak{I}_2 \cdot \frac{X_{12}}{X_1} = \mathfrak{I}_2 \frac{w_2 \xi_2}{w_1 \xi_1} \tag{11.5}$$

den auf den Läufer umgerechneten Ständerstrom je Wicklungsstrang. Die Zusatzspannung je Strang ist:

$$\mathfrak{U}_z = jX_{21}\mathfrak{I}_1 e^{+jp\gamma} + jX_2\mathfrak{I}_2 = \mathfrak{U}_1 \frac{X_{21}}{X_1} e^{+jp\gamma} = \mathfrak{U}_1 \frac{w_2 \xi_2}{w_1 \xi_1} e^{+jp\gamma} . \tag{11.6}$$

Wie bereits erwähnt, eilt sie der primären Netzspannung vor, wenn man den Läufer im Sinne des Drehfeldes verstellt ($\gamma > 0$), und die Ausgangsphasenspannung wird:

$$\mathfrak{U}_2 = \mathfrak{U}_1 + \mathfrak{U}_z = \mathfrak{U}_1 \left(1 + \frac{w_2 \xi_2}{w_1 \xi_1} e^{+jp\gamma}\right) . \tag{11.7}$$

Man erhält für $\gamma \gtrless 0$ die in Abb. 11.8a, b dargestellten Vektordiagramme, aus denen man erkennt, daß sich bei Verdrehung des Läufers gegen das Drehfeld $\gamma < 0$ ein kleinerer Läuferstrom $\mathfrak{I}_1$ und damit auch kleinere Stromwärmeverluste ergeben.

Soll die Ausgangsspannung $\mathfrak{U}_2$ phasengleich mit der Eingangsspannung $\mathfrak{U}_1$ sein, so werden die Ständerwicklungen zweier auf einer Welle sitzenden Drehsteller mit gegenläufigen Drehfeldern in Reihe geschaltet (Abb. 11.9). Auf die Welle wirkt dann kein Drehmoment, und es ergibt sich das in Abb. 11.10 dargestellte Spannungsdiagramm.

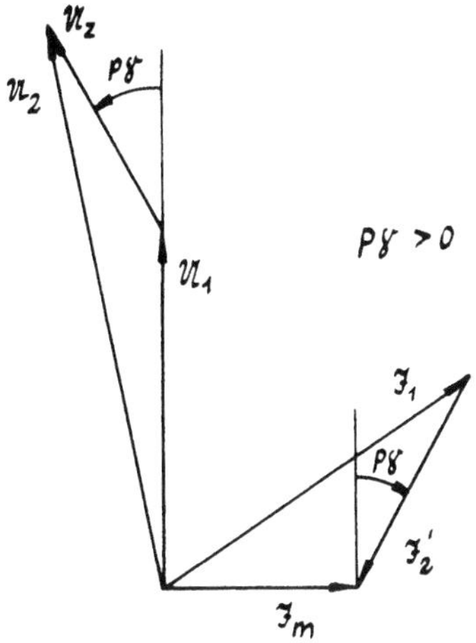

Abb. 11.8a, b

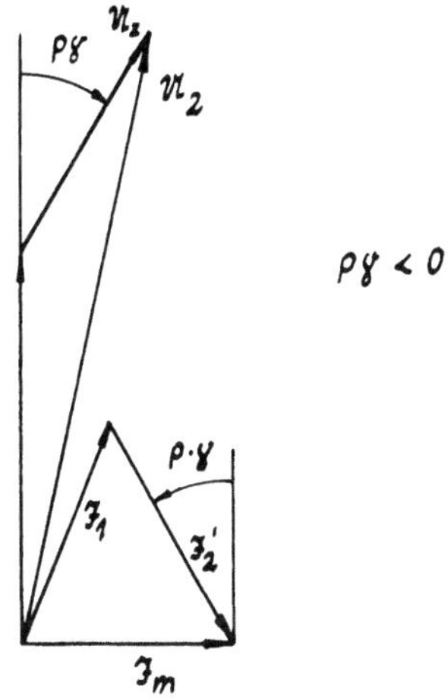

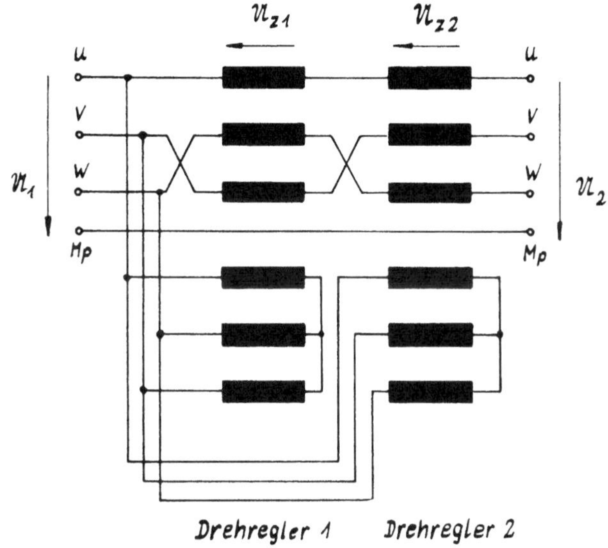

Abb. 11.9

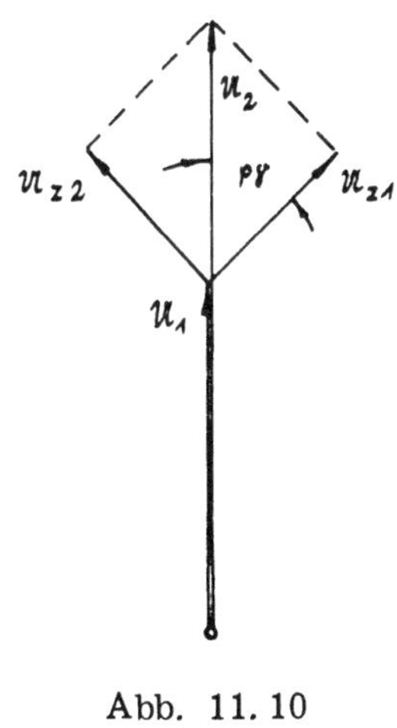

Abb. 11.10

Die in Abb. 11.11 angegebene Schaltung ermöglicht eine galvanische Trennung der Netze und ergibt das in Abb. 11.12 dargestellte Spannungsdiagramm. Soviel über dreiphasige Drehsteller.

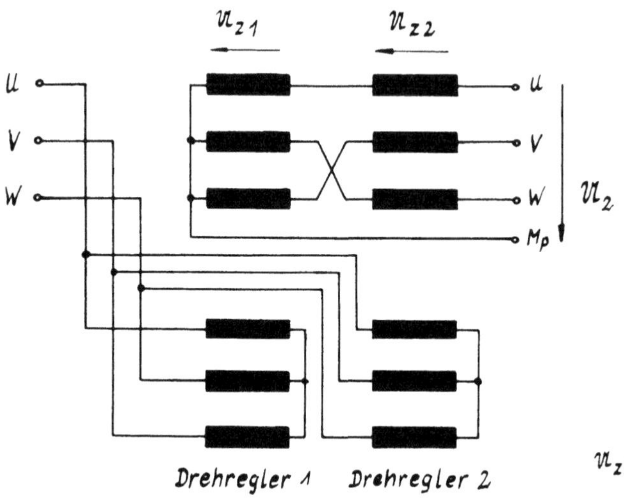

Abb. 11.11

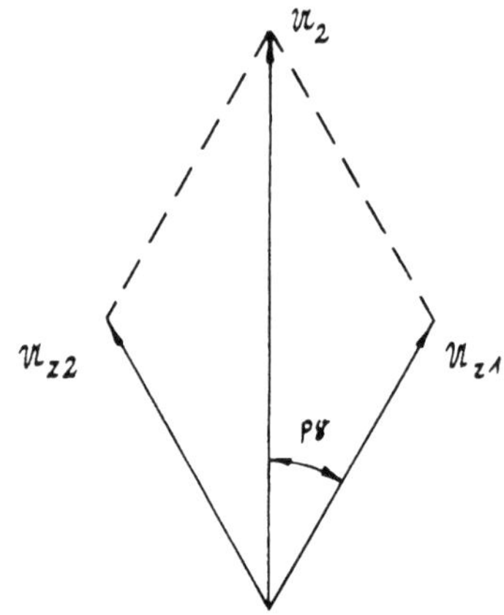

Abb. 11.12

Wir hatten früher schon erwähnt, daß eine Drehstromasynchronmaschine auch als Frequenzumformer verwendet werden kann. Die Arbeitsweise eines solchen asynchronen Frequenzumformers wollen wir im folgenden kurz betrachten. Sie bietet ein gutes Beispiel für die konsequente Anwendung unserer Kenntnisse.

11.3. Asynchrone Frequenzumformer

Holzbearbeitungsmaschinen werden i. a. mit sehr hohen Drehzahlen betrieben. Als Antriebsmotoren wählt man am liebsten Drehstrommotoren mit Käfigläufern. Bei dem normalen 50 Hz-Netz erreicht man in diesem Falle aber im Höchstfall nur 3000 U/min. Benötigt man eine höhere Drehzahl, so muß man die Speisefrequenz der Antriebsmotoren entsprechend steigern. Zu diesem Zweck schließt man die Antriebsmotoren an die Schleifringe einer Drehstrommaschine an, die ihrerseits, u. U. über ein Getriebe, von einem beliebigen Antriebsmotor (meist wieder einem Drehstrommotor) angetrieben wird (Abb. 11.13).

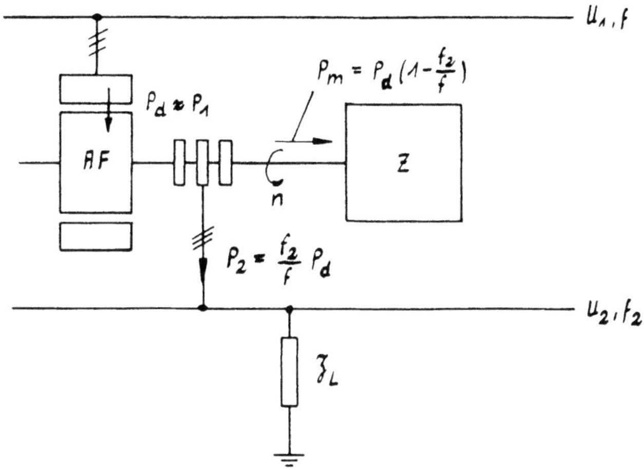

Abb. 11. 13

Hängt der mit AF bezeichnete 2p-polige Schleifringläufermotor an einem normalen Netz mit f = 50 Hz und wird er mit der Drehzahl n angetrieben, so tritt an seinen Schleifringen im Leerlauf eine Spannung vom Effektivwert je Wicklungsstrang:

$$U_{20} = U_1 \frac{w_2 \xi_2}{w_1 \xi_1} \frac{f_2}{f} \tag{11. 8}$$

mit der Frequenz:

$$f_2 = f - pn \tag{11. 9}$$

auf, die man den Antriebsmotoren (M) zuführt.

Bei Vernachlässigung der Umformerverluste wird dann an den Schleifringen die Schlupfleistung:

$$P_2 = sP_1 = \frac{f_2}{f} P_1 \tag{11. 10}$$

abgegeben. Der Rest:

$$P_m = P_1 - P_2 = \left(1 - \frac{f_2}{f}\right) P_1 \tag{11. 11}$$

muß von einer mit dem asynchronen Frequenzumformer (AF) gekuppelten Zusatzmaschine (Z) geliefert oder aufgenommen werden. Ist die Zusatzmaschine selbst wieder eine Drehstromasynchronmaschine mit der Polpaarzahl p_z und wird diese mit der Frequenz f_z gespeist, so wird bei Vernachlässigung der Verluste und direkter Kupplung:

$$f_2 = f \mp \frac{p}{p_z} f_z \tag{11. 12}$$

je nachdem der Antrieb mit (-) oder gegen (+) das Drehfeld erfolgt.

Daraus läßt sich p_z ermitteln. Kommt dabei eine gebrochene Zahl für p_z heraus, so muß man eben ein Getriebe zwischenschalten, wenn auch durch Änderung von p keine Anpassung möglich ist.

Es erhebt sich nun die Frage, ob der Ständer der Zusatzmaschine (i. a. mit Käfigläufer ausgerüstet) an das primäre oder sekundäre Netz angeschlossen werden soll. Wir betrachten dazu ein Zahlenbeispiel, das uns die gewünschte Auskunft liefert:

$$f = 50\ \text{Hz}, \quad p = 2, \quad f_2 = 100\ \text{Hz}, \quad P_M = 10\ \text{kW}$$

(Antriebsmotor für die Holzbearbeitungsmaschinen)

In diesem Fall ist $s = f_2/f = 100/50 = 2$. Der Frequenzumformer muß also gegen das Drehfeld angetrieben werden (+ Zeichen in Gl. (11.12)).

Wir denken uns nun zunächst die Zusatzmaschine an die Schleifringe angeschlossen $f_z = 100$ Hz. Dann ergibt sich aus Gl. (11.12) sofort $p_z = 4$ und der in Abb. 11.14 dargestellte Leistungsfluß. Die 8-polige Zusatzmaschine muß eine Leistung von 10 kW aufweisen, obwohl nur eine Leistungsabgabe von $P_M = 10$ kW bereitgestellt werden muß.

Schließen wir dagegen die Zusatzmaschine an das 50 Hz-Netz an ($f_z = 50$ Hz), so wird $p_z = 2$ und es ergibt sich der in Abb. 11.15 darge-

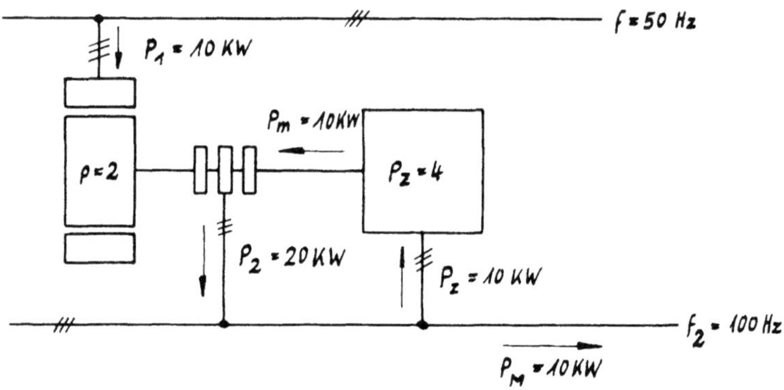

Abb. 11.14

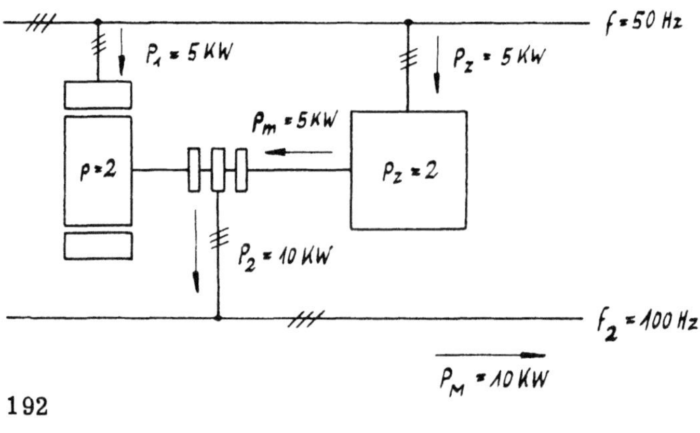

Abb. 11.15

stelle Leistungsfluß. In diesem Fall benötigen wir nur eine 4-polige 5 kW-Zusatzmaschine.

Die Ströme, Spannungen und Drehmomente bei Berücksichtigung der Verluste ergeben sich aus den Spannungsgleichungen. Wir können die langweilige Ausrechnung leicht übergehen, wenn wir uns nur klarmachen, daß die Belastung durch die Antriebsmotoren (M) sich einfach in Form eines erhöhten Widerstandes R_L' im Läuferkreis und eines vergrößerten Streublindwiderstandes X_L' bemerkbar macht (vgl. das entsprechende Ersatzbild in Abb. 11.16). Die Ortskurve des Primärstroms ist dementsprechend

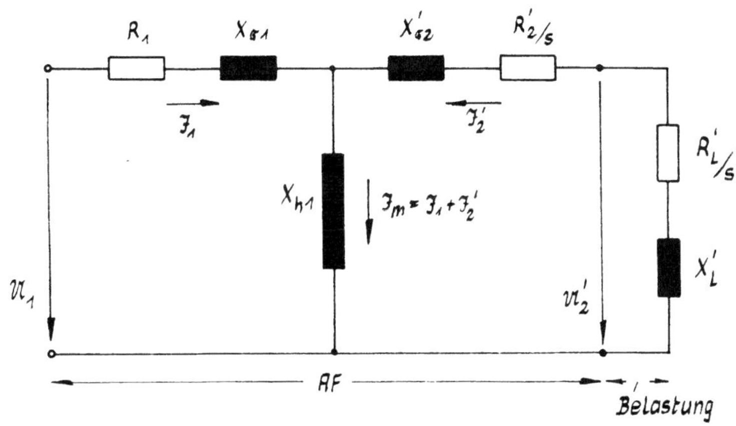

Abb. 11.16

wieder ein Kreis, der allerdings nicht mehr mit dem normalen HEYLAND-Kreis der Maschine (AF) zusammenfällt. Die elementare Ermittlung des Kreismittelpunktes, der Ortskurve von $\mathfrak{I}_1$, des Laststroms und der sich bei einer bestimmten Last einstellenden Sekundärspannung bringt uns keine umwerfenden neuen Erkenntnisse mehr. Neue Informationen erhalten wir dagegen durch Betrachtung des Verhaltens einer Maschinengruppe, der sog. elektrischen Welle.

11.4. Elektrische Welle

Die Forderung, zwei oder mehrere Arbeitsmaschinen mit gleicher Drehzahl oder gleichem Drehzahlverhältnis zu betreiben, wird in der Antriebstechnik häufig gestellt. Diese Aufgabe läßt sich bekanntlich durch Kupplung der Arbeitsmaschinen über mechanische Wellenstränge, Zahnräder oder Riementriebe erreichen. Der Anwendung mechanischer Kupplungen ist aber durch die räumliche Entfernung der einzelnen Wellenstränge eine natürliche Grenze gesetzt, z. B. beim Fahrwerk einer großen Förderbrükke, die vor dem Verkanten geschützt werden soll. Es gibt aber auch andere Erwägungen, aufgrund derer man von mechanischen Lösungen absieht, z. B.

dann, wenn einer der Antriebe frei beweglich sein soll oder wenn die Abnutzung der Kupplungsglieder eine Rolle spielt, wie z. B. beim Schleifen von Zahnrädern.

Die nächstliegende Lösung eines Einzelantriebs durch Synchronmaschinen scheidet im allgemeinen wegen der Bindung an eine feste Drehzahl aus, wenn man kein Kunstnetz verwenden will. Eine Kupplung über ständer- und läuferseitig verbundene Drehstrom-Asynchronmaschinen bietet sich dann gewissermaßen von selbst an. Man bezeichnet ein solches System als elektrische Ausgleichwelle (Abb. 11.17). Um ihre Wirkungsweise zu verstehen,

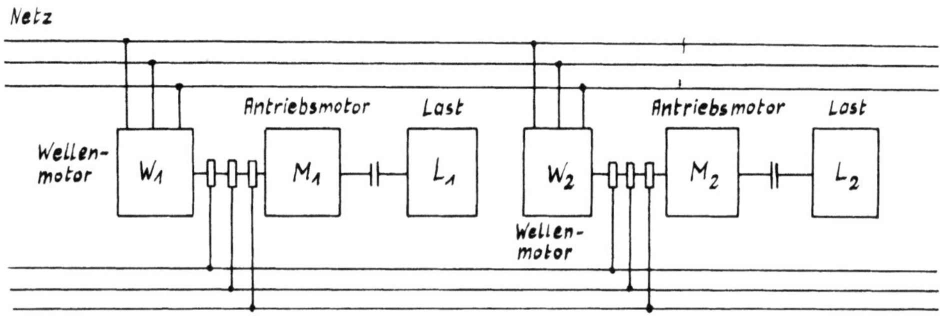

Abb. 11.17

betrachten wir zunächst eine verlustlose, im Sinne des Drehfeldes der Wellenmaschinen umlaufende völlig symmetrische Anordnung. Wir nehmen ferner an, daß beide Wellenstränge mit der gleichen Drehzahl laufen. Dann werden im Läufer der durch 1 und 2 gekennzeichneten Wellenmaschinen gleich große und gleichphasige Schlupfspannungen $\mathfrak{U}_{21}$ und $\mathfrak{U}_{22}$ induziert. Im Läuferkreis fließt kein Strom und die Wellenmaschinen nehmen ihren Leerlaufstrom auf. Sie beteiligen sich nicht an der Drehmomentabgabe. Stellt man sich nun vor, daß das Lastmoment des Wellenstranges 1 um $\Delta T_L/2$ kleiner und das des Wellenstranges 2 um $\Delta T_L/2$ größer wird, wird also der Antriebsmotor 1 weniger, der Antriebsmotor 2 stärker belastet, dann wird die Wellenmaschine 2 dem Drehfeld stärker nacheilen als die Wellenmaschine 1 (Abb. 11.18).

Es bildet sich ein Verdrehungswinkel $\varphi = p\,(\varphi_1 - \varphi_2) > 0$ (in elektrischen Graden) zwischen entsprechenden Läuferwicklungssträngen aus. Diesen wollen wir als positiv bezeichnen, wenn der Läufer der Maschine 1 räumlich im Sinne des Drehfeldes voreilt. Dem entspricht allerdings eine zeitliche Nacheilung der im Läufer der Maschine 1 induzierten Spannung um den gleichen Winkel φ. Einer räumlichen Voreilung entspricht also in diesem Fall eine zeitliche Nacheilung.

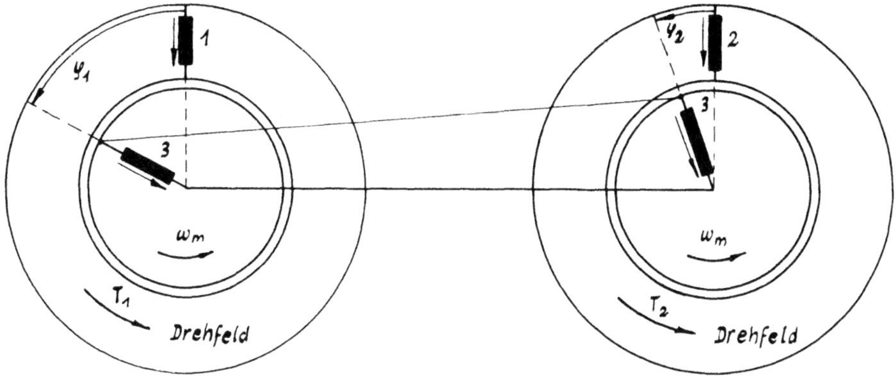

Abb. 11. 18

Die Läuferspannungsgleichung lautet dann, falls man den Läuferstrom der Maschine 1 mit $\mathfrak{I}_{21}$ bezeichnet, für $R_2 = 0$:

$$
\begin{aligned}
0 &= js\,2\sigma X_2 \mathfrak{I}_{21} + js X_{21} \mathfrak{I}_m e^{-j\varphi/2} - js X_{21} \mathfrak{I}_m e^{+j\varphi/2} \\
&= js\,2\sigma X_2 \mathfrak{I}_{21} + s \cdot 2 X_{21} \mathfrak{I}_m \sin \varphi/2 \; .
\end{aligned}
\qquad (11.13)
$$

Nun ist aber $\mathfrak{I}_m = -j I_m$ und daher ergibt sich unabhängig vom Schlupf:

$$\mathfrak{I}_{21} = \frac{X_{21} I_m}{\sigma X_2} \cdot \sin \varphi/2 = I_{K2} \sin \varphi/2 \; . \qquad (11.14)$$

Der Läufer der Maschine 2 führt dann den Strom $\mathfrak{I}_{22} = -\mathfrak{I}_{21}$. Die Läuferdurchflutung der Maschine 1 eilt nun aber räumlich um den Winkel $\varphi/2$ vor, so daß man das Durchflutungsgleichgewicht in der Form:

$$\mathfrak{I}_m = \mathfrak{I}_{11} + \mathfrak{I}'_{21} e^{+j\varphi/2} \qquad (11.15)$$

ansetzen muß. Daraus folgt mit $I'_{21} = I_{K2} \sin \varphi/2$ der Ständerstrom der Maschine 1 zu:

$$\mathfrak{I}_{11} = -j I_m - 2\left(\frac{I'_{K2}}{2} \sin \varphi/2 \right) e^{+j\varphi/2} \; . \qquad (11.16)$$

Für die Maschine 2 ist φ durch $-\varphi$ zu ersetzen. Aus Abb. 11. 19 geht unmittelbar anschaulich hervor, daß sich die Endpunkte der Ständerströme $\mathfrak{I}_{11}$ und $\mathfrak{I}_{12}$ auf einem gemeinsamen Kreis durch den Leerlaufpunkt und ideellen Kurzschlußpunkt eines Wellenmotors mit φ als Parameter bewegen.

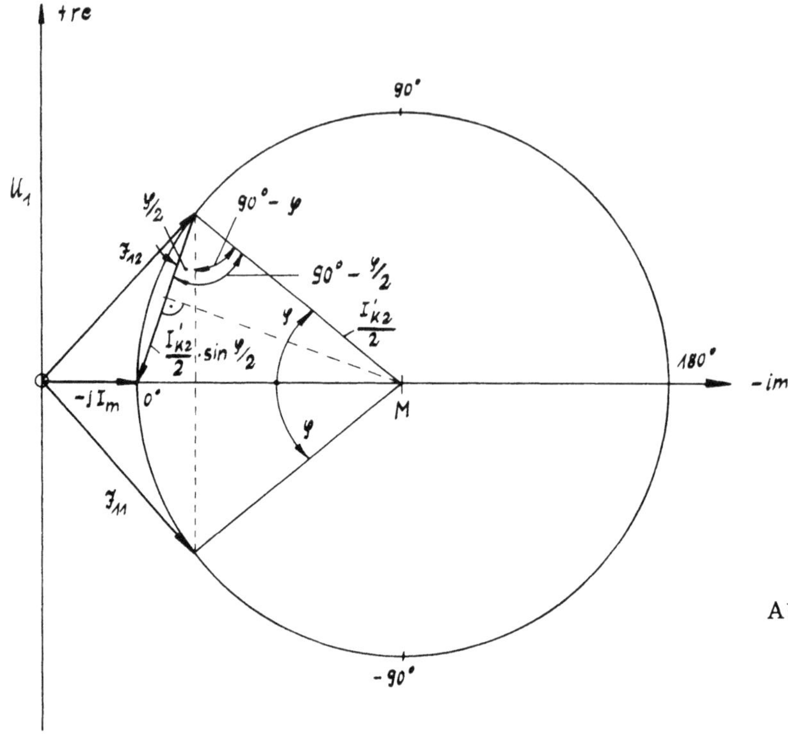

Abb. 11.19

Wir sehen dann, daß die stärker belastete Maschine 2 zum Motor wird und den Wellenstrang 2 beschleunigt und daß die schwächer belastete Maschine 1 zum Generator wird und den Wellenstrang 1 abbremst. Man erkennt daraus, daß eine solche Anordnung einen Ausgleich wie eine mechanische Welle anstrebt.

Es bildet sich also ein mit der Verdrehung φ der beiden Wellenmaschinen wachsender Läuferstrom aus, der bei einer Verdrehung von 180° elektrisch seinen Höchstwert gleich dem Läuferkurzschlußstrom I_{K2} eines Wellenmotors erreicht.

Aus Abb. 11.19 erkennt man ferner auch, wie das Drehmoment vom Verdrehungswinkel abhängt. Für die Maschine 1 gilt unabhängig vom Schlupf:

$$T_1 = -T \sin \varphi . \tag{11.17}$$

Für die Maschine 2 ist wieder φ durch $-\varphi$ zu ersetzen. Man erkennt, daß die Drehmomente der beiden Wellenmotoren absolut gleich groß und entgegen gerichtet sind. Sie wirken also ausgleichend.

Diese Drehmomentgleichungen zeigen, daß die ideale verlustlose Ausgleichswelle geeignet ist, bei gleichem Schlupf s oder gleicher Drehzahl n der Wellenmotoren Drehmomente wie eine mechanische Welle zu übertragen; jedoch mit dem Unterschied, daß die Drehfederzahl c bei der Ausgleichswelle nicht konstant ist, sondern vom Verdrehungswinkel φ abhängt.

$$c = p\,T_K \cos\varphi \; . \tag{11.18}$$

Da die Drehfederkonstante c mit wachsendem φ ständig abnimmt, ist es zu verstehen, daß eine elektrische Welle nur im begrenzten Maße fähig ist, Belastungsunterschiede zu übertragen! Diese Eigenschaft spielt auch bei den Stabilitätsberechnungen eine Rolle.

Verständlicherweise darf man nun den ohmschen Läuferwiderstand gegenüber dem wirksamen Streublindwiderstand $s\sigma X_2$ nicht mehr vernachlässigen.

Bei Berücksichtigung dieser ohmschen Läuferwiderstände ergibt sich für die Primärströme wieder ein gemeinsames Kreisdiagramm (Abb. 11.20).

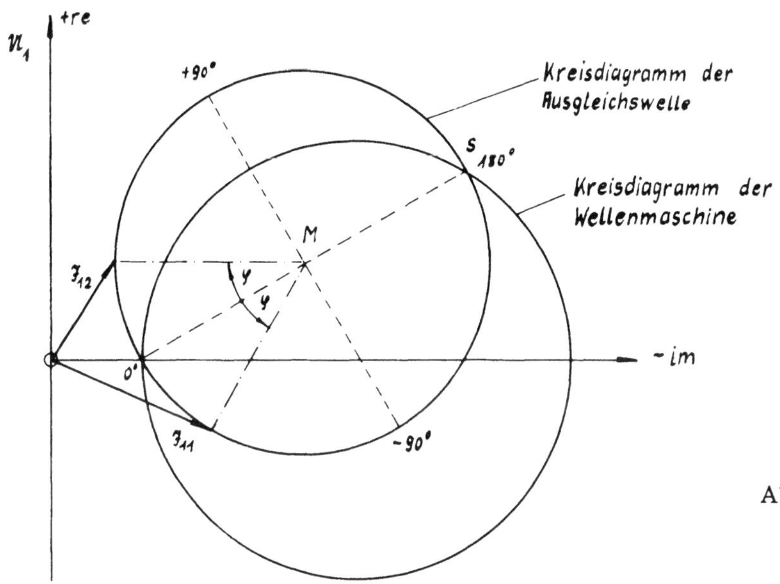

Abb. 11.20

Man erkennt, daß sich nunmehr mit sinkendem Schlupf kleinere Wellenkreise und damit kleinere übertragbare Momente ergeben. Neben den eben behandelten synchronisierenden Momenten treten für beide Wellenmotoren gleich große asynchrone Momente auf, die bestrebt sind, beide Wellenstränge im Sinne des Drehfeldes zu beschleunigen. Für große Schlupfwerte, also beim Lauf der Welle gegen das Drehfeld, nähert man sich dem Verhalten einer verlustlosen Welle. Bei kleineren Schlüpfen tritt eine Art Drehmomentverstärkung auf. Wir erkennen, daß erst der Streublindwiderstand der Anordnung die ausgleichenden Eigenschaften ähnlich wie bei einer mechanischen Welle erteilt.

Weitere technisch interessierende Einzelheiten bezüglich des Betriebspunktes, der sich unter gegebenen Belastungsverhältnissen bei vorgegebenen Wellenmotoren einstellt, bezüglich der Dimensionierung der Wellenmotoren und der statischen Stabilität des Systems lassen sich relativ leicht ermitteln. Es läßt sich ferner verhältnismäßig leicht übersehen, was man beim anfänglichen Gleichstellen bei der außer Tritt gefallenen Welle beachten muß. Die eigentlichen technischen Schwierigkeiten, die dem Berechner so großen Kummer machen, liegen ganz woanders. Man kann nämlich im Gegenstrombereich, der offensichtlich zur Erzielung großer übertragbarer Lastmomentdifferenzen besonders geeignet erscheint, nur dann dynamisch stabil arbeiten, wenn man passende Dämpfungsvorrichtungen vorsieht. Elektrische Wellen sind nämlich zu selbsterregten Schwingungen fähig, die sich rein zufällig von winzigen Amplituden beginnend stets in kurzer Zeit soweit aufschaukeln, daß die statischen Kippmomente überschritten werden und die Welle "reißt". Das ist besonders bei den in Abb. 11.21 dargestellten Ferndreherwellen zu beachten,

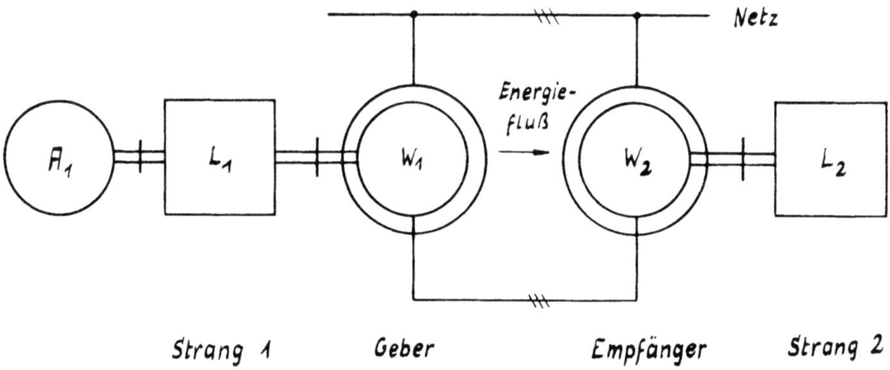

Abb. 11.21

die vielfach bei Supportantrieben von Drehmaschinen verwendet werden. Als eine besonders wirksame Maßnahme zur Dämpfung erweist sich dabei die Einspeisung von Gleichstrom in einen Ständerwicklungsstrang.

Als letztes wollen wir die Gleichstrombremsung von Induktionsmotoren betrachten.

11.5. Gleichstrombremsung

Speist man 2 Wicklungsstränge der z. B. in Stern geschalteten Ständerwicklung eines Drehstrommotors mit einem Gleichstrom I_{ge} (Abb. 11.22a) so bildet sich im Luftspalt ein räumlich etwa sinusförmig verteiltes still-

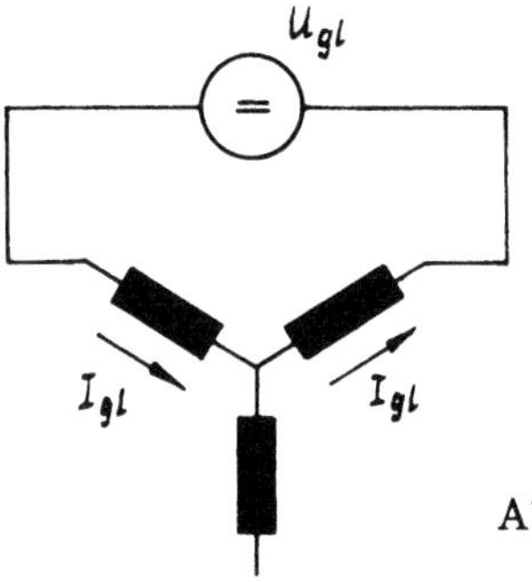

Abb. 11.22a

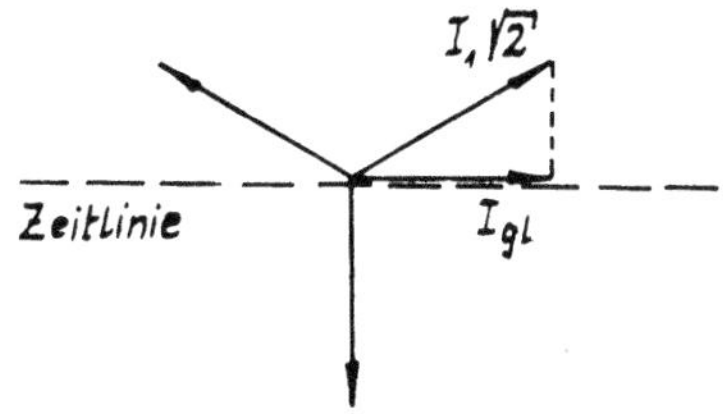

Abb. 11.22b

stehendes Feld aus, dessen Höchstwert einem (magnetisch) gleichwertigen Drehstrom I_1 entspricht (Abb. 11.22b):

$$I_{gl} = \frac{\sqrt{3}}{2} I_1 \sqrt{2} \qquad \text{oder} \qquad I_1 = I_{gl} \cdot \sqrt{\frac{2}{3}} \; . \tag{11.19}$$

Dazu ist eine Erregergleichspannung:

$$U_{gl} = 2 R_1 I_{gl} \tag{11.20}$$

erforderlich. Bei anderen Schaltungen ist entsprechend der jeweiligen Lage der Zeitlinie umzurechnen.

Dieses "stehende" Feld erzeugt in dem Wicklungsstrang eines Schleifringläufers bzw. jeder Masche eines Käfigläufers Spannungen bzw. Ströme der Drehzahlfrequenz:

$$f_2 = f(1-s) \tag{11.21}$$

(f = Frequenz des Drehstromnetzes).

Denkt man sich die gesamte Streuung willkürlich in den Ständer verlegt, so lautet die Läuferspannungsgleichung:

$$[(R_2 + R_{2v}) + j(1-s)\omega L_{D2}]\mathfrak{I}_2 + j(1-s)\omega L_{21} \cdot \mathfrak{I}_1 = 0 \quad , \tag{11.22}$$

wenn man im Falle eines Schleifringläufers unter R_{2v} den evtl. eingeschalteten Vorschaltwiderstand je Wicklungsstrang versteht und $\omega = 2\pi f$ die Netzkreisfrequenz des Drehstromnetzes ist.

Da $\mathfrak{I}_1$ in diesem Falle konstant ist, arbeitet die Maschine als Stromtransformator!

Bezieht man die Läufergrößen auf den Ständer und setzt:

$$\mathfrak{I}_2' = \mathfrak{I}_2 \frac{L_{D2}}{L_{21}} = \mathfrak{I}_2 \frac{m_2 w_2 \xi_2}{m_1 w_1 \xi_1} \tag{11.23}$$

bzw.

$$(R_2 + R_{2V})' = (R_2 + R_{2V}) \frac{L_{D1}}{L_{D2}} = (R_2 + R_{2V}) \frac{m_1 (w_1 \xi_1)^2}{m_2 (w_2 \xi_2)^2} , \qquad (11.24)$$

so ergibt sich:

$$\mathfrak{I}_2' = - \frac{j I_1}{\varrho + j} , \qquad (11.25)$$

wobei:

$$\varrho = \frac{(R_2 + R_{2V})'}{(1-s) \omega L_{D1}} \qquad (11.26)$$

ein reeller drehzahlabhängiger Parameter ist. $\mathfrak{I}_2'$ beschreibt daher mit ϱ bzw. (1 - s) als Parameter ein Kreisdiagramm (Abb. 11.23).

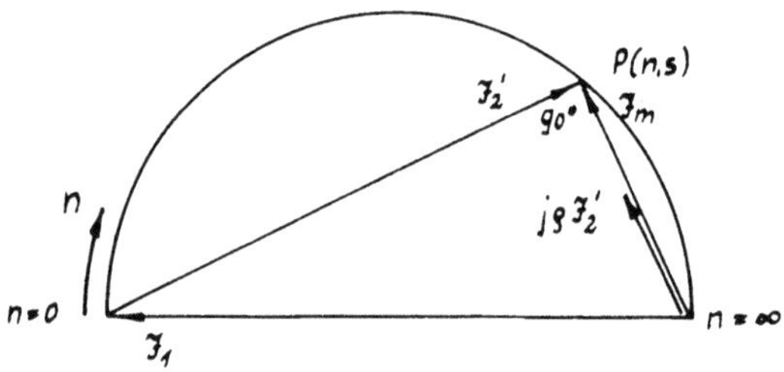

Abb. 11.23

In ϱ ist allerdings L_{D1} noch unbekannt, weil sich im Gegensatz zum normalen Betrieb mit konstanter Spannung die Sättigung des magnetischen Kreises in weiten Grenzen ändert. Durch Einführung des Magnetisierungsstroms:

$$\mathfrak{I}_m = \mathfrak{I}_1 + \mathfrak{I}_2' \qquad (11.27)$$

geht Gl. (11.22) über in:

$$\mathfrak{I}_2' (R_2 + R_{2V})' + j (1-s) \omega L_{D1} \cdot \mathfrak{I}_m = 0$$

oder:

$$\mathfrak{I}_m - j \varrho \mathfrak{I}_2' = \mathfrak{I}_1 + \mathfrak{I}_2' - j \varrho \mathfrak{I}_2' = 0 . \qquad (11.28)$$

Aus den Gln. (11.27) und (11.28) folgt das galvanische Ersatzbild dieser Schaltung des Drehstrommotors als Gleichstrombremse (Abb. 11.24).

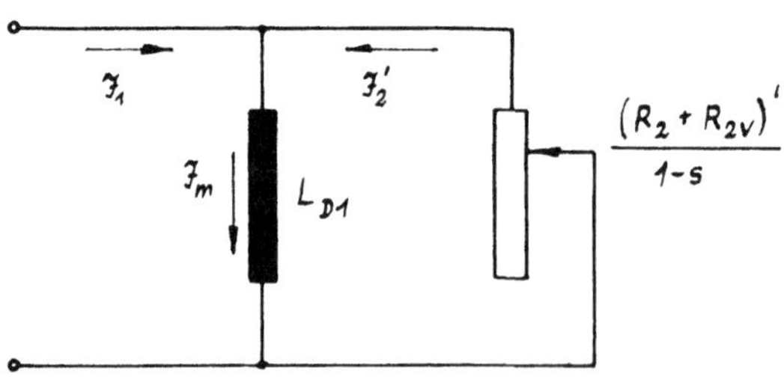

Abb. 11.24

Betrachtet man einen beliebigen Arbeitspunkt P in Abb. 11.24, so sind damit I_2' und I_m bekannt. Aus der Leerlaufkennlinie: $U_1 = f(I_m)$ ergibt sich dann die zugeordnete Klemmenspannung U_1 (im normalen Drehstrombetrieb) und damit:

$$\omega L_{D1} = \frac{U_1 - \omega\sigma L_1 I_m}{I_m} \tag{11.29}$$

wobei $\omega\sigma L_1 = X_\sigma$ die gesamte auf die Ständerwicklung bezogene Kurzschlußstreureaktanz bedeutet.

Da aus $\varrho I_2' = I_m$ auch ϱ ermittelt werden kann, kennt man damit auch die dem Punkt P entsprechende Drehzahl n:

$$\frac{n}{n_0} = \frac{(R_2 + R_{2V})' \cdot I_2'}{U_1 - \omega\sigma L_1 \cdot I_m} = 1 - s \tag{11.30}$$

bzw. den ihr entsprechenden Schlupf s (n_0 = synchrone Drehzahl).

Das Bremsmoment folgt aus der Tatsache, daß die Stromwärmeverluste im Läufer gleich der von außen zugeführten mechanischen Leistung sein müssen:

$$T = \frac{m_1 (R_2 + R_{2V})' (1-s) I_1^2}{\omega_0 \left\{ \left[\frac{(R_2 + R_{2V})'}{\omega L_{D1}} \right]^2 + (1-s)^2 \right\}} \tag{11.31}$$

Der Höchstwert des Bremsmoments:

$$T_{max} = \frac{m_1 \omega L_{D1} I_1^2}{2\omega_0} \tag{11.32}$$

läßt sich durch Differentiation nach 1 - s ermitteln. Er tritt bei der Kippdrehzahl:

$$n_K = n_0 (1-s)_K = n_0 \frac{(R_2 + R_{2V})'}{\omega L_{D1}} \approx n_0 \beta \tag{11.33}$$

auf. n_K ist die Abweichung der Läuferdrehzahl von der Drehzahl des Feldes (Null).

T_{max} und n_K hängen im Gegensatz zum normalen Motorbetrieb nicht vom BLONDELschen Streukoeffizienten σ ab. Im Motorbetrieb ist diese Abweichung:

$$n_0 s_K = n_0 \frac{\beta}{\sigma} \tag{11.34}$$

also wesentlich größer als n_K, da σ ja stets eine kleine Zahl ist. Die Bremsmomentkennlinien verlaufen also wesentlich "steiler" als beim normalen Motor (Abb. 11.25).

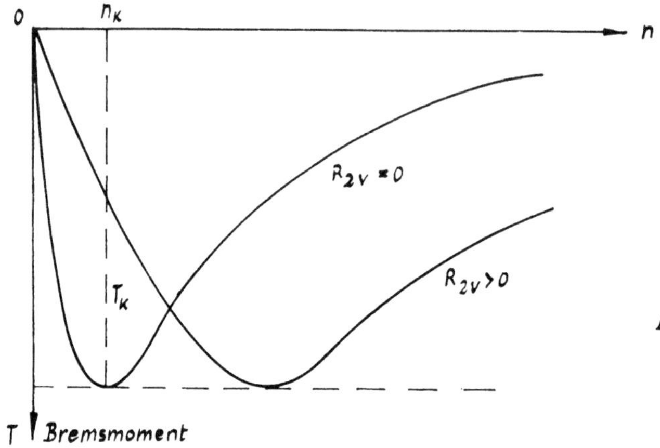

Abb. 11.25

Durch passende Einstellung des Erregergleichstroms I_{gl} bzw. der Vorwiderstände R_{2V} im Läuferkreis läßt sich das Bremsmoment innerhalb weiter Grenzen beeinflussen. Die Verwendung von Vorschaltwiderständen im Läuferkreis ist i. a. erforderlich, um bei höheren Drehzahlen genügend große Bremsmomente zu erzielen.

Damit schließe ich die Ausführungen über die Sonderbetriebsarten, um im folgenden auf einige mehr technisch wichtige Fragestellungen überzugehen.

12. Technische Fragen

12.1. Berechnungsfragen

Die in den Abschnitten 4 und 5 entwickelte mehr formale Darstellung der Vorgänge in Drehstromasynchronmaschinen ist zwar unerläßlich, sie hinterläßt aber doch ein unbefriedigendes Gefühl, weil sie auf den ersten Blick gar keine Möglichkeiten erkennen läßt, wie man nun in der Praxis eine solche Maschine überhaupt berechnet. Die Vorstellungen über die "Berechnung" von elektrischen Maschinen haben sich verständlicherweise im Laufe der Zeit etwas gewandelt und gleichzeitig erweitert. Der grundsätzliche Aufbau des aktiven Teils, d. h. der strom- und flußführenden Bauglieder, liegt seit vielen Jahrzehnten praktisch unverändert vor. Vor rund 40 Jahren verstand man unter der Berechnung allenthalben nur die Ermittlung des Strom- und Drehmomentverhaltens einschl. des Wirkungsgrades und des cos φ bei Nennlast und Teillasten. Hierzu kommt man natürlich schon mit relativ geringen Kenntnissen aus (Berechnung des magnetischen Kreises (Leerlaufstrom), des Anlauf- oder, wie man auch sagt, Kurzschlußstroms, Aufzeichnung des Kreisdiagramms und, wenn es hochkommt, der Drehmoment-Drehzahlkurve für das Grundfeld). Dazu genügten dementsprechend auch nur wenige Formeln. Gegenüber den Störerscheinungen infolge von Oberfeldwirkungen half man sich mit Hilfe bewährter sog. "Nutenzahlregeln". Für die Ermittlung der Ortskurve des Primärstroms von Motoren mit Stromverdrängungsläufern wurden sehr geistvolle aber leider recht komplizierte graphische Konstruktionen entwickelt, die leider den physikalischen Mechanismus dieser Maschinen nicht erkennen ließen. Der Einfluß der Sättigung der Streuwege auf den Kurzschlußstrom wurde durch Erfahrungskoeffizienten berücksichtigt. Gegen Pendelmomente half man sich durch die übliche Schrägung der Ständer- bzw. Läuferblechpakete um 1 Nutteilung. Wenn man dann noch wußte, wie sich die Umrechnung auf andere Frequenzen bzw. Netzspannungen gestaltete, dann brauchte man eigentlich nur noch zu wissen, auf welche Punkte man bei der Bestellung einer Drehstromasynchronmaschine zu achten hat, um innerhalb eines Jahres ein brauchbarer Berechner zu werden.

Ganz so ist das heute natürlich nicht mehr. Man hat es inzwischen gelernt, die Maschine viel wirksamer zu kühlen und nutzt sie dementsprechend stärker aus. Dadurch werden die Maschinen aber gleichzeitig immer anfälliger gegenüber mechanischen Schwingungen und dem magnetisch erzeugten Lärm.

Man ist daher heute gezwungen, schon etwas mehr über die Drehstromasynchronmotoren zu wissen. In dieser Hinsicht ist nun eine teils physikalische, teils formal-mathematische Behandlung von großem Nutzen. Die physikalische Betrachtungsweise zeigt zunächst zwar nur, was aufgrund der Naturgesetze zu erwarten ist. Sie liefert damit aber gleichzeitig auch die Grundlagen für die mathematische Formulierung. Dieses läßt sich, wenn auch etwas mühsam, erlernen. Die außerordentlich wichtige technische Fragestellung ist dagegen Sache der Erfahrung. Sie läßt sich nicht in

Vorlesungen oder Seminaren abhandeln. Das Realisieren (Konstruieren) ist eben leider viel schwieriger als das reine systematisch Erkennen von Tatbeständen. Im Grunde können wissenschaftliche Methoden in der Technik nur zeigen, was aufgrund der Naturgesetze nicht sein kann. Sie können aber die Phantasie und die Kunst des Konstrukteurs nicht ersetzen, auch nicht mit einer noch so großen elektronischen Rechenmaschine. Darüber sollte man sich von vornherein im klaren sein.

Die für die Auslegung maßgebenden Kenngrößen und ihr Zusammenhang mit der Drehmomentausbeute gehen am einfachsten aus einer Untersuchung der Drehmomentbildung hervor.

Nach dem BIOT-SAVARTschen Gesetz ist die Tangentialkraft auf einen vom Strom i durchflossenen Leiter von der Länge l am Ort der Induktion b:

$$F = -b \cdot l \cdot i \quad , \qquad (12.1)$$

wenn man die in der Abb. 12.1 festgelegten positiven Zählrichtungen zugrunde legt.

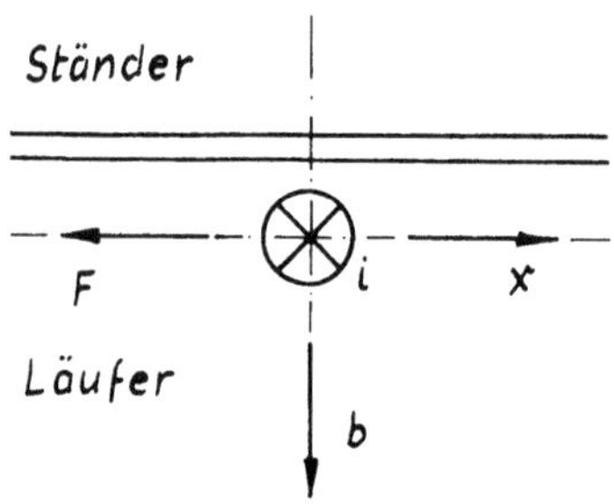

Abb. 12.1

Rührt b von einem Drehfeld:

$$b = B \cos(p_b x - \omega_b t - \varphi_b) \qquad (12.2)$$

mit p_b Polpaaren, von der Kreisfrequenz ω_b und dem Nullphasenwinkel φ_b her und ist a eine Drehstrombelagswelle beliebiger Herkunft:

$$a = A \cos(p_a x - \omega_a t - \varphi_a) \qquad (12.3)$$

von der Ordnungszahl p_a , der Kreisfrequenz ω_a und dem Nullphasenwinkel φ_a , dann wirkt auf die Leiter im Bogenelement Rdx des Läuferumfangs eine Tangentialkraft:

$$dF = -b a l R dx \quad ,$$

der ein Drehmoment:

$$dT = R\, dF = -l R^2 b a\, dx$$

entspricht (Abb. 12.2).

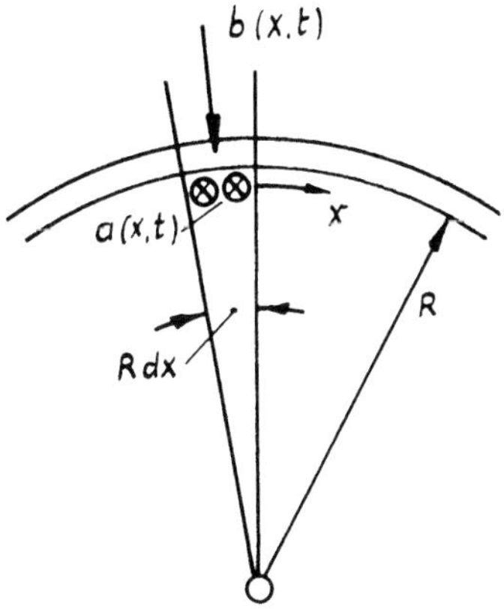

Abb. 12.2

Das resultierende Drehmoment aller stromdurchflossenen Leiter des Läufers ergibt sich daher durch Integration über den Umfang zu:

$$T = -lR^2 \int_0^{2\pi} ba\,dx = -\frac{lR^2}{2} BA \int_0^{2\pi} \left\{ \cos\left[(p_b \pm p_a)x - (\omega_b \pm \omega_a)t - (\varphi_b \pm \varphi_a)\right]\right\} dx \quad . \qquad (12.4)$$

Die Ausführung der Integration liefert:

$$T = \begin{cases} 0 & \text{für } p_a \neq p_b \\ \pi R^2 l BA \cos\left[(\omega_b \pm \omega_a)t + (\varphi_b \pm \varphi_a)\right] & \text{für } p_b \pm p_a = 0 . \end{cases} \qquad (12.5)$$

Im Fall $p_a \pm p_b = 0$ bildet sich ein Pendelmoment von der Kreisfrequenz:

$$\omega_p = \omega_b \pm \omega_a \qquad (12.6)$$

und der Amplitude:

$$T_p = \pi R^2 l BA \qquad (12.7)$$

aus. Solche Pendelmomente machen sich als Körperschall bemerkbar, der teils über die Motorfüße ins Fundament abgestrahlt wird und teils Drillschwingungen des Elektroantriebs anregt (Gefahr von Drillresonanzen). Sie sind also unerwünscht.

Ist dagegen auch noch $\omega_b \pm \omega_a = 0$, dann erhalten wir ein zeitunabhängiges oder, wie man auch sagt, asynchrones Drehmoment:

$$T_a = -\pi R^2 l BA \cos(\varphi_b \pm \varphi_a) \quad , \qquad (12.8)$$

das für $\varphi_b \pm \varphi_a = 0$ seinen Maximalwert erreicht (Abb. 12.3).

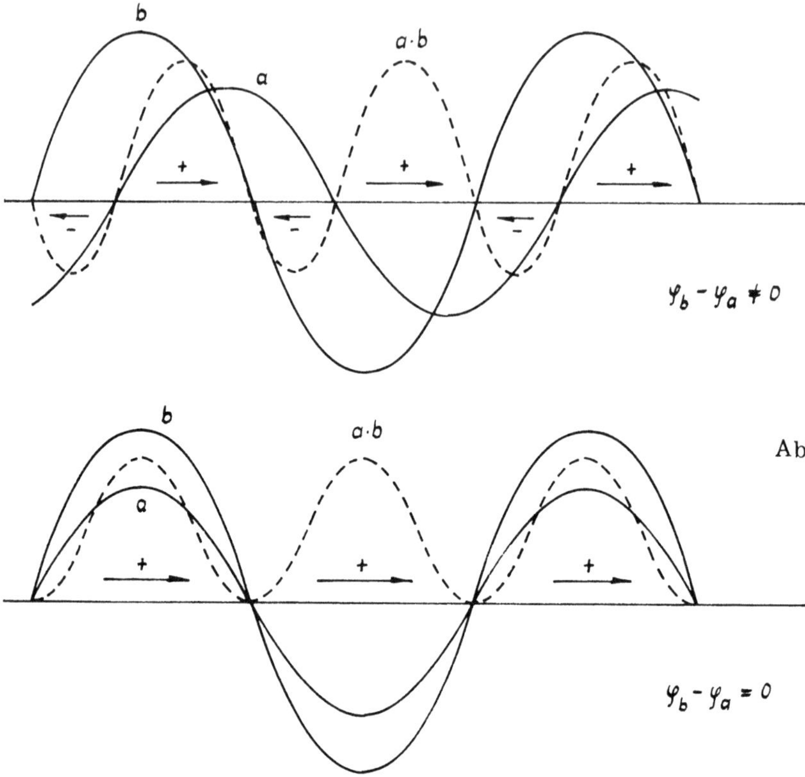

Abb. 12.3

Ist a der Drehstrombelag, der die Induktionswelle b erzeugt, so tritt natürlich kein asynchrones Drehmoment auf, weil die Phasenverschiebung $\varphi_b - \varphi_a$ dann gerade 90^0 beträgt. Zur Erzeugung eines zeitlich konstanten Drehmoments sind also zwei Bedingungen erforderlich:

1. Die Induktionswelle b und der mit ihr zusammenwirkende Strombelag a müssen die gleiche (absolute) Polpaarzahl p besitzen

und

2. die Induktions- und Strombelagswellen müssen die gleiche Kreisfrequenz ω aufweisen, m. a. W. sie müssen synchron miteinander umlaufen.

Der Berechner wird also stets den Fall $\varphi_b \pm \varphi_a = 0$ anstreben. Beim Drehstromasynchronmotor trifft das in der Nähe des Synchronismus auch zu, es sind dann ja die im Läufer induzierte Spannung ($b \cdot l \cdot v$) und der Läuferstrom I_2 nahezu in Phase und die Maxima des resultierenden Luftspaltfeldes und des Läuferstrombelags fallen zusammen. Aus:

$$|T_{max}| = \pi R^2 \cdot l \cdot B \cdot A \qquad (12.9)$$

geht hervor, daß das für vorgegebene Parameter maximal erreichbare Drehmoment dem Volumen des Läufers (praktisch gleich dem Bohrungsvolumen des Ständers) und dem Produkt zweier Kenngrößen B und A proportional ist. Dabei ist B ein Maß für die Ausnutzung der Maschine in magnetischer Hinsicht und A in thermischer Hinsicht. Der (magnetisch wirksame) Strombelag A steht nämlich mit dem die Erwärmung der Maschine bestimmten Strombelag (AS) in der einfachen Beziehung:

$$(AS) = \frac{\text{Gesamte Leiterzahl x Effektivwert des Leiterstroms}}{\text{Bohrungsumfang}} =$$

$$= \frac{\text{Nutenzahl x Leiterzahl/Nut x Effektivwert des Leiterstroms}}{\text{Bohrungsumfang}}$$

$$= \frac{N_2 z_n I}{2\pi R} = \frac{3pq z_n I}{\pi R} = \frac{A}{\xi\sqrt{2}} , \tag{12.10}$$

ξ = Wicklungsfaktor der Läuferwicklung.

Ersetzt man daher B durch den Fluß/Pol:

$$\Phi = \frac{2RL}{p} \cdot B , \tag{12.11}$$

so können wir auch schreiben:

$$T_{max} = \frac{\xi\sqrt{2}}{8} \cdot (2p\Phi)(2\pi R \cdot AS) \tag{12.12}$$

und erkennen, daß das im Betrieb maximal erreichbare Drehmoment - wohl zu unterscheiden vom Kippmoment - dem Produkt aus der gesamten "magnetischen Durchflutung" $2p\Phi$ und der gesamten "elektrischen Durchflutung" $(2\pi R \cdot AS)$ ist. Insbesondere ist beim Käfigläufermotor:

$$AS = \frac{N_2 I_{Stab}}{2\pi R} \tag{12.13}$$

und damit wird wegen $\xi_2 = 1$:

$$T_{max} = \frac{\sqrt{2}}{8} (2p\Phi) \cdot (N_2 I_{Stab}) . \tag{12.14}$$

Für eine gegebene Maschine ist also die Summe der Stabströme oder der ihr proportionale Ringstrom I_R ein Maß für das Drehmoment.

Die Klemmenspannung U_1 (je Strang), für die die Maschine ausgelegt ist, tritt dabei gar nicht in Erscheinung. Sie ist in diesem Zusammenhang eine ganz unwesentliche Größe. Der Berechner kann sich ihr stets durch passende Wahl der Windungszahl / Strang anpassen.

Es gilt ja:

$$U_1 \approx U_i = 4{,}44\, w_1 \xi_1 f \Phi \ . \tag{12.15}$$

Die Abmessungen einer Maschine (R, l) werden demnach durch das Drehmoment bestimmt und nicht durch die Leistung! Diese steigt automatisch mit der Drehzahl. Eine langsam laufende Maschine ist also bedeutend "größer" als eine schnell laufende gleicher Leistung.

Ebensowenig wie die Spannung eine Größe ist, die das Verhalten des Motors kennzeichnet, ist es auch der Strom I. Die spezifische Größe, die für die Erwärmung der Maschine maßgebend ist, ist, wie bereits erwähnt, einerseits der Strombelag AS und andererseits die Stromdichte g. Sie wird üblicherweise in A/mm^2 angegeben und bewegt sich in der Größenordnung von einigen A/mm^2. Mit ihrer Hilfe lassen sich elementare Zusammenhänge erfassen, die zwar von der Theorie gar nicht berührt werden, aber trotzdem technisch außerordentlich wichtig sind und vom Anfänger leicht gar nicht wahrgenommen werden. Welche Rolle spielt z. B. das Kupfergewicht G einer Wicklung? Diese simple Frage wird auch ein theoretisch geschulter junger Ingenieur i. a. gar nicht so schnell beantworten können, weil ihm die dazu erforderlichen Formulierungen einfach fremd sind. Die Antwort erhält man sehr leicht, wenn man in der Formel für den Stromwärmeverlust die Stromstärke I durch die Stromdichte g und den Leiterquerschnitt q ausdrückt:

$$P_V = m R I^2 = m \cdot \rho \frac{L}{q} \cdot (gq)^2 = \frac{\rho}{\gamma} (\gamma m L q) g^2 = \frac{\rho}{\gamma} G g^2 \ . \tag{12.16}$$

(γ = spezifisches Gewicht des Wicklungskupfers, m = Strangzahl, L = Drahtlänge / Strang, q = Drahtquerschnitt, ρ = spezifischer Widerstand des Leiterwerkstoffs, G = gesamtes Kupfergewicht.)

Bei manchen Überlegungen empfiehlt es sich, von der Tatsache Gebrauch zu machen, daß die in einem Luftraum vorhandene magnetische Energie in zwei verschiedene Weisen ausgedrückt werden kann, und zwar einerseits als Integral über eine stetig verteilte Größe, nämlich die Energie pro Volumeneinheit, und andererseits durch eine konzentrierte Größe, den entsprechenden Induktionskoeffizienten. Ich bringe Ihnen 2 Beispiele.

a) Umrechnung des Magnetisierungsstroms
Die magnetische Energie des Luftspalts ist (für das Grundfeld):

$$W_m = \int \frac{BH}{2}\, dv = \frac{\pi R l \delta}{2} B H \ . \tag{12.17}$$

Volumen des Luftspalts

Die Amplitude der Drehfeldinduktionswelle steht mit der induzierten Spannung U_i in der Beziehung:

$$B = \frac{\sqrt{2}}{2 \cdot 2\pi f} \cdot \frac{p}{w_1 \xi_1 R l} \cdot U_i \; . \tag{12.18}$$

Das folgt unmittelbar aus der bekannten Spannungsformel:

$$U_i = \frac{2\pi}{\sqrt{2}} w_1 \xi_1 f \Phi \; , \qquad \Phi = \frac{2Rl}{p} B$$

und die ihr entsprechende Amplitude der magnetischen Feldstärke H läßt sich durch den Magnetisierungsstrom I_m ausdrücken:

$$H = \frac{B}{\mu_0} = \frac{3}{\pi} \cdot \frac{w_1}{p} \cdot \xi_1 I_m \sqrt{2} \; . \tag{12.19}$$

Durch Einsetzen der Werte von B und H in die Gl. (12. 17) für W_m folgt dann die Magnetisierungsblindleistung zu:

$$3 U_i I_m = 2(2\pi f) W_m = 2\pi f (\pi R l \delta) \frac{B^2}{\mu_0} \tag{12.20}$$

und daraus ersieht man unmittelbar, wie sich I_m mit den Abmessungen und B ändert. In einem weiteren Beispiel will ich zeigen, wie man grundsätzlich bei der Ermittlung von Nutstreuinduktivitäten vorgeht.

b) Ermittlung von Nutstreuinduktivitäten

Wir betrachten den einfachen Fall einer Rechtecknut von der Höhe h_N und der Breite b_N. Dann ist wegen $B(x) = \bar{B} \cdot x / h_n$ (Abb. 12. 4):

$$\frac{1}{2} L_\sigma i^2 = \underset{\text{Nutvolumen}}{\int} \left(\frac{B \cdot H}{2} \right) dv = \int_0^{h_N} \frac{B^2(x)}{2\mu_0} b_N l \, dx = \frac{1}{2} \mu_0 \frac{h_N l}{3 b_N} i^2 \tag{12.21}$$

und hieraus folgt:

$$L_{\sigma N} = \mu_0 \frac{h_N l}{3 b_N} \; . \tag{12.22}$$

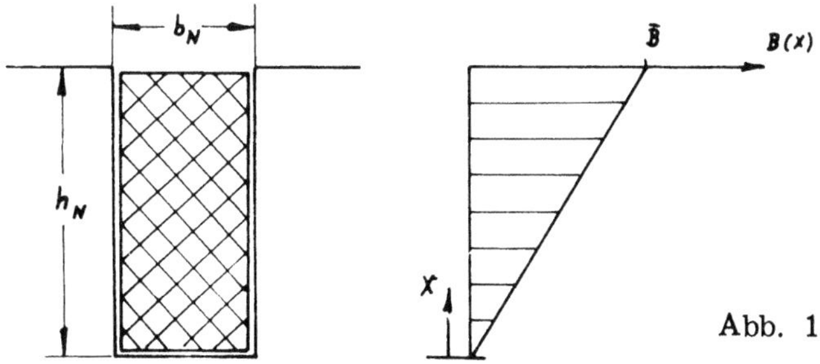

Abb. 12. 4

Auf diese Weise werden auch die Berechnungen für den Fall komplizierterer Nutformen durchgeführt (vgl. hierzu NÜRNBERG, "Die Asynchronmaschine", Verlag Springer, Berlin).

Für den Besteller von Motoren ist es von Interesse, was der Berechner unbedingt wissen muß, worauf man also bei einer Bestellung zu achten hat. Wenn man das nicht weiß, so kommt es zu manchen unliebsamen Rückfragen und Verzögerungen.

Leistung, Drehzahl, Spannung und Stromart liegen von vornherein fest. Der Besteller wird i. a. auch schon wissen, ob ein Schleifringläufer- oder Käfigläufermotor genommen werden soll.

Er muß dagegen wissen, wie der Anlauf vor sich gehen soll (direktes Einschalten, Y/Δ -Schaltung, Anlaßtransformator usw.) und wie groß der Kurzschlußstrom sein darf. Darüber hinaus muß man wissen, ob es sich um einen Leerlauf oder belasteten Anlauf oder sogar um einen Schweranlauf mit großen Gegenmomenten oder großen Schwungmassen der Arbeitsmaschine handelt (Gegenmomentkennlinie der Arbeitsmaschine). Im letzteren Fall muß natürlich die Schalthäufigkeit angegeben werden. Darüber hinaus sollte der Berechner wissen, in welcher Form der Antrieb abzubremsen ist. Die Bauform muß ebenfalls angegeben werden. Desgl. müssen die Umweltbedingungen (Raumtemperatur, Feuchtigkeit, explosive Gase usw.) bekannt sein, damit man die Art der Isolation und der Schutzart richtig wählen kann.

Bekannt sein muß natürlich auch die Betriebsart (Kurzzeitbetrieb, Dauerbetrieb, Schaltbetrieb usw.) und ob eine Drehzahlsteuerung erforderlich ist.

Alle diese Forderungen werden der Berechner und der Konstrukteur nicht "auf den Knopf" genau erfüllen können. In den VDE-Vorschriften 0530 sind die zulässigen Toleranzen angegeben, die allerdings recht eng gefaßt sind. Neuerdings liegen auch Forderungen hinsichtlich des zulässigen Schallpegels vor.

Der Hersteller muß natürlich dafür garantieren, daß die zulässigen Erwärmungen der Maschine im Betrieb nicht überschritten werden. Hierüber muß er sich natürlich einige Gedanken machen. Die Vorausberechnung der Erwärmung und des Schallpegels sind selbstverständlich Sache der Spezialisten.

12. 2. Prüfung

Jeder mittlere oder große Drehstrommotor muß durch das Prüffeld. Man mißt seine kalten Ständerwiderstände und vergleicht sie mit dem vom Berechner angegebenen Wert. Auf diese Weise machen sich grobe Fehler (Unterberechnungen) bemerkbar. Dann läßt man ihn eine Weile leerlaufen und prüft, ob die Lager kalt bleiben. Der mit verschiedenen Klemmenspannungen ausgeführte Leerlaufversuch liefert den Leerlaufstrom

$I_m \approx I_1(0)$ und die Eisen- (V_E) bzw. Reibungsverluste V_R in Abhängigkeit von der Spannung U_1. Aus $I_1(0)$ läßt sich ωL_1 ermitteln. Damit kennt man $\alpha = R_1/\omega L_1$. Der Kurzschlußversuch am abgebremsten Motor liefert $I_1(1)$ und das Anzugsmoment T (1). Einen Aufschluß über ß bzw. R_2 für einen Käfigläufermotor ergibt sich aus einem Schwachlastversuch oder einer Drehmomentmessung mit Hilfe einer Pendelbremse. Aus Gl. (4.71a) folgt:

$$\beta = \frac{R_2}{\omega L_2} = \frac{3 p L_1 I_m^2 (1-\sigma) s}{(1+\alpha^2)\, T(s)} . \qquad (12.23)$$

Die nicht ganz so einfache Messung des Kippmoments T_K bzw. des Kippschlupfs s_K liefert den totalen Streukoeffizienten zu:

$$\sigma \approx \frac{1}{1 + \frac{2}{3} \frac{T_K}{p L_1 I_m^2}} \qquad (12.24)$$

oder

$$\sigma = \beta / s_K . \qquad (12.25)$$

Im Belastungsversuch (Kupplung mit z. B. einer Gleichstrommaschine, die auf Widerstände arbeitet oder einer Pendelbremse) mißt man die Abhängigkeit der Werte I_1, cos φ_1, s bzw. P_m von der elektrisch aufgenommenen Leistung P_1. Aus diesen Daten kann man die Abhängigkeit des Leistungsfaktors und des Wirkungsgrades von der abgegebenen Leistung P_m ermitteln.

Normalerweise macht man möglichst auch einige Temperaturläufe mit dem Nennstrom, bei einem etwas niedrigeren und einem etwas höheren Ständerstrom, um die Erwärmungsverhältnisse zu kontrollieren.

Eine Hochspannungsprobe (Windungsschluß bzw. Erdschluß) beschließt die normale Prüfung. Neuerdings werden auch Geräuschmessungen vorgenommen. Alle diese Werte werden im Prüfungsnachweis vermerkt. Näheres finden Sie im Buch von W. NÜRNBERG, "Die Prüfung elektrischer Maschinen", Springer Verlag 1959. Bei derartigen Prüfungen wird man zuweilen auf Herstellungs- und u. U. auch auf Berechnungsfehler stoßen. Im folgenden wollen wir uns mit den Schäden an Drehstrommaschinen befassen.

12.3. Betriebs- und Herstellungsschäden

Wir beginnen mit einer Übersicht über mögliche Schäden in Form einer Tabelle und betrachten im folgenden einige Sonderfälle.

Tabelle: Störungen an Asynchronmotoren

Störung	Mögliche Ursache	Ermittlung oder Abhilfe
Unruhiger Lauf	Lagerschalen oder Teile der Wälzlager beschädigt	Schalen oder Wälzlager auswechseln
	Gehäuse verspannt	Schrauben lösen, besser ausrichten
	Kupplung oder Riemenscheibe schlecht ausgewuchtet	gemeinsam mit Läufer auswuchten
	Kupplung oder Riemenscheibe lose	nachspannen bzw. ausbuchsen
	Riemen beschädigt	instandsetzen, erneuern
	Eine Zuleitung wurde unterbrochen	Schalter und Sicherungen prüfen
	Läufer streift	Lagerschilde zentrieren Lagerschalen justieren oder erneuern
	Fremdkörper im Luftspalt	Fremdkörper beseitigen, Luftspalt reinigen
Motor läuft nicht an	Unterbrechung in der Zuleitung	Schalter und Sicherungen prüfen
	Bürsten berühren die Schleifringe nicht	festklemmende Bürsten lockern, verbrauchte Bürsten ersetzen
	Klemmenspannung zu niedrig	Spannung messen
	festgefressenes Lager	Lager auswechseln
	Unterbrechung im Anlasser oder Stern-Dreieck-Schalter	Kontakte und Anschlüsse prüfen

Stoßartiger Anlauf	Widerstand der ersten Anlasserstufe zu klein	Widerstand erhöhen
	Anlasser hat teilweise Unterbrechung, verbrannte Kontakte	Anlasser instandsetzen
	Anlasser falsch angeschlossen	Nach Schaltplan richtig schalten
	Windungsschluß in der Läuferwicklung	Schluß beseitigen oder Läufer neu wickeln
Motor läuft nur schwer an, Drehzahlabfall bei Belastung zu groß	Netzspannung zu niedrig	messen, unter Umständen andere Transformatoranzapfung wählen
	Spannungsabfall in den Zuleitungen zu groß	Querschnitte überprüfen
Motor läuft nur schwer an, Drehzahlabfall bei Belastung zu groß	Ständer in Stern- statt Dreieckschaltung	Schaltung berichtigen
	Eine Motorklemme versehentlich am Nulleiter statt am Außenleiter angeschlossen	Netzanschlüsse kontrollieren
Motor brummt bei Anlauf, Ständerstrom schwankt bei Lauf	ungleiche Widerstände, Unterbrechung oder Windungsschluß im Läufer	Kurzschlußvorrichtung überprüfen, Läuferwicklung instandsetzen
Motor läuft in Sternschaltung schwer oder gar nicht an	Belastung zu hoch	wenn möglich, Arbeitsmaschine beim Hochlauf entlasten oder größeren Motor verwenden
	Kontakte des Stern-Dreieckschalters sind abgenutzt	Schalter überholen
Motor brummt und wird schnell warm; brenzliger Geruch	Schluß von Windungen oder Wicklungsteilen im Ständer, eventuell infolge von mehrfachem Gehäuseschluß	Schluß beseitigen oder Wicklung erneuern

Unzulässig hohe Motorerwärmung bei sonst ungestörtem Betrieb	Belastung zu hoch	Last verringern oder größeren Motor verwenden
	Schalthäufigkeit oder Gesamtschwungmoment zu groß	Motor mit Schleifringläufer statt eines Käfigläufermotors verwenden; bei Motor mit Schleifringläufer Läuferkreiswiderstände richtig bemessen
	Spannung zu hoch; unzulässige Eisenverluste	Spannung auf höchstens 105 % der Nennspannung begrenzen
	Spannung zu niedrig, Stromaufnahme daher zu hoch	Betrag der Netzspannung und Höhe des Spannungsabfalls der Zuleitungen prüfen
	Maschine läuft einphasig, eine Zuleitung ist unterbrochen	dreiphasige Stromversorgung sicherstellen
	Unterbrechung eines der Wicklungsstränge	Wicklung instandsetzen
	Falsche Schaltung der Ständerwicklung, z. B. Stern- statt Dreieckschaltung	mit Schaltplan oder Leistungsschildangabe vergleichen und richtigstellen
	Lüftung behindert	Luftführung von Staub, Spänen usw. säubern, Luftführungsbleche justieren
	Lüfter hat falsche Drehrichtung oder falsche Schaufelstellung	für entsprechende Abhilfe sorgen
	Betriebsart entspricht nicht der auf dem Leistungsschild vermerkten (z. B. DB mit voller Last statt KB oder AB)	größeren Motor verwenden

Unterbrechungen in der Ständerwicklung erkennt man leicht bei der Kontrolle der Wicklungswiderstände. Tritt eine solche Unterbrechung während des Betriebes auf, so läuft der Motor u. U. als Einphasenmotor mit erhöhtem Ständerstrom und schlechtem cos φ weiter. Sind die Anschlüsse eines Wicklungsstranges falsch bezeichnet, z. B. des Stranges WZ, so befindet sich der Motor in der sog. BBC-Schaltung. Er läuft dann mit 1/3 des normalen Anzugmoments in der entgegengesetzten Drehrichtung hoch (Abb. 12. 5).

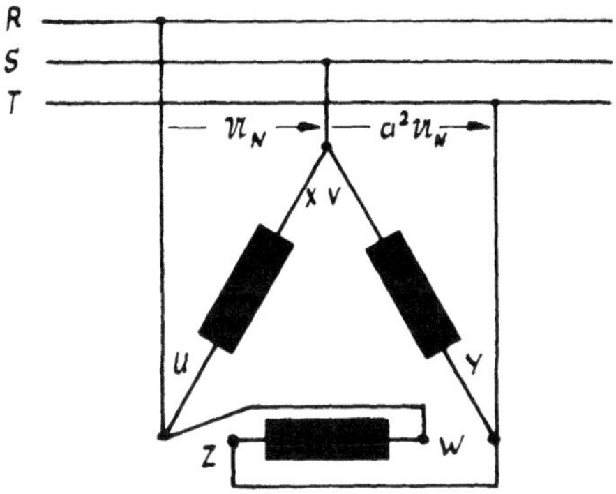

Abb. 12. 5

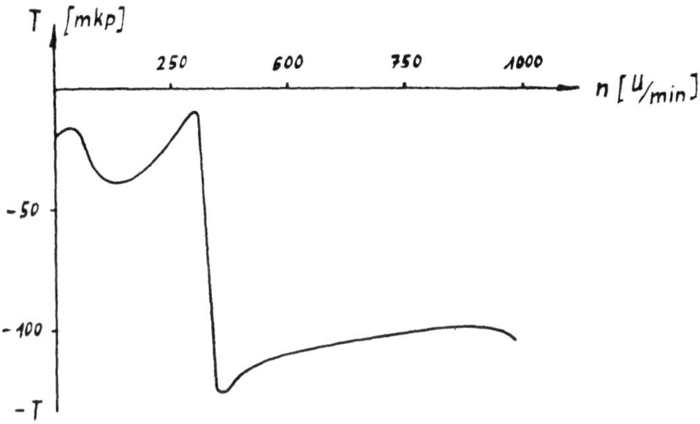

Die Unterbrechung eines oder auch mehrerer Stäbe im Läufer (schadhafte Lötstellen oder Lunker bei gegossenen Läufern) ist normalerweise gar nicht so gefährlich, wie man zunächst annehmen sollte. Es werden dann allerdings die Nachbarstäbe thermisch überlastet. Die Amperemeter im Ständerkreis schwanken, wie bereits erwähnt, mit der doppelten Schlupffrequenz.

Weit schlimmer ist dagegen eine Unterbrechung in den Kurzschlußringen, die Ringströme hängen ja mit der Summe der Stabströme zusammen. Denkt man sich einen Kurzschlußring an einer bestimmten Stelle unterbrochen, an der bei unverletztem Ring i. a. gerade der Ringstrom i_R

fließen würde, so erkennt man, daß sich infolge der Unterbrechung ein gegenphasiger Ringstrom $-i_R$ ausbilden muß, der sich über den Ring schließt. Das ist nämlich der Weg des "geringsten Widerstandes". Dieser überlagerte Ringstrom $-i_R$ erzeugt einen Wellenfluß ϕ_W von der Schlupffrequenz, dessen Spannung man mit einer Spule messen kann (Abb. 12.6).

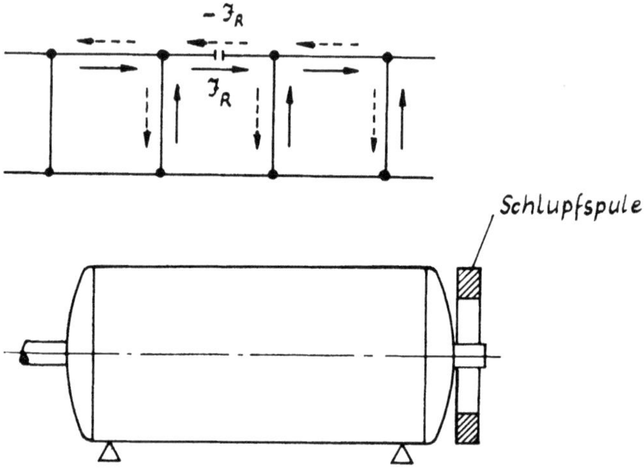

Abb. 12.6

Die normale Läuferstromverteilung erzeugt dagegen vom ruhenden Beobachter aus gesehen nur Spannungen und Ströme der Netzfrequenz! In ähnlicher Weise machen sich Unsymmetrien im Ring bemerkbar. Die jedem Prüffeldmonteur bekannte Schlupfmessung mit einer Spule beruht auf dieser Erscheinung.

Wellenflüsse sind wegen der durch sie bewirkten Lagerschäden sehr unerwünscht. Das Lager wirkt dann wie eine Unipolarmaschine (Abb. 12.7).

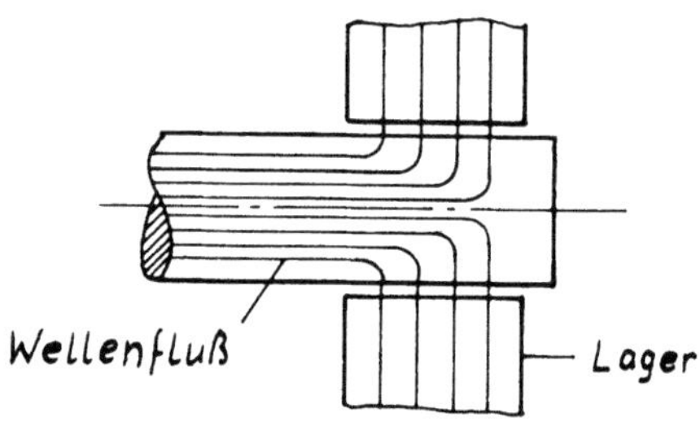

Abb. 12.7

Nennenswerte Wellenflüsse bilden sich aus, wenn die Welle von einer Stromschleife (etwa einer Schaltverbindung) direkt umzingelt wird.

So unangenehm wie die Wellenflüsse sind auch die sog. Lagerströme, die von einer falschen Segmentierung der Bleche herrühren. Auch ihre Entstehung läßt sich aus den elektromagnetischen Grundgesetzen, ohne irgendwelche Zirkuskunststücke am Kraftlinienverlauf vorzunehmen, leicht übersehen. Wir betrachten dazu cinen extremen Fall, und zwar die Wirkung einer Stoßfuge (Abb. 12. 8). Das Luftspaltfeld: $b = B \sin(px - \omega t - \varphi)$ hat im

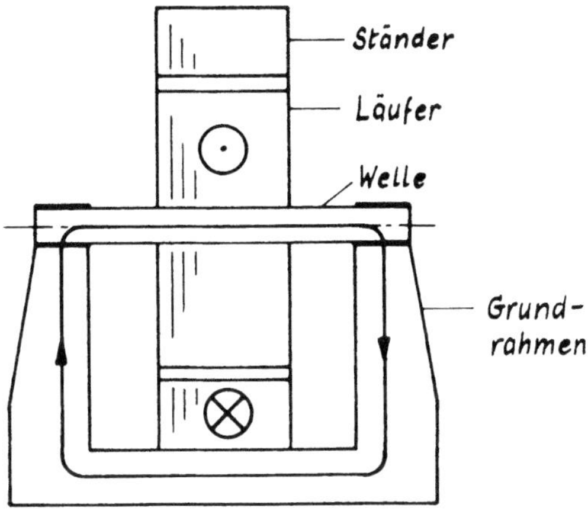

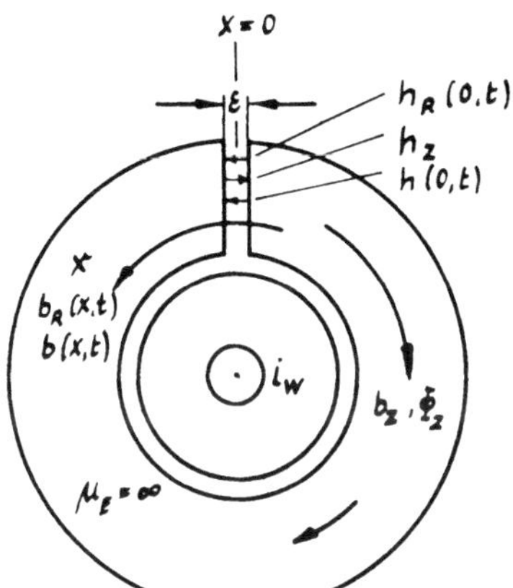

Abb. 12. 8

Ständerrücken eine Drehinduktionswelle:

$$b_R = B_R \cos(px - \omega t - \varphi) \tag{12.26}$$

zur Folge, die am Ort der Stoßfuge den Wert:

$$b_R(0,t) = B_R \cos(\omega t + \varphi) \tag{12.27}$$

besitzt. Ihr entspricht die magnetische Feldstärke in der Stoßfuge:

$$h_R(0,t) = \frac{b_R(0,t)}{\mu_0} = \frac{B_R}{\mu_0} \cos(\omega t + \varphi) \, . \tag{12.28}$$

Die magnetische Umlaufspannung im Ständerrücken hat für $\mu_R = \infty$ im Rückeneisen den Wert:

$$\oint \mathfrak{h} \cdot d\sigma = h_R(0,t) \cdot \varepsilon = \frac{B_R \cdot \varepsilon}{\mu_0} \cos(\omega t + \varphi) . \tag{12.29}$$

Diese ist nach dem Durchflutungsgesetz gleich der umschlungenen Durchflutung Θ . Die Ständer- und Läuferströme können zu dieser Durchflutung aber nichts beitragen, weil die Summe der Phasenströme verschwindet. Es muß also entweder ein Strom i_W durch die Welle fließen oder sich ein Zusatzringfluß Φ_Z im Ständerrücken ausbilden, dessen Feldstärke h_Z in der Stoßfuge die resultierende Feldstärke $h(0, t) = h_R(0, t) - h_Z$ gerade in jedem Augenblick zum Verschwinden bringt. Das Durchflutungsgesetz fordert dann:

$$h(0,t) \cdot \varepsilon = (h_R(0,t) - h_Z) \cdot \varepsilon = i_W . \tag{12.30}$$

Die Zusatzfeldstärke h_Z hat in der Stoßfuge eine zusätzliche Induktion $b_Z = \mu_0 \cdot h_Z$ zur Folge, die sich quellenfrei im Ständerrücken in Form eines Unipolarflusses:

$$\Phi_Z = A_R \cdot b_Z = \mu_0 A_R \cdot h_Z \tag{12.31}$$

fortsetzt (A_R = Rückenquerschnitt), der mit der Kreisfrequenz ω des Drehfeldes pulsiert. Während sich die vom Drehfeld herrührenden Rückenflüsse in Ständer und Läufer innerhalb eines Längsschnittes durch die Welle und den Grundrahmen (Abb. 12. 8) in jedem Augenblick innerhalb der schraffierten Schleifenfläche gerade aufheben, wird der zusätzliche Unipolarfluß Φ_Z eine Umlaufspannung $\oint \mathfrak{E} \cdot d\sigma$ im Stromkreis über die Welle, die Lager und den Grundrahmen induzieren.

Isoliert man ein Lager, so verschwindet der Lagerstrom i_W . Die Amplituden von Zusatz- und Rückenfluß werden dann gleich groß und die Induktion im Ständerrücken geht örtlich zeitweise auf den doppelten Wert (erhöhte Eisenverluste).

Derartige Lagerströme können die Lager in kurzer Zeit zerstören. Um ihre Ausbildung zu verhindern, muß man nicht nur ein Lager, sondern auch alle anderen möglichen Nebenwege durch Isolationen blockieren!

Liegen S Stoßfugen unter einem Winkel $2\pi/S$ vor, so treten im Fall einer Rückenfeldstärkewelle $h_{R\nu}(x,t) = H_{R\nu} \cos(\nu x - \omega_\nu t - \varphi_\nu)$ mit ν Polpaaren und einer Kreisfrequenz $\omega_\nu = 2\pi f_\nu$ keine Lagerströme auf, wenn:

$$\varepsilon \sum_{s=1}^{S} h_{R\nu}(x_s, t) = \varepsilon H_{R\nu} \sum_{s=1}^{S} \cos\left(s \frac{2\pi\nu}{S} - \omega_\nu t - \varphi_\nu\right) \tag{12.32}$$

ist. In diesem Fall verschwindet nämlich gerade die magnetische Umlaufspannung. Die Auswertung der Summe liefert:

$$\varepsilon \sum_{s=1}^{S} h_{R\nu}(x_s, t) = \varepsilon H_{R\nu} \left(\frac{\sin \nu\pi}{\sin \nu\pi/S} \right) \cdot \cos \left(\frac{\nu\pi}{S}(S+1) - \omega_\nu t - \varphi_\nu \right) \quad . \tag{12.33}$$

Diese Summe verschwindet im allgemeinen wegen $\sin \nu\pi = 0$. Nur für den Fall, daß gleichzeitig auch der Nenner verschwindet, also ν durch S teilbar ist, liefert der Klemmenwert nach der de l'HÔPITALschen Regel:

$$\frac{\sin \nu\pi}{\sin \nu\pi/S} = S\,(-1)^{g(S-1)} \tag{12.34}$$

falls man $\nu = g \cdot S$ setzt ($g = 1, 2, 3 \ldots$).

Man muß also dafür sorgen, daß die Polpaarzahl ν der Luftspaltfelder nicht durch die Anzahl der möglichen Unsymmetrien teilbar ist!

1. Im Falle eines Blechpaketes aus S hälftig überlappten Segmenten ist S durch 2 S zu ersetzen.

2. Die Untersuchung darf sich nicht allein auf das Grundfeld beschränken, sondern sie muß auch die stärksten vorkommenden Oberfelder (z. B. das Sättigungsfeld $\nu = 3p$, $\omega_\nu = 3\,\omega$) berücksichtigen.

Es ist von vornherein klar, daß eine einsemestrige 2-stündige Vorlesung über Drehstromasynchronmaschinen nicht viel mehr als einen rohen Überblick bieten kann. Da tritt dann sogleich die Frage auf, in welcher Weise sich der an dieser Sache Interessierte weiterbilden kann. Das kann z. B. auf verschiedene Weisen geschehen durch:

1. Studium des transienten Verhaltens (mit Hilfe der Raumzeiger)

2. Untersuchung der Oberfelderscheinungen (Lärm, Pendelmomente, Zusatzverluste und asynchrone Oberfeldmomente)

3. Studium von Erwärmungs- und Abkühlungsvorgängen.

Darüber hinaus sei auf die Vorlesungen von Herrn Prof. Dr.-Ing. H. BAUSCH verwiesen, der im Rahmen der Kleinstmotoren die Einphaseninduktionsmotoren, Hysteresemotoren, Ferraris- und Spalt- bzw. Stufenpolmotoren behandelt. Alles das läßt sich relativ leicht verstehen, wenn man erst einmal begriffen hat, was bei den normalen Drehstromasynchronmotoren passiert. Es ist dann auch sehr einfach, in die sog. Berechnung dieser Asynchronmaschinen einzudringen, die heute allerdings schon weit über das rein elektromagnetische Verhalten hinausgeht und das mechanische schwingungstechnische, akustische und thermische Verhalten mit umfaßt. Es ist verständlich, das solche Voraussagen natürlich etwas mehr mathematische Schulung, wenn auch ganz spezieller Natur, erfordern. Doch lassen sich gerade die formalen mathematischen Methoden fast spielend erlernen im Gegensatz zur physikalischen Denkweise.

Sachwortverzeichnis

Batch number: 10577919

Printed by Printforce, the Netherlands